人工智能前沿技术丛书

# 隐私计算

Privacy-Preserving
Computing

陈凯 杨强◎著

电子工业出版社·
Publishing House of Electronics Industry
北京·BEIJING

# 内 容 简 介

在大数据和人工智能时代，如何在享受新技术带来的便利性的同时保护自己的隐私，是一个重要的问题。本书系统讲解了隐私计算的基础技术和实践案例，全书共有 11 章，按层次划分为三部分。第一部分全面系统地阐述隐私加密计算技术，包括秘密共享、同态加密、不经意传输和混淆电路。第二部分介绍隐私保护计算技术，包括差分隐私、可信执行环境和联邦学习。第三部分介绍基于隐私计算技术构建的隐私计算平台和实践案例，隐私计算平台主要包括面向联邦学习的 FATE 平台和加密数据库的 CryptDB 系统等五个平台，以及隐私计算平台的效率问题和常见的加速策略；实践案例部分主要介绍包括金融营销与风控、广告计费、广告推荐、数据查询、医疗、语音识别及政务等领域的应用案例。此外，本书还展望了隐私计算未来的研究和落地方向。在附录中介绍了当前最新的中国数据保护法律概况。

本书可供计算机科学、隐私保护、大数据和人工智能相关专业的学生，以及对隐私计算有兴趣的相关从业者阅读，也适合从事隐私保护相关研究的研究人员、法律法规制定者和政府监管部门阅读。

版权贸易合同登记号　图字：01-2021-7473

**图书在版编目（CIP）数据**

隐私计算 / 陈凯，杨强著.—北京：电子工业出版社，2022.2
（人工智能前沿技术丛书）
ISBN 978-7-121-42641-4

Ⅰ. ①隐… Ⅱ. ①陈… ②杨… Ⅲ. ①计算机网络—网络安全 Ⅳ. ①TP393.08

中国版本图书馆 CIP 数据核字（2022）第 011315 号

责任编辑：宋亚东
印　　刷：固安县铭成印刷有限公司
装　　订：固安县铭成印刷有限公司
出版发行：电子工业出版社
　　　　　北京市海淀区万寿路 173 信箱　　邮编：100036
开　　本：720×1000　1/16　　印张：16　　字数：358 千字
版　　次：2022 年 2 月第 1 版
印　　次：2025 年 1 月第 5 次印刷
定　　价：118.00 元

# 推荐序

杨强教授嘱我为其和陈凯教授的新作《隐私计算》作序,深感荣幸,欣然允之。杨教授是大数据和人工智能领域的国际知名学者,特别是近年来作为"联邦学习"理念的倡导者和先行者之一,做出了很多杰出的工作。我曾拜读过其著作《联邦学习》并撰写了一段推荐语。著作中,杨教授既呈现了深厚的学术造诣,又展示了高超的文字驾驭能力,深入浅出,分享了他及其团队在产业界一线实践的宝贵经验,使著作兼具很强的可读性、知识性和实用性,给我留下了深刻的印象。

我自己主要从事软件技术领域的研究工作,在安全和隐私保护领域实属外行。就大数据而言,我和团队主要致力于面向大数据的软件技术研究,专注于系统软件和工具层面。近几年,我自己也比较关注数据治理体系建设方面的工作,有一些心得①。拜读《隐私计算》,我更多的是站在学习者的视角,收获颇丰。这里,我仅从大数据治理的维度,分享若干认识和思考。

当今时代,人类数字文明正在拉开帷幕,数字化转型已成为时代大势。在我国,建设数字中国、发展数字经济、实施国家大数据战略已成为国家的战略选择。"大数据"正是这个时代呈现的独特现象!数据作为基础性战略资源的地位日益凸显,已形成充分共识;数据作为核心生产要素的角色基本确立,正引发各界关注和研究。我理解,在强化数据安全和保护个人隐私的前提下,追求数据价值的最大化释放是这个时代应有之义。数据价值的充分释放源于多源(元)数据的碰撞融合,基于数据的开放、共享和流通,赖于健康的大数据产业生态。然而,要发挥大数据的作用、做大做强大数据产业、更好地实施国家大数据战略,大数据治理体系的建设就成为重要保障。针对大数据治理的研究和实践现状,我提出了一个治理体系的"434模型",即在国家、行业、组织等三个层次,针对数据资产地位确立、管理体制机制、数据共享开放、安全与隐私保护等四方面内容,基于制度法规、标

---

① 梅宏. 大数据治理成为产业生态系统新热点 [N]. 光明日报, 2018-8-2(13).

准规范、应用实践、支撑技术等四类方法手段，构建大数据治理体系[①]。就我的认识，《隐私计算》一书正是针对其中的一项非常重要内容的技术手段的探索！

隐私计算是近年来发展迅速，同时关注度和活跃度很高的一个研究领域。隐私计算以密码学为理论基础，融合统计学、人工智能、大数据、计算机系统，以及法律、伦理学等多个学科，形成了一系列理论和技术。隐私计算的目的是有效挖掘数据中的价值，同时不侵害数据本身的安全和隐私，实现"数据可用不可见"，从而支持数据的可信共享和流通。从这个意义上看，隐私计算将会是大数据治理体系中非常有前景的核心支撑技术之一。

本书呈献给读者的是兼顾广度和深度的关于隐私计算的系统性介绍：从广度上看，涵盖了隐私计算的基础理论和关键技术，如秘密共享、同态加密、不经意传输、混淆电路、差分隐私、联邦学习和可信执行环境等，介绍了多个知名的隐私计算平台，并辅以大量产业界的应用案例；从深度上看，本书对现有隐私计算技术及其在应用中存在的问题进行了深入分析，并分享了解决这些问题的思路。特别地，本书从不同应用案例的特点出发，分析了相关技术的适用范围和场景，方便读者理解这些技术各自的优点和局限性，对实践者而言也具有很高的参考价值。我非常高兴地看到，这本书兼具理论价值和实用价值，是隐私计算领域的一部优秀著作。可喜可贺！

本书可作为计算机科学、大数据和人工智能等相关专业的学生，以及对隐私计算感兴趣的相关从业人员的入门参考书，也适合相关方向的研究人员，以及在工业界进行程序开发且有隐私保护需求的工程人员阅读。

相信本书能为推动我国大数据和人工智能领域人才培养、产业发展和生态建设做出积极贡献。

是为序。

梅宏
辛丑年孟冬于北京

---

[①] 梅宏. 数据治理之论 [M]. 北京: 中国人民大学出版社, 2020.

身处"数据时代",如何有效挖掘数据中蕴藏的智能而不侵害数据本身的隐私和安全,是我们推动社会进步和生产力发展需要共同思考和实践的一个课题。隐私计算的本质就是在实现"数据可用不可见"这一目标的过程中产生的一系列理论和技术。

从二十世纪七八十年代诞生的基于隐藏部分信息来保护数据隐私的安全多方计算理论,到近年来围绕"数据不动模型动"理念发明的联邦学习技术,隐私计算的发展已经历 40 余年。在这个进程中,产生了大量的理论、算法、协议和技术,例如秘密共享、混淆电路、不经意传输、差分隐私、同态加密和可信执行环境等,也融合了多个学科知识,包括密码学、统计学、人工智能和计算机体系结构等。同时,隐私保护技术近年来也被逐步应用到越来越多的任务(如数据分析、数据库、机器学习)和场景(如金融、医疗、政务)之中,对这些行业的发展起到了一定的积极推动作用。

然而,我们观察到,目前尚未有一本相对全面且系统地介绍隐私计算理论、技术和应用的图书。相关的研究成果和实践经验大多分散在学术论文、会议报告、技术博客和白皮书之中,还未构成一个相对完整的知识体系。这在一定程度上影响了隐私计算的学科发展和应用普及。我们在与许多老师、同学及相关行业从业者的交流中也有所体会:

- 在一次由中国计算机学会举办的隐私保护机器学习学科前沿讲习班上,我们分享了一个题为《隐私计算理论和效率》的讲座。班上学员大多是来自国内各高校的老师和同学,他们对这个主题非常感兴趣。三个小时的课堂讨论很激烈,课后也有不少学员问了许多问题。从这些提问中我们可以观察到,尽管大家对隐私计算很有热情,但理解还处在相对初级、碎片化的阶段,对隐私计算涵盖的范围、分类相对模糊,对隐私计算各个具体技术的性质、性能、优缺点,以及在实际平台和应用中的使用情况也相对陌生。

- 在推进产学研落地的过程中,我们遇到不少对隐私计算既热情又陌生的群体或机构。香港科学园就有这样的一个例子，他们拥有十几家机构的数据，希望赋能园区内几百家科创企业，但又有泄露数据隐私的担忧。了解到联邦学习能够在保护数据隐私的情况下推进人工智能应用，他们就找到了我，问了许多问题，例如：联邦学习的原理是什么，为什么能保证数据不被泄露，若搭建一个联邦学习平台需要什么样的设备，能支持多少客户，需要多少预算，项目周期大概多久，等等。从聊天中可见，他们对隐私计算很好奇，但充满疑惑。

在国外，有一本叫 *A Pragmatic Introduction to Secure Multi-Party Computation* 的书，于今年夏天刚刚被翻译成《实用安全多方计算》引入国内，但该书的内容专注于安全多方计算理论，缺少对联邦学习技术和可信硬件计算技术的阐述和分析，所以还未能构成完整的隐私计算知识体系。此外，该书也没有包含近年来出现的前沿隐私计算平台、隐私保护落地实践案例等，对"产学研"落地的指导意义相对有限。

因此，为构建一个相对完整的隐私计算知识体系，并对其科研落地产生一定的指引，我们编写了这本书。从决定要写到成稿，只用了短短六个多月的时间。香港科技大学智能网络与系统实验室（iSING Lab）的很多同学都参与到了这个过程中，我们阅读整理了大量的研究文献和参考资料，其中也包括一些我们自己发表的相关学术论文，努力用较为通俗易懂的语言讲解隐私计算的基础知识和技术、隐私计算平台、隐私计算落地案例。最后，我们展望了隐私计算的未来，也特别邀请了观韬中茂律师事务所王渝伟和陈刚两位律师帮助解读当前最新的中国数据安全法规，希望对读者有所启发。

如上所述，我们希望通过这部《隐私计算》为学术界和产业界构建一个相对完整的隐私计算知识体系。同时，我们也深知，本书的内容可能并不能包含隐私计算的每个方面，或许与一部"隐私计算全书"还有一定的距离；尽管如此，我们仍希望在这条路上迈出坚实的第一步。

## 本书主要内容

本书内容大致分为层层递进的三个部分：

**第一部分：隐私加密计算技术**（第 2 ~ 5 章）。该部分旨在用通俗的语言介绍各种与隐私加密计算和隐私保护计算相关的各种密码学技术，包括秘密共享、同态加密、不经意传输和混淆电路。这些密码学技术是实现隐私计算的基石。每个章节包含相应的技术基础知识和简单的应用举例。

**第二部分：隐私保护计算技术**（第 6 ~ 8 章）。该部分旨在介绍除密码学技术之外的隐私保护计算技术，这部分技术脱离出隐私加密计算的密码学范畴，在更加广泛的技术和应用场景下研究计算过程中对数据隐私的保护、管理与度量的可能性，包括差分隐私、可信执行环境和联邦学习。

第三部分：隐私计算平台和实践案例 (第 9 ~ 10 章)。介绍基于以上隐私计算技术构建的隐私计算平台，主要包括面向联邦学习的 FATE 平台和加密数据库的 CryptDB 系统等五个平台。同时，也介绍了隐私计算平台的效率问题和常见的加速策略。在实践案例部分，主要介绍包括金融营销与风控、广告计费、广告推荐、数据查询、医疗、语音识别及政务等领域的应用案例。

此外，第 11 章展望了隐私计算未来的研究和落地方向。最后，附录中提供了当前最新的中国数据保护法律概况。

## 致谢

为协助完成本书的撰写，一群非常优秀的博士研究生、学者和工程师付出了大量的时间和精力。在此，我们首先感谢以下各位同学的帮助和支持：

- 第 2 章：杨柳，柴迪。
- 第 3 章：田晗，金逸伦。
- 第 4 章、第 5 章：任正行，金逸伦。
- 第 6 章：金逸伦，田晗。
- 第 7 章：张骏雪，任正行。
- 第 8 章：金逸伦，任正行。
- 第 9 章：程孝典，胡水海。
- 第 10 章：柴迪，杨柳，任正行，田晗，郭昆，陈天健。

此外，在编写过程中我们参阅了大量的著作和相关文献，在此对这些著作和文献的作者一并表示感谢。由于水平有限，书中不足及错误之处在所难免，敬请专家和读者给予批评指正。

最后，我们要感谢家人对我们的理解与支持!

陈凯，杨强

2021 年 12 月，中国 香港

## 读者服务

微信扫码回复：42641

- 加入本书读者交流群，与更多读者互动
- 获取【百场业界大咖直播合集】（持续更新），仅需 1 元
- 您可以访问 https://ising.cse.ust.hk/ppc-correction/ 查看本书勘误的更新进展。

## 数与数组

| | |
|---|---|
| $a$ | 标量（整数或实数） |
| $\boldsymbol{a}$ | 向量 |
| $\boldsymbol{A}$ | 矩阵 |
| $\mathbf{A}$ | 张量 |
| $\boldsymbol{I}_n$ | $n$ 行 $n$ 列的单位阵 |
| $\boldsymbol{I}$ | 单位阵，维度根据上下文确定 |
| $\boldsymbol{v}_w$ | 词 $w$ 的分布式向量表示 |
| $\boldsymbol{e}_w$ | 词 $w$ 的独热向量表示：$[0, \cdots, 1, 0, \cdots, 0]$，$w$ 下标处元素为 1 |
| $\mathrm{diag}(\boldsymbol{a})$ | 对角阵，对角线上元素为 $\boldsymbol{a}$ |

## 集合

| | |
|---|---|
| $\mathbb{A}$ | 集合 |
| $\mathbb{R}$ | 实数集合 |
| $\{0, 1\}$ | 含 0 和 1 的二值集合 |
| $\{0, 1, \cdots, n\}$ | 含 0 到 $n$ 所有整数的集合 |
| $[a, b]$ | $a$ 到 $b$ 的实数闭区间 |
| $(a, b]$ | $a$ 到 $b$ 的实数左开右闭区间 |

## 线性代数

| | |
|---|---|
| $A^\top$ | 矩阵 $A$ 的转置 |
| $A \odot B$ | 矩阵 $A$ 与矩阵 $B$ 的 Hardamard 乘积 |
| $\det(A)$ | 矩阵 $A$ 的行列式 |
| $[x; y]$ | 向量 $x$ 与 $y$ 的拼接 |
| $[U; V]$ | 矩阵 $U$ 与 $V$ 沿行向量拼接 |
| $x \cdot y$ 或 $x^\top y$ | 向量 $x$ 与 $y$ 的点积 |

## 微积分

| | |
|---|---|
| $\dfrac{\mathrm{d}y}{\mathrm{d}x}$ | $y$ 对 $x$ 的导数 |
| $\dfrac{\partial y}{\partial x}$ | $y$ 对 $x$ 的偏导数 |
| $\nabla_x y$ | $y$ 对向量 $x$ 的梯度 |
| $\nabla_X y$ | $y$ 对矩阵 $X$ 的梯度 |
| $\nabla_\mathbf{X} y$ | $y$ 对张量 $\mathbf{X}$ 的梯度 |

## 概率与信息论

| | |
|---|---|
| $a \perp b$ | 随机变量 a 与 b 独立 |
| $a \perp b \mid c$ | 随机变量 a 与 b 关于 c 条件独立 |
| $P(a)$ | 离散变量概率分布 |
| $p(a)$ | 连续变量概率分布 |
| $a \sim P$ | 随机变量 a 服从分布 $P$ |
| $\mathbb{E}_{x \sim P}[f(x)]$ 或 $\mathbb{E}[f(x)]$ | $f(x)$ 在分布 $P(x)$ 下的期望 |
| $\mathrm{Var}(f(x))$ | $f(x)$ 在分布 $P(x)$ 下的方差 |
| $\mathrm{Cov}(f(x), g(x))$ | $f(x)$ 与 $g(x)$ 在分布 $P(x)$ 下的协方差 |
| $H(x)$ | 随机变量 x 的信息熵 |
| $D_{\mathrm{KL}}(P\|Q)$ | 概率分布 $P$ 与 $Q$ 之间的 KL 散度 |
| $\mathcal{N}(\boldsymbol{\mu}, \boldsymbol{\Sigma})$ | 均值为 $\boldsymbol{\mu}$、协方差为 $\boldsymbol{\Sigma}$ 的高斯分布 |

## 数据与概率分布

| | |
|---|---|
| $\mathbb{X}$ | 数据集 |
| $x^{(i)}$ | 数据集中的第 $i$ 个样本（输入） |

$y^{(i)}$ 或 $\boldsymbol{y}^{(i)}$　　　第 $i$ 个样本 $\boldsymbol{x}^{(i)}$ 的标签（输出）

## 函数

$f:\mathbb{A}\to\mathbb{B}$　　　由定义域 $\mathbb{A}$ 到值域 $\mathbb{B}$ 的函数（映射）$f$

$f\circ g$　　　$f$ 与 $g$ 的复合函数

$f(\boldsymbol{x};\boldsymbol{\theta})$　　　由参数 $\boldsymbol{\theta}$ 定义的关于 $\boldsymbol{x}$ 的函数（也可直接写作 $f(\boldsymbol{x})$，省略 $\boldsymbol{\theta}$）

$\log x$　　　$x$ 的自然对数

$\sigma(x)$　　　Sigmoid 函数 $\dfrac{1}{1+\exp(-x)}$

$\|\boldsymbol{x}\|_p$　　　$\boldsymbol{x}$ 的 $L^p$ 范数

$\|\boldsymbol{x}\|$　　　$\boldsymbol{x}$ 的 $L^2$ 范数

$\mathbf{1}^{\text{condition}}$　　　条件指示函数：如果 condition 为真，则值为 1；否则值为 0

# 目录
CONTENTS

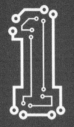

第 1 章
CHAPTER 1

# 隐私计算介绍

　　海量数据及强大的计算资源已经成为当今智能技术发展的主要驱动力。一方面，手机、监控摄像头及各种传感器源源不断地收集人们的日常活动数据；另一方面，随着大规模机器学习算法与大数据处理技术的日益成熟，以及计算机硬件性能的不断提升，人们收集到的海量数据能够更高效地用于实际问题的建模和求解过程。然而，近年来越来越多的数据滥用和隐私泄露事件提醒着人们，不恰当地使用大数据也会带来灾难性后果：用户设备及其活动信息的泄露可能导致用户被软件"杀熟"；用户个人信息的泄露可能导致用户被犯罪分子精准诈骗。因此，构建隐私保护相关的理论和系统已经成为现实的需要。本章从最基本的定义和理论出发介绍隐私计算，帮助读者了解隐私计算的基本概念、技术及目前的实现方案。

## 1.1 隐私计算的定义与背景

### 1.1.1 隐私计算的定义与分类

今天，随着计算机的广泛应用，大量数据依靠计算机进行收集和处理，这给隐私保护带来了以下几个方面的挑战：

（1）隐私保护的负担增大。人们将大量的敏感数据（姓名、身份证号码、财产信息等）存储到各种形态的计算设备中。这些敏感数据又被大量地访问、更新和传输。相比于早期主要由统计机构收集少量信息，现有数据的庞大规模及其复杂多变的应用场景极大地提高了隐私保护的成本。

（2）隐私保护的难度增大。一方面，人们的隐私数据存储形式是多样化的，既可以存储在个人移动设备中，也可以上传到数据中心，因此隐私保护方案需要应对多种设备和托管方式下的隐私保护问题；另一方面，随着计算设备的普及和攻击手段的日益复杂多变，计算设备被侵入、敏感数据被盗的风险无法完全消除。相比于早期用简单的纸笔进行人工处理的方式，现代设备的多样性和复杂性增加了隐私保护的难度。

（3）隐私泄露的危害增大。敏感数据的广泛存在和滥用，使得隐私泄露造成的危害增大。例如，用户身份证号码的泄露可能被用于仿冒身份进行犯罪。

面对上述挑战，除了依靠法律制度保护隐私，还有必要将隐私保护的数学理论和现实需求相结合，即将隐私保护技术和计算任务相结合，在大数据分析和机器学习被广泛应用的情况下，运用多种技术手段解决隐私泄露问题。隐私计算便是解决这类问题的核心研究课题。

#### 1. 隐私计算定义

根据隐私计算联盟和中国信息通信研究院云计算与大数据研究所于 2021 年 7 月发布的《隐私计算白皮书》中的定义，隐私计算是指在保证数据提供方不泄露原始数据的前提下，对数据进行分析计算的一系列技术，保障数据在流通和融合过程中"可用不可见"。方滨兴院士于 2021 年 12 月在中央企业数字化转型峰会上提出了关于隐私保护技术的四象限分类图，即可以根据数据是否流出、计算方式是否集中来对隐私保护场景和技术进行划分，分别是数据（保护处理后）流出、集中计算，数据（保护处理后）流出、协同计算，数据不流出、协同计算，数据不流出、集中计算。其中数据流出、集中计算的隐私保护技术称为隐私计算，强调通过隐私泄露代价和概率的计算模型来构造能够达到隐私保护目标的计算方法与保护结果。

在本书中，我们采用广义上的隐私计算定义，即是指以在保护数据隐私的同时实现计算任务为目的，所使用一系列广泛的技术的统称，使得在多方协作计算过程中，数据可用不看见，数据价值可流通、可度量、可保护、可管理。

隐私计算结合密码学、统计学、计算机体系结构和人工智能等学科，其理论和应用的发展与云计算、大数据和人工智能的发展密不可分。目前，隐私计算主要应用于数据查询与分析与机器学习两大任务中，这也是本书重点讨论的使用范围。

- 数据查询与分析：在大数据的发展背景之下，利用各数据拥有方进行数据的查询与分析，能够提取更加丰富的信息与更具指导意义的数据统计规律。该类应用以计算任务为核心，包含各类查询、求和、求平均和方差等简单的运算。在此过程中，如何定义数据拥有方的数据隐私并对其进行保护，是隐私计算的重要研究课题。

- 机器学习：近年来，随着神经网络和深度学习研究的不断创新，机器学习是人工智能领域发展最快的子领域。机器学习使用任务相关数据作为训练数据，使用最优化方法学习模型。该模型能够学习提取训练数据的特征与共同规律，并利用这些特征和规律对新的数据进行推理分析，从而完成诸如预测、分类和指导行为的任务。在进行模型训练的过程中，隐私计算需要对来自数据拥有方的训练数据隐私进行保护；在使用模型对新的数据进行推理时，隐私计算需要对该推理数据隐私进行保护。

### 2. 隐私计算分类

隐私计算保护的对象可以有多种形式，既可以是数据中直观的、有价值的个人隐私，例如用户的身份证号码、手机号码和信用卡号码等，也可以是计算任务的运算中间数据与结果，如机器学习训练过程中产生的训练梯度信息与训练完成的模型参数。除了数据本身，隐私保护对象也可以是计算任务使用的程序或模型，例如实现关键计算任务的函数、过程及 SQL 语句等。对隐私保护对象的界定往往随着计算任务和具体需求的变化而不同。例如，在机器学习模型的训练过程中，由于拥有丰富的开源机器学习模型研究成果，参与方一般不会对训练任务本身进行保护，训练使用的模型架构对各个参与方是公开的。但是，对于一些涉及隐私数据的 SQL 查询，需要对查询任务进行某种程度的保护。例如，需要保护查询任务的条件（与、或等条件的组合）等内容。另外，一些隐私计算的用户还会对程序的完整性（Integrity）提出要求。也就是说，当用户在不完全可信的云环境中运行自己的程序时，总是希望自己的程序代码不被服务商篡改。在此情形下，用户还需要某种验证机制保证程序代码的完整性。因此，在传统应用和隐私保护技术的简单结合之外，为了满足不断发展的新的实际应用的计算任务需求和不同隐私保护对象的需求，隐私计算发展出众多不同特点和应用范围的技术方案。

按照历史发展过程、技术特点和隐私保护特征来看，隐私计算可以分为以基于密码学的安全协议为核心的隐私加密计算和外延含义更广的隐私保护计算。表 1-1 给出了隐私计算领域常用的一些概念的名称和定义。

（1）隐私加密计算。是指使用密码学工具在安全协议层次构建隐私计算协议，从而实现多个数据拥有方在相互保护隐私的前提下，协同完成计算任务。此类技术的代表为安全多方计算。密码学工具会将数据加密为与随机数完全无法区分的密文进行通信，使除密钥拥有者之处的其他参与方或潜在攻击者无法获取数据明文。隐私计算最初是作为隐私加密计算进行研究的。隐私加密技术使用严格的安全证明保证隐私的密码学等级安全，但是由于密码学工具算法具有较高的复杂性，在实践中也非常低效。随着秘密共享、不经意传输、混淆电路和同态加密等密码学工具的不断发展，隐私加密计算仍然有广泛的使用场景和发展潜力。

在隐私加密计算中，给定来自各方的输入数据 $X_1, X_2, \cdots$ 与计算任务 $Y = f(X_1, X_2, \cdots)$，各参与方使用各种密码学工具达成隐私计算的目的。在计算过程中，隐私加密计算保证除计算任务的最终结果 $Y$ 之外，没有任何其他的信息泄露，从而达到保护参与方的数据隐私的目的。然而，在跨任务场景中，利用多任务的计算输出进行分析，有可能攻击还原任务中使用的用户数据隐私。以百万富翁问题为例，假设两个富翁使用隐私加密计算比较双方的财富，以保证在计算过程中双方都不会知道对方的具体财富。但是在和多个富翁的多次比较过程中，这些比较结果可以综合起来对参与富翁的具体财富进行更加精准的估计。另外，在联邦学习中，多个数据参与方共同训练机器学习模型，即使使用密码学工具对计算过程进行加密，参与方仍然能够通过本地模型的多次参数更新情况，积累来自参与模型更新其他用户的训练数据的梯度信息，并且利用梯度攻击方案对原始数据进行还原。

（2）隐私保护计算。为了在计算任务中对隐私进行更加精细的分析和控制，隐私计算的研究逐渐脱离出隐私加密计算的密码学范畴，在更加广泛的技术和应用场景下研究计算前对数据的安全获取和管理、计算过程中对数据隐私的保护，以及计算完成后对生成数据隐私的保护和相关权属与收益的分配。本书将这一系列新的隐私计算技术称为隐私保护计算，以区别于纯粹基于密码学工具实现安全协议的传统隐私加密计算。

任务计算的最终结果对各方数据隐私的泄露程度，往往和具体计算任务紧密关联。研究整个计算任务过程是否会以及在多大程度上会引起各方数据的隐私泄露，并从整体任务角度对隐私进行度量与保护，属于隐私保护计算的研究对象，是目前隐私计算研究者们持续关心的研究重点。

按照这些技术基于的研究发展轨迹、算法基础和应用特点，可以分为差分隐私、可信执行环境和联邦学习三种技术。

表 1-1　隐私计算常用概念的名称及定义

| 中文名称 | 英文名称 | 定义 |
| --- | --- | --- |
| 隐私计算 | Privacy Computing | 狭义上指以密码学工具为核心的加密计算。广义上指以在保护数据隐私的同时实现计算任务为目的所使用一系列广泛的技术的统称 |
| 隐私保护计算 | Privacy-preserving Computing | 研究计算前对数据的安全获取和管理、计算过程中对数据隐私的保护和度量，以及计算完成后对生成数据隐私的保护以及相关权属与收益的分配的一系列技术 |
| 安全多方计算 | Secure Multi-party Computing | 使用密码学工具在安全协议层次构建隐私计算协议，从而实现多个数据拥有者协同完成指定的计算函数，同时不暴露任何其他的隐私信息 |
| 秘密共享 | Secret Sharing | 将隐私数据拆分成多个份额进行分发和计算的加密计算工具。是隐私加密计算的主要实现方案之一。只有获得一定数量的参与方的同意，才能恢复出原始数据 |
| 同态加密 | Homomorphic Encryption | 允许在密文上进行运算的加密方案。在对数据进行加密之后，能够进行运算获得密文结果，只有密钥持有方才能解密查看结果。是加密计算的常用工具 |
| 不经意传输 | Oblivious Transfer | 一种广泛应用的带隐私保护的数据传输模型与方案。可以在将某条发送方的隐私数据发送给接收方的同时，保证发送方不知道接收方的选择，接收方也不知道发送方的其他隐私数据 |
| 混淆电路 | Garbled Circuit | 通过对逻辑门的输入信号和输出信号进行加密来保护电路的明文信号，是适用性最广的隐私加密技术之一 |
| 差分隐私 | Differential Privacy | 一种灵活高效的隐私保护技术。与密码学方案不同，差分隐私并不对数据进行加密，而是以在数据中加入随机噪声的方式对数据进行保护 |
| 可信执行环境 | Trusted Execution Environment | 在硬件层面提供隐私计算的解决方案。可信执行环境提供一个将用户的程序和数据隔离起来的运行环境，使用户的程序代码和数据不会被潜在的攻击者窃取或者篡改 |
| 联邦学习 | Federated Learning | 在机器学习领域提出的一种隐私保护计算方案。在训练的过程中，训练模型所必需的信息在各参与方之间传递，但数据不能被传递。联邦学习可能使用保护隐私的技术，如同态加密等，对传输的信息进行进一步的保护 |

本书主要对上述隐私加密计算和隐私保护计算技术进行全面细致的介绍与分析，以帮助读者建立对隐私计算的整体认识。

本书着重介绍通过技术手段提供隐私保护的原理与实现，对于使用非技术手段，例如通过相关立法和制度等对公司和组织进行监管不在主要讨论之列。需要注意的是，通过法律制度保护用户隐私也是隐私计算的重要组成部分，我国的相关法律也在起草中[4]。

### 1.1.2 隐私计算的发展历程

隐私计算理论的发展可以追溯到计算机出现之前。一些统计机构常常采用问卷调查的方式对社会现象进行研究。为了保护被调查对象的姓名、年龄、问卷内容的回答等隐私信息，研究机构通常会承诺收集到的信息只会用于项目研究，且其使用会受到严格的监督。在这个阶段，对用户或被调查对象的隐私的保护主要依靠制度和公共监管。另外，早期的密码学也在军事情报等关键领域发挥着重要作用。这些规模较小、使用简单的密码学工具的例子可以看作早期的隐私计算案例。

现代隐私计算发展历程大致可分为四个阶段，每个阶段从不同的角度切入，提出新的隐私计算方案去尝试解决前一阶段中存在的遗漏和缺陷。这些方案技术提供了多种不同的解决隐私计算问题的视角和思路，丰富了隐私计算在不同的实际应用场景下的技术选择。图 1-1 给出了一些关键的发展节点和对应的功能特性。

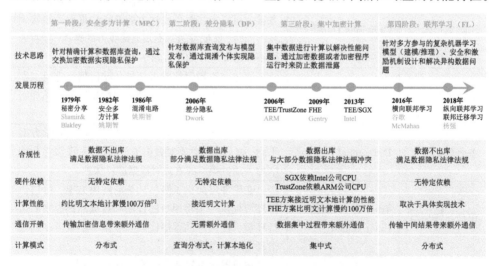

图 1-1　隐私计算发展历程（按时间维度）

第一阶段是安全多方计算理论和应用的发展。安全多方计算属于隐私加密计算，它使用密码学工具构建了一个安全的计算模型，使得多个参与方可以使用自己的数据进行协作计算，同时保证自己的数据不泄露给其他参与方。安全多方计算以 Shamir 秘密共享方案[6] 的提出为起始标志，随后构建了以秘密共享[7] 和混淆电路[8] 为基本协议的体系，主要通过生成并交换随机数据实现隐私的保护，并通过预先设计的计算协议保证计算结果的有效性，这种设计思路适合进行精确计算和数据库查询操作，且计算安全性可以证明。从法律法规的角度上看，安全多方计算方案可以满足对数据不出本地的要求，同时不依赖特定硬件，但其主要问题在于性能与明文计算相比相差很大，最差情况可比明文计算慢 6 个数量级。具体开销取决于计算与网络环境，其主要的性能瓶颈在于大量增加的通信开销。

第二阶段是差分隐私的理论和应用。差分隐私在很早以前便已经用于诸如用户调研等领域。与安全多方计算不同的是，差分隐私对计算过程和计算结果增加随机扰动，从而对个体数据进行混淆。不同于密码学理论论证破解难度来证明安全，差分隐私基于增加噪声带来的数据概率分布的混淆，在更加灵活的层面上评估自身的隐私保护能力[9]。从法律合规角度上看，差分隐私可以满足部分隐私保护法律。同时，因为差分隐私没有对数据进行加密，也没有引入大量额外的通信量，其性能比密码学方案快很多，与明文计算差别不大。也正因如此，该技术最先被应用到各种人工智能应用中，用于保护终端用户的隐私，例如 Google Keyboard 和 Apple Siri 等[10, 11]。

第三阶段是以可信执行环境和全同态加密为代表的集中加密计算。与前两阶段的思路不同的是，该阶段希望找到一个让数据安全地离开本地的方法。其中的一条技术路线是可信执行环境，其创造了一个隔离的运行环境，用户可以将自己的数据上传到可信执行环境中，而不必担心自己的数据被其他程序或者计算设备的管理者窃取。可信执行环境的实现依赖于厂商的特定硬件，例如 Intel SGX[12]、ARM TrustZone[13] 等，因此其安全性并不能得到十分的保障，但其性能与明文直接计算近似，比同态加密更具实用性。集中加密计算的另一条技术路线是同态加密，事实上同态加密最早的发展可以追溯到 Rivest 提出的隐私计算方案[14]，而全同态加密方案则直到 Gentry 在 2009 年才被提出[15]。同态加密使得我们可以在密文上直接计算得到有效的结果，不需要先解密再运算。同态加密需要付出额外的通信代价，这是将数据加密后进行传输产生的通信代价。另外，同态加密也带来很大的额外计算代价，通常比明文计算慢 6 个数量级。这两种集中加密计算的技术路线都提供了一种让数据"安全出本地"的方法，但可能与隐私保护的法律相冲突，因为隐私保护法律可能要求数据即使加密也不能离开本地。

第四阶段是针对近似建模计算任务（例如机器学习建模和预测）设计的联邦学习。与以往的技术思路不同的是，联邦学习让各数据拥有方本地保存模型与数据，只在各方之间进行经过保护的参数信息的传递来完成训练过程。因此，隐私数据在联邦学习的框架下不出域，并且模型参数的交流不暴露原始数据与各地模型的内容。另外，联邦学习也对模型的推理过程进行隐私保护，主要关注分布式机器学习任务中的数据异构和安全机制的设计，同时还需进行性能优化，以规避通用安全多方计算的性能问题。联邦学习可以基于安全多方计算、差分隐私、可信计算平台和同态加密等隐私计算技术实现，同时也要结合建模预测等任务本身的特点进行参数保护的设计。联邦学习的安全性往往需要和其任务结合进行具体分析，但在所有任务中都可以满足隐私保护法律中对数据不出库的要求。从训练范式上看，联邦学习可以分为横向联邦学习和纵向联邦学习[16]，与传统的集中式机器学习相比，其性能代价主要在于密文计算和传输中间结果产生的额外通信。

目前，随着研究领域的交流与合作的不断深化，已经有大量的初创企业和大型公司进入隐私计算行业并发布各自的产品，如微众银行的 FATE 及开源社区 OpenMinded 的 Syft 等。隐私计算也在诸如数据库查询[1]、计票[2] 和机器学习[3] 等应用场景中得到了广泛应用。

## 1.2 隐私计算的技术实现

本书主要通过以下章节介绍目前主流的隐私计算技术的实现，其中第 2、3、4、5 章介绍了秘密共享、同态加密、不经意传输、混淆电路等隐私计算中常用的密码学工具。第 6、7、8 章介绍了隐私保护计算中的主要技术，包括差分隐私、可信执行环境和联邦学习。图 1-2 展示了各种技术之间的包含关系，其中秘密共享、混淆电路、同态加密和不经意传输是安全多方计算常常使用的加密技术；联邦学习除使用经典隐私加密计算的上述技术之外，也会结合差分隐私、可信执行环境等隐私保护技术来实现更加灵活的隐私保护方式和算法。

**第 2 章：秘密共享。** 秘密共享（Secret Sharing）是隐私加密计算的主要实现方案之一。秘密共享允许参与方通过某些操作（如加、乘、异或等）将自己的隐私数据拆分成多个份额，然后将这些份额分别发送给不同的参与方。只有当一定数量的参与方达成共识，同意将秘密恢复出来时，才能恢复原始数据。

**第 3 章：同态加密。** 同态加密（Homomorphic Encryption，HE）是一种允许在密文上进行运算的加密方法。与非同态加密方法相比，同态加密具有在密文上进行有效运算的性质，使用户可以将隐私数据加密成密文交给程序进行密态下的运算。产生的密文结果经过解密后还原出其明文形式。在潜在的攻击者看来，使用同态加密的程序的输入数据完全不包含任何的隐私信息。只要同态加密的密钥不泄露，就可以保证隐私不泄露。

**第 4 章：不经意传输。** 不经意传输（Oblivious Transfer，OT）定义了一种带隐私保护的数据传输模型，将参与者分为发送方和接收方。发送方拥有待传送的隐私数据，而接收方对隐私数据进行选择。双方同意将发送方的隐私数据之一发送给接收方，条件是发送方不能知道接收方的选择，接收方也不能知道发送方的其他隐私数据。不经意传输被广泛用于简单的隐私计算任务及更复杂的隐私计算协议的构建。

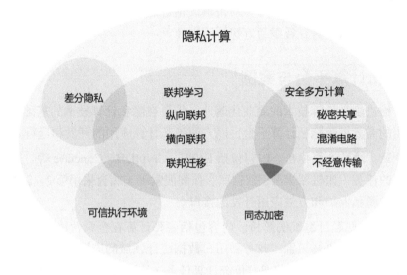

**图 1-2　隐私计算技术框架**

**第 5 章：混淆电路**。混淆电路（Garbled Circuit，GC）是适用性最广的隐私计算协议之一，可以用在所有可以用电路表达的计算任务上。混淆电路对逻辑门的输入信号和输出信号进行加密来保护电路的明文信号。混淆电路协议将参与方分为混淆电路的生成方和运算方。生成方负责将电路进行"混淆"，运算方负责计算混淆电路的输出。由于大多数计算任务都可以用电路表示，因此混淆电路的适用范围十分广泛。

**第 6 章：差分隐私**。差分隐私（Differential Privacy，DP）是一种灵活高效的保护隐私手段。与密码学方案不同，差分隐私不对数据进行加密，而是以在数据中加入随机噪声的方式对数据进行保护。从潜在攻击者的角度看，差分隐私使得攻击者只有一定概率能拿到真实数据，从而限制了攻击者窃取信息的能力。

**第 7 章：可信执行环境**。可信执行环境（Trusted Execution Environment，TEE）是一种在硬件层面提供隐私计算的解决方案。此方法在体系结构层次构建隐私计算方案。通过在硬件层面构建对用户程序的保护以及借助相关的密码学工具，可信执行环境提供一个将用户的程序和数据隔离起来的运行环境，使用户的程序代码和数据不会被潜在的攻击者（其他程序，甚至操作系统管理员）窃取或者篡改。

第 8 章：联邦学习。联邦学习（Federated Learning, FL）是在机器学习领域提出的一种隐私计算解决方案。在训练的过程中，训练模型所必需的信息在各参与方之间传递，但数据不能被传递。为了更好地保证隐私性，联邦学习可能使用保护隐私的技术，例如同态加密等，对传输的信息进行进一步的保护。在模型训练完毕后，模型将被部署在各参与方执行应用任务。

## 1.3 隐私计算平台与案例

为了推进隐私计算技术的商业化落地，需要在隐私计算技术的基础上，根据实际应用的需要搭建隐私计算平台，以方便隐私计算应用的开发和运行。

第 9 章：隐私计算平台。内容包括 FATE、CryptDB、Conclave 等。这些平台针对不同的任务（如机器学习、数据库、查询搜索等）综合采用第 2 ~ 8 章介绍的技术来提供隐私保护和方便应用开发的接口。

第 10 章：隐私计算案例解析。内容包括隐私计算在金融营销、风控、广告、数据查询、医疗、语音识别、政务和用户数据统计领域的应用。通过这些案例的介绍可以看出，隐私计算不仅是"传统计算任务 + 隐私保护"，更是新兴技术得以广泛应用的重要前提条件。

## 1.4 隐私计算的挑战

第 11 章：隐私计算未来展望。首先探讨了数据确权的意义和大数据造成的马太效应。然后，从隐私计算的发展历程出发，进一步展望异构架构的隐私计算、隐私计算的安全性和可解释性等未来发展方向。

目前，尽管有基于诸如密码学等各种技术的隐私计算方案，但隐私计算仍然面临安全合规、性能低下及缺乏统一标准等挑战。

首先，目前所有的隐私计算方案都无法保证绝对安全，即使是密码学方案，多数也基于困难问题进行构造，随着计算机算力的提高，此类方案有被破解的可能。另外，各种安全协议保护的程度也有所不同，不当的使用可能造成隐私泄露。例如，对于一些二值分布的数据（如性别等）使用简单的散列函数，攻击者从密文上就能很容易看出该数据的二值性。总的来说，安全协议自身的局限性和不当使用的风险都可能导致隐私保护失效。

其次，隐私计算技术往往带来大量的额外计算开销。例如，同态加密技术的密文计算代价比相应的明文计算高若干个数量级，其额外的通信代价也是如此。考虑到现代的计算应用往往涉及大量的数据处理，即使是计算性能过剩的今天，隐私计算的计算性能和通信效率仍然面临巨大的挑战。

　　最后，隐私计算技术缺乏统一标准。各企业的隐私计算平台之间存在互联互通的壁垒，相关的 API 不统一，算法实现也没有一致的标准。这些障碍导致不同隐私计算平台上的数据难以互通，需要额外开发中间层，带来了额外的成本。

第 2 章

CHAPTER 2

# 秘密共享

本章介绍与共享密码相关的一种技术——秘密共享。首先，从最开始的秘密共享问题出发，给出秘密共享的定义，介绍秘密共享技术的发展和不同的秘密共享方案。然后，给出秘密共享在联邦学习等隐私保护场景中的应用，并分析秘密共享技术的优缺点。

我们先来讲述一个故事。从前有一个富翁，凭借自己年轻时的努力和善于经商的头脑，攒下了无数金银财宝。人到老年，富翁想要在自己的三个儿子中找到一个最聪明的来继续管理自己的财富。因为富翁平时喜欢研究机关算数，所以就给三个儿子出了一道题目："假如你们其中一个人继承了我的遗产，该怎么做才能在保护好这些财富的同时，让其他两个人也能参与进来，使得兄弟间和睦相处、家庭融洽呢？你们每个人给我一个方案，提供方案最合理的那个人，我会把所有的财富交给他打理。"大儿子是个行事鲁莽的人，想都不想就脱口而出："父亲，这个问题很简单，就找一个保险库把您的所有财富锁起来，钥匙归我保管，弟弟们要用钱的时候就来找我，我开锁取给他们就好啦。"富翁听完眉头紧锁。二儿子眼睛乌溜溜转了几圈，打趣着说道："大哥，不是我们不相信你，只是按照父亲的要求，这并不是一个合理的方案，我看还是把钥匙分成三份，我们一人一份，只有我们三个人同时到场，才能打开宝库拿取财宝。"富翁认可地点了点头。最聪明的小儿子又补充道："这样也不好，万一我们其中一个人正好不在，但是又急需用钱，那另外两个人就没办法打开宝库了。我来设计一把新锁，制作三把钥匙，我们一人一把，任何一个人都不能单独用自己的钥匙打开宝库，但是只要有两个人同时在场，就可以取出财宝。"富翁哈哈一笑，看着小儿子说："好主意，好主意！我的财富，以后就用你提出的办法来管理。"

这个例子体现的就是秘密共享（Secret Sharing）的思想。在保密通信等密码学相关领域中，有一个核心问题就是密钥管理。密钥管理将直接影响系统的安全。一般来说，最安全的密钥管理方法是将其存放在戒备严密的地方，例如计算机、人的记忆或保险箱里。但实际上，计算机故障、人员突然死亡或保险箱损坏，往往会使这种方法失去应有的效果。一个比较有效的补救方法是，准备多个备份密钥，同时异地保存，但这仍然不能从本质上解决上述问题。使用秘密共享技术可以彻底解决上述问题。

所谓秘密共享系统就是，将要保存的秘密提供给一个参与方集合的所有成员，并分别保存。当且仅当集合的授权子集的所有成员都展示他们的秘密时，共享的秘密才能被恢复，而任何未授权的子集成员都无法获得有关秘密的任何信息。秘密共享方案是密码学中的重要工具，已经被用作许多安全协议的构建框架，如多方计算通用协议、拜占庭协议、阈值密码学、访问控制、基于属性的加密和不经意传输等。在现实生活中，秘密共享也被广泛使用，如开设银行或政府机密库房、导弹发射等。一些重要的东西或信息，如果只由一个人保管，那么将是极其危险的，很容易被破坏、篡改或丢失。因此，应由多人互相独立负责。

## 2.1 问题模型及定义

秘密共享是密码学中一种将秘密分割储存的技术，其目的是分散秘密泄露的风险并且在一定程度上容忍入侵。下面我们分别介绍秘密共享的问题模型和秘密共享的定义。首先，我们还是回到本章开头举的例子，富翁的三个儿子想要保管宝库的钥匙，向大家解释如何一步一步地设计一个完美的钥匙分配方案。

### 2.1.1 秘密共享问题模型

三个儿子向富翁阐述自己设计的财富保管方案，其实就是讨论宝库钥匙的分配问题，富翁想要一个公平且又能应急的方案。这时候，宝库的钥匙应该怎么保管？

方案一：把宝库钥匙只交给一个人保管。

大儿子接下这个保管任务，他倚仗着自己年长，迫使两个弟弟都接受了他的提议。在这种情况下，打开宝库需要数字 $S$，而保管钥匙的人拥有数字 $S_1$，则

$$S = S_1. \tag{2-1}$$

第二天，二儿子和小儿子发现宝库空空如也了，原因当然是他们的大哥不想跟他们共享财富，于是独吞财宝远走他乡了。

看来，最简单的第一种方案有着严重的漏洞，只要唯一保管钥匙的人叛变（比如，大儿子一直盯着财宝想要占为己有），宝库中的财宝就不会再安全。

方案二：把钥匙交给所有人保管，三个儿子全部到齐才能打开宝库。

只交给一个人保管钥匙非常不安全。不如交给三个人不同的钥匙，必须要所有的人到齐才能打开，于是二儿子的提议被接受了。他们把钥匙分成三把，三个儿子分别拿到了一把钥匙。这下，每个人都不能再自己一个人打开宝库了。在这种情况下，打开宝库需要数字 $S$，而保管钥匙的人分别拥有数字 $S_1, S_2, S_3, \cdots$，则

$$S = S_1 + S_2 + S_3 + \cdots \quad . \tag{2-2}$$

第二天，家中突发急事需要用钱，富翁的大儿子和小儿子迟迟找不到二儿子，原来富翁的二儿子出远门游玩去了。他们两个欲哭无泪，没有了老二那把钥匙，岂不是谁都打不开宝库了嘛。这可怎么办才好，要耽误事情了呀！

经过分析，第二种方案也有一定的问题，要保管钥匙的全部成员到齐才能打开箱子，如果持有钥匙的任意一方丢失钥匙或者不在场，他们将无法打开宝库取出财宝，同样不是一种完美的方案。

方案三：把钥匙交给所有人保管，其中一部分人到齐就可以打开宝箱。最终，富翁还是采取了小儿子提出的方案，他们一起设计了一把新锁，总共有三把钥匙，三个儿子一人一把，但现在只需要其中任意两个人拿着他们的钥匙就能打开宝库。就算其中一个人将钥匙弄丢或者正好不在家，剩下的两个人也能打开宝库，但是他们其中任意一个人不能单独打开宝库。

如图 2-1 所示，该方案的核心思想是将一个秘密 $S$ 拆分成 $n$ 份 $S_1, S_2, \cdots, S_t, \cdots, S_n$，分发给不同的参与方 $P_1, P_2, \cdots, P_t, \cdots, P_n$ 管理。只有多于 $t$ 个参与方合作才能恢复秘密。一方面，单个参与方无法自己恢复秘密；另一方面，不需要所有参与方合作就能恢复秘密。

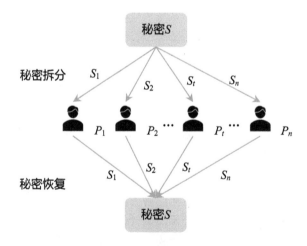

**图 2-1　秘密共享示意图**

基于上述特性，秘密共享多被用于导弹发射、巨额支票签署等重要任务。近几年，随着联邦学习等隐私计算技术的发展，秘密共享也被应用于安全聚合各参与方梯度等场景中。

### 2.1.2 秘密共享定义

在这一节中，我们将定义秘密共享模式。根据不同秘密共享参考文献，我们给出两种定义并证明它们是等价的[17, 18]。

**定义 2.1**（接入结构）。定义 $\{p_1, \cdots, p_n\}$ 为参与方集合，$\mathcal{A} \subseteq 2^{\{p_1, \cdots, p_n\}}$ 为参与方集合的一个集族。如果集合 $B \in \mathcal{A}$ 且 $B \subseteq C$ 可推出集合 $C \in \mathcal{A}$，那么集族 $\mathcal{A}$ 就是单调的。接入结构定义为 $\{p_1, \cdots, p_n\}$ 的非空子集的一个单调集族 $\mathcal{A}$。接入结构 $\mathcal{A}$ 内的集合被称为"授权集合"，接入结构 $\mathcal{A}$ 外的集合被称为"未授权集合"。

秘密域 $K$ 内的分配方案 $\Sigma = \langle \Pi, \mu \rangle$ 由 $\Pi$ 和 $\mu$ 决定。$\mu$ 是某个被称为随机字符串集合的有限集合 $R$ 上的概率分布，$\Pi$ 是从 $K \times R$ 到 $n$ 元组 $K_1 \times K_2 \times \cdots \times K_n$ 的集合的映射，其中，$K_j$ 被称为秘密份额 $p_j$ 的域。秘密分发者根据 $\Pi$ 将秘密 $k \in K$ 分享给各个参与方。首先，秘密分发者根据 $\mu$ 采样一个随机字符串 $r \in R$；接着，秘密分发者计算秘密份额向量 $\Pi(k, r) = (s_1, \cdots, s_n)$；最后，秘密分发者安全地将每个秘密份额 $s_j$ 发送给对应参与方 $p_j$。

在一部分文献[19–21]中，秘密共享是按照以下方式定义的。

**定义 2.2**（秘密共享）。定义 $K$ 为秘密的有限集合，$|K| \leqslant 2$。如果以下两个要求成立，那么秘密域 $K$ 内的分配方案 $\langle \Pi, \mu \rangle$ 就是实现接入结构 $\mathcal{A}$ 的一个秘密共享方案。

正确性：秘密 $k$ 能够被任何授权的参与方集合恢复。也就是说，对于任何集合 $B = \{p_{i_1}, \cdots, p_{i_{|B|}}\} \in \mathcal{A}$，存在一个恢复函数 $\text{RECON}_B$：$K_{i_1} \times \cdots \times K_{i_{|B|}} \to K$，对于每个 $k \in K$：

$$Pr[\text{RECON}(\Pi(k, r)_B) = k] = 1. \tag{2-3}$$

隐私保护：未授权的参与方集合不能从它们的秘密共享份额中恢复有关秘密的任何信息。对于任意集合 $T \notin \mathcal{A}$，任意两个秘密 $a, b \in K$ 和任意可能的秘密份额向量 $\langle s_j \rangle_{p_j \in T}$：

$$Pr[\Pi(a, r)_T = \langle s_j \rangle_{p_j \in T}] = Pr[\Pi(b, r)_T = \langle s_j \rangle_{p_j \in T}]. \tag{2-4}$$

**注 2.1** 以上定义要求百分之百的正确性和完美的隐私保护，对于任意两个秘密 $a$、$b$，分配方案 $\Pi(a, r)_T$ 和 $\Pi(b, r)_T$ 是相同的。我们可以放宽这两个要求：只要求正确性以较高的概率成立，或者 $\Pi(a, r)_T$ 和 $\Pi(b, r)_T$ 的统计距离很小。符合这两个宽泛要求的秘密共享方案被称为统计秘密共享方案。

接下来，我们给出在另外一部分文献[22, 23]中秘密共享的定义。这类定义使用了熵函数。

**定义 2.3**（秘密共享（替代定义））。如果以下条件成立，那么分配方案是在秘密的给定概率分布 $S$ 上实现接入结构 $\mathcal{A}$ 的一个秘密共享方案。

正确性：对于每个授权集合 $B \in \mathcal{A}$，

$$H(S|S_B) = 0. \tag{2-5}$$

隐私保护：对于每个未授权集合 $T \notin \mathcal{A}$，

$$H(S|S_T) = H(S). \tag{2-6}$$

定义 2.2 和定义 2.3 是等价的，在定理 2.1 中我们将给出证明。定义 2.2 的好处是，不需要假设一个秘密的概率分布，这个分布是已知的。并且，定义 2.2 能够被泛化成概率秘密共享和计算秘密共享。另外，在证明下限时，定义 2.3 会更加方便。因此，两种定义的等价性使得我们能够为某个特定任务选择更合适的定义。

以上两个秘密共享定义的等价性提供了文献 [24] 结果的证明，基于定义 2.3 的秘密共享方案的隐私实际上是独立于分布的：如果秘密共享方案是就秘密的某个分布实现的接入结构，那么在同样条件下，该秘密共享方案可以根据任何分布来实现接入结构。

**定理 2.1** 对于一个秘密分配方案 $\Sigma$，以下断言是等价的：

（1）根据定义 2.2，秘密分配方案 $\Sigma$ 是安全的。

（2）在一些支持为 $K$ 秘密分布（对于任意 $a \in K$，$Pr[S = a] > 0$）下，根据定义 2.3，秘密分配方案是安全的。

（3）对于任何支持包含在 $K$ 中的秘密分布，根据定义 2.3，秘密分配方案是安全的。

证明. 我们先证明定理 2.1（1）可以推出定理 2.1（3），这样的话，定理 2.1（1）也可以推出定理 2.1（2）。在以下的证明中，$\Sigma =< \Pi, \mu >$ 表示一个秘密共享方案，其安全性由定义 2.2 提供；$S$ 表示一个基于 $K$ 上某个分布的随机变量。因此，对于任意集合 $T \notin \mathcal{A}$，任意秘密 $a \in K$ 和任意 $T$ 中参与方的秘密份额 $< s_j >_{p_j \in T}$：

$$
\begin{aligned}
Pr[S_T =< s_j >_{p_j \in T} |S = a] &= Pr[\Pi(a, r)_T =< s_j >_{p_j \in T}] \\
&= \sum_{b \in K} Pr[S = b] \cdot Pr[\Pi(b, r)_T =< s_j >_{p_j \in T}] \\
&= \sum_{b \in K} Pr[S = b] \cdot Pr[S_T =< s_j >_{p_j \in T} |S = b] \\
&= Pr[S_T =< s_j >_{p_j \in T}].
\end{aligned} \tag{2-7}
$$

式中，$S_T$ 和 $S$ 是相互独立的随机变量，根据熵函数的性质，$H(S|S_T) = H(S)$，因此，根据定义 2.3，考虑到 $S$ 上的分布，此秘密共享方案是安全的。

现在，对于支持为 $K$ 的某个秘密分布，假设 $\Sigma =< \Pi, \mu >$ 是一个由定义 2.3 设计的秘密共享方案，也就是说，定理 2.1（2）是成立的。那么，对于任意集合 $T \notin \mathcal{A}$，随机变量 $S_T$ 和 $S$ 是独立的，对于任意两个秘密 $a, b \in K$ 和任意秘密份额 $< s_j >_{p_j \in T}$：

$$
\begin{aligned}
Pr_r[\Pi(a,r)_T =< s_j >_{p_j \in T}] &= Pr_{r,k}[\Pi(k,r)_T =< s_j >_{p_j \in T}] \\
&= Pr_r[\Pi(b,r)_T =< s_j >_{p_j \in T}].
\end{aligned}
\tag{2-8}
$$

第一个和第三个概率是对于固定的秘密来讲的，二者均受到 $\Pi$ 的随机性的影响。第二个则概率同时受到 $\Pi$ 和秘密 $k$ 的随机性的影响。因此，根据定义 2.2，该秘密共享方案是安全的。　　　　　　　　　　　　　　　　　　　□

## 2.2　原理与实现

秘密共享的概念最早由著名的密码学专家 Shamir 和 Blakley 提出。两人在 1979 年分别独立给出了各自的秘密共享方案。Shamir 方案基于多项式插值的方法实现，Blakley 方案则利用多维空间点的性质来建立。

### 2.2.1　秘密共享方案的发展

实现秘密共享的算法有很多[25]。包括经典的 Shamir 门限秘密共享算法和基于中国剩余定理的秘密共享方案在内，秘密共享算法大致可以分为十类：阈值秘密共享方案、一般访问结构上秘密共享方案、多重秘密共享方案、多秘密共享方案、可验证秘密共享方案、动态秘密共享方案、量子秘密共享方案、可视秘密共享方案、基于多分辨滤波的秘密共享方案和基于广义自缩序列的秘密共享方案。下面分别介绍每个方案。

#### 1. 阈值秘密共享方案

在 $(t, n)$ 阈值秘密共享方案设计中，授权子集被定义为任何至少包含 $t$ 个参与者的集合，而非授权子集为包含 $t - 1$ 个或更少参与者的集合。除 Shamir 和 Blakley 的方案外，基于"中国剩余定理"的 Asmuth-Bloom 方法、使用矩阵乘法的 Karnin-Greene-Hellman 方法等也是实现 $(t, n)$ 阈值秘密共享的方法。

#### 2. 一般访问结构上秘密共享方案

阈值秘密共享方案是一种实现阈值访问结构的秘密共享方案，它对其他更广泛的访问结构有限制，例如在 A、B、C 和 D 四个成员之间共享秘密，以便 A 和 D 或者 B 和 C 可以恢复秘密。阈值秘密共享方案无法处理这类情况。为了处理这类问题，密码学研究人员在 1987 年提出了通用访问结构的秘密共享方案。1988 年，有人提出了一种更简单有效的方法——单调电路构造法，并证明了任何访问结构都可以通过完全秘密共享来实现方案。后来，一些专家给出了许多关于一般访问结构的秘密共享方案。

### 3. 多重秘密共享方案

在多重秘密共享方案中，每个参与者的子秘密可以被多次使用，但在一个秘密共享过程中，只能共享一个秘密。多重秘密共享方案的概念提出后，国内外学者提出了许多此类方案。例如，在 Harn 和 Lin[26] 提出的关于访问结构的 $l$ 重秘密共享方案中，每个参与者的子秘密可以重复使用 $l$ 次，分别恢复 $l$ 个共享秘密。此外，有许春香等人[27] 提出的基于 RSA 公钥体系的阈值多重秘密共享方案，以及庞辽军和王玉民[28] 提出的基于几何性质的阈值多重秘密共享方案等。

### 4. 多秘密共享方案

多重秘密共享方案解决了重复使用参与者子秘密的问题，但在一个秘密共享过程中，只能共享一个秘密。2000 年，Chien 等人[29] 提出了一种新的基于系统块码的阈值多秘密共享方案：在一次共享过程中，可以共享多个秘密，子秘密可以重复使用。该方案具有重要的应用价值。之后，Yang 等人[30] 还提出了一种阈值多秘密共享方案。Pang 等人[31] 提出的方案保留了上述两种方案的优点。事实上，单秘密共享方案理论的许多结果在多秘密共享方案中都有相应的扩展。

### 5. 可验证秘密共享方案

参与秘密共享的成员可以通过公共变量来验证自己的子秘密的正确性，从而有效防止分发者与参与者之间以及参与者之间的相互欺骗问题。可验证的秘密共享方案分为交互式和非交互式两种。交互式可验证秘密共享方案是指，每个参与者在验证秘密共享的正确性时需要相互交换信息；非交互式可验证秘密共享方案是指，每个参与者在验证秘密共享的正确性时不需要相互交换信息。在应用中，非交互式可验证秘密共享方案可以降低网络通信的成本和秘密泄露的概率，因此其应用领域更加广泛。

### 6. 动态秘密共享方案

动态秘密共享方案于 1990 年被提出，具有良好的安全性和灵活性。它允许添加或删除参与者，定期或不定期地更新参与者的子秘密，还允许在不同时间恢复不同的秘密。以上是几个经典的秘密共享方案。

需要说明的是，一种具体的秘密共享方案往往是几种类型的聚合，以上划分只是为了方便研究。

#### 7. 量子秘密共享方案

Hillery 等人在 1999 年首次提出基于三粒子纠缠态的量子秘密共享方案的概念[32]。基于纠缠态的经典消息秘密共享方案 HBB[32]，基于非纠缠态的经典消息秘密共享方案[33] 和量子态的秘密共享方案[32] 在量子秘密共享方案中都占有比较重要的地位。

#### 8. 可视秘密共享方案

在 1994 年的 EUROCRYP-TO 大会上，Naor 和 Shamir[34] 提出了可视秘密共享方案。在三年后的 1997 年，Noar 和 Pinkas[35] 又在此基础上介绍了可视秘密共享的相关应用。

#### 9. 基于多分辨滤波的秘密共享方案

1994 年，Santis 等人[36] 提出了多分辨滤波秘密共享的概念。该方案利用了现代信号中经常用到的双通道滤波器组，一个信号序列经过双通道滤波器组滤波后，可以分解为两组序列号序列。分解后的两组信号继续通过双通道滤波器，从而获得"分辨率"级别的多种信号表示。用这些信号可以准确地还原原始信号。

#### 10. 基于广义自缩序列的秘密共享方案

基于广义自缩序列的秘密共享方案[37] 是拉格朗日插值多项式系统的扩展。该方案的思想是构造两个拉格朗日多项式，一个用于恢复秘密，另一个用于测试共享和秘密的有效性。后者的系数来自广义自收缩序列。由于其良好的伪随机性，这种秘密共享方案安全可靠，并且可以方便地更新秘密共享。

### 2.2.2 经典秘密共享方案

本节主要介绍四种经典的秘密共享方案：Shamir 秘密共享算法、基于"中国剩余定理"的秘密共享方案、Brickell 秘密共享方案和 Blakley 秘密共享方案。

#### 1. Shamir 秘密共享方案

Shamir 秘密共享方案被称作 $(t, n)$ 门限秘密共享方案[6]，简称门限方案，$t$ 为门限值。Shamir 秘密共享方案是秘密共享中最经典的方案之一，因其简单实用而被广泛应用。Shamir 的方案基于拉格朗日插值的方法实现。给定二维空间内的 $t$ 个点 $(x_1, y_1), \cdots, (x_t, y_t)$，其中 $x_i$ 各不相同。对于每一个 $x_i$，有且只有一个 $t-1$ 度多项式 $q(x) = a_0 + a_1 x + \cdots + a_{t-1} x^{t-1}$，使得 $q(x_i) = y_i$。在秘密拆分阶段，首先要确定 $t$ 和 $n$。赋值 $a_0 = S$，$S$ 为想要分享的秘密，随机产生 $a_1, \cdots, a_{t-1}$，计算：

$$S_1 = q(1), \cdots, S_i = q(i), \cdots, S_n = q(n). \tag{2-9}$$

获得任意 $t$ 个 $S_i$ 的值，就可以通过差值法计算得出多项式 $q(x)$ 的系数 $a_0,\cdots,$ $a_{t-1}$，其中 $a_0$ 为恢复得到的秘密 $S$。但是，少于 $t$ 个 $S_i$ 的值不能解出多项式，无法恢复出原本的秘密。为了让上述计算更准确，Shamir 方案用模运算代替实数运算。首先，确定一个大质数 $p$，保证 $p$ 同时大于 $S$ 和 $n$，多项式 $q(x)$ 的系数 $a_0,\cdots,a_{t-1}$ 从一个范围为 $[0,p)$ 的均匀分布中随机取出，且 $S_1,\cdots,S_n$ 也通过对 $p$ 取模得到。下面举一个例子来对 Shamir 秘密共享方案做进一步的说明。

**（1）秘密分发**

第一步：假设秘密 $S=13$，确定 $n=5$，$t=3$，选择模数 $p=17$。

第二步：生成 $t-1$ 个小于或等于 $p$ 的随机数，$a_1=10$，$a_2=2$，同时将 $S$ 的值赋给 $a_0=13$。

第三步：分别计算

$$S_1=(13+10\times1+2\times1^2)\bmod17=8$$
$$S_2=(13+10\times2+2\times2^2)\bmod17=7$$
$$S_3=(13+10\times3+2\times3^2)\bmod17=10$$
$$S_4=(13+10\times4+2\times4^2)\bmod17=0$$
$$S_5=(13+10\times5+2\times5^2)\bmod17=11$$

第四步：将 $(S_i,i)$ 作为钥匙分发给第 $i$ 个人。

**（2）秘密恢复**

第一步：集齐任意 $t=3$ 个人的钥匙，例如第一个人的（8,1），第二个人的（7,2）和第五个人的（11,5）。

第二步：列出方程组

$$(a_0+1\times a_1+1^2\times a_2)\bmod17=8$$
$$(a_0+2\times a_1+2^2\times a_2)\bmod17=7$$
$$(a_0+5\times a_1+5^2\times a_2)\bmod17=11$$

第三步：求解方程组，得到 $a_0=13$，$a_1=10$，$a_2=2$，则原本的秘密 $S=a_0=13$。

**2. 基于中国剩余定理的秘密共享方案**

"中国剩余定理"是数论中的一个关于一元线性同余方程组的定理，说明了一元线性同余方程组有解的准则及求解方法，也称为孙子定理。一元线性同余方程组问题最早可见于中国南北朝时期（公元 5 世纪前后）的数学著作《孙子算经》卷下第二十六题，题目为"物不知数"，原文如下：

"有物不知其数，三三数之剩二，五五数之剩三，七七数之剩二。
问物几何？"

翻译为：一个整数除以三余二，除以五余三，除以七余二，求这个整数。基于中国剩余定理的秘密共享方案设定数据所有者拥有 $n$ 个数据文件，在加密阶段，算法根据中国剩余定理生成 $n-1$ 级多项式，利用该多项式对子文件集合中的所有机密文件进行加密，只有授权数据使用者可以访问相应的子文件。在解密阶段中，数据使用者将私有共享和对应的公共共享进行组合，然后恢复该授权使用者想要访问的原始文件或文件集合。

下面，我们给出一个具体的例子，以便更好地理解基于中国剩余定理的秘密共享方案。

**（1）秘密分发**

第一步：假设秘密 $S = 117$，确定 $n = 5$，$t = 3$。

第二步：生成 $n$ 个互质的随机数，要求其中的 $t$ 个最小的随机数相乘的结果大于秘密 $S$，其中 $t-1$ 个最大的随机数相乘的结果小于秘密 $S$。例如：

$$d_1 = 4, d_2 = 5, d_3 = 7, d_4 = 9, d_5 = 11$$

其中 $d_1 d_2 d_3 > S > d_4 d_5$。

第三步：分别计算

$$S_1 = 117 \bmod 4 = 1$$
$$S_2 = 117 \bmod 5 = 2$$
$$S_3 = 117 \bmod 7 = 5$$
$$S_4 = 117 \bmod 9 = 0$$
$$S_5 = 117 \bmod 11 = 7$$

第四步：将 $(S_i, d_i)$ 作为钥匙分发给第 $i$ 个人。

**（2）秘密恢复**

第一步：集齐任意 $t = 3$ 个人的钥匙，例如第一个人的为 $(1, 4)$，第二个人的为 $(2, 5)$ 和第五个人的为 $(7, 11)$。

第二步：列出方程组

$$S \bmod 4 = 1$$
$$S \bmod 5 = 2$$
$$S \bmod 11 = 7$$

第三步：求解方程组，既是 5 和 11 的公倍数，又能除以 4 余 1 的数是 165；既是 4 和 11 的公倍数，又能除以 5 余 2 的数是 132；既是 4 和 5 的公倍数，又能除以 11 余 7 的数是 40；则 $165 + 132 + 40 - 4*5*11 = 117$ 为原本秘密 $S$ 的值。

### 3. Brickell 秘密共享方案

Brickell 秘密共享方案是 Shamir 秘密共享方案的推广，由一维方程转向思考多维向量。同样，我们也给出一个具体的例子来帮助大家理解。

**（1）秘密分发**

第一步：假设秘密 $S = 99$，确定 $n = 4$，向量维度 $d = 3$，选择模数 $p = 127$。

第二步：确定解密规则 $\{(\boldsymbol{v}_1, \boldsymbol{v}_2, \boldsymbol{v}_3), (\boldsymbol{v}_1, \boldsymbol{v}_4)\}$，其中 $\boldsymbol{v}_i$ 表示第 $i$ 个 $d$ 维向量，该解密规则表示第一、二、三个人和第一、四个人分别可以合作恢复出秘密。

第三步：确定所有人共享的 $n = 4$ 个向量 $\{\boldsymbol{v}_1, \cdots, \boldsymbol{v}_n\}$，要求解密规则里的任意一组向量可以线性构成 $(1, 0, 0)$，而不在解密规则里的组合无法构成。例如，$\boldsymbol{v}_1 = (0, 1, 0)$，$\boldsymbol{v}_2 = (1, 0, 1)$，$\boldsymbol{v}_3 = (0, 1, -1)$，$\boldsymbol{v}_4 = (1, 1, 0)$，符合要求：

$$
\begin{aligned}
(1, 0, 0) &= \boldsymbol{v}_2 + \boldsymbol{v}_3 - \boldsymbol{v}_1, \\
(1, 0, 0) &= \boldsymbol{v}_4 - \boldsymbol{v}_1.
\end{aligned}
\tag{2-10}
$$

第四步：生成 $d - 1$ 个小于 $p$ 的随机数，$a_2 = 55$，$a_3 = 28$，同时将 $S$ 的值赋给 $a_1 = 99$。

第五步：分别计算 $S_i = \boldsymbol{a} \cdot \boldsymbol{v}_i$，其中 $\boldsymbol{a} = (a_1, a_2, a_3)$

$$S_1 = (99, 55, 28) \cdot (0, 1, 0) \bmod p = 55$$
$$S_2 = (99, 55, 28) \cdot (1, 0, 1) \bmod p = 10$$
$$S_3 = (99, 55, 28) \cdot (0, 1, -1) \bmod p = 17$$
$$S_4 = (99, 55, 28) \cdot (1, 1, 0) \bmod p = 27$$

第六步：将 $(S_i, i)$ 作为钥匙分发给第 $i$ 个人。

**（2）秘密恢复**

第一步：集齐任意满足解密规则的钥匙，例如第一、二、三个人的为 $(S_1 = 55, S_2 = 10, S_3 = 17)$。

第二步：使用第一、二、三个向量构造 $(1, 0, 0)$

$$c_1 \boldsymbol{v}_1 + c_2 \boldsymbol{v}_2 + c_3 \boldsymbol{v}_3 = (1, 0, 0)$$

其参数分别为 $c_1 = -1$，$c_2 = 1$，$c_3 = 1$。

第三步：将参数带入 $c_1 S_1 + c_2 S_2 + c_3 S_3 = S$ 得到原本秘密 $S$ 的值。

$$(-1 \times 55 + 1 \times 10 + 1 \times 17) \bmod 127 = 99$$

### 4. Blakley 秘密共享方案

最后，简单介绍 Blakley 秘密共享方案[38]。Blakley 在 1979 年独立提出的秘密共享方案是最早的秘密共享方案之一。有别于 Shamir 秘密共享方案，Blakley 秘密共享方案基于高斯消元法。

**（1）秘密分发**

第一步：确定 $n = 5$，$t = 3$，假设秘密 $S = (3, 10, 5)$，为 $t$ 空间中的一点。

第二步：构造出经过这个点的 $n = 5$ 个平面

$$x + y + z = 18$$
$$x + y + 2z = 23$$
$$x + y + 3z = 28$$
$$x + 2y + z = 28$$
$$x + 3y + z = 38$$

第三步：将第 $i$ 个平面作为钥匙分发给第 $i$ 个人。

**（2）秘密恢复**

第一步：集齐任意满足解密规则的钥匙，例如第一、二、五个人的钥匙。

第二步：列出方程组

$$x + y + z = 18$$
$$x + y + 2z = 23$$
$$x + 3y + z = 38$$

第三步：解包含 $t$ 个变量 $t$ 个方程的方程组，得到 $S = (3, 10, 5)$ 为原本的秘密。

### 2.2.3 秘密共享方案的同态特性

应用最广泛的 Shamir 秘密共享方案，其本身具有加法同态性。假设 A、B 两方分别有秘密 $S^A$ 和 $S^B$，如图 2-2 所示，他们的值被随机拆分为 $S_1^A, \cdots, S_n^A$ 和 $S_1^B, \cdots, S_n^B$，对应被分配到不同节点 $P_1, \cdots, P_n$ 上，每个节点的运算结果加和可以等同于原始秘密 $S^A$ 和 $S^B$ 的加和。通俗地讲，秘密共享的同态性表达的是：秘密份额的组合等价于组合的秘密共享份额。

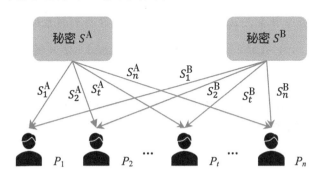

图 2-2　秘密共享同态性质示意图

同态秘密共享方案允许参与者对接收到的多个子份额进行加乘运算处理，进而在单个秘密处于隐私的状态下即可重构多个秘密的加或乘，因此，秘密共享方案具有同态的性质[18, 39]。对于 $(t, n)$ 门限秘密共享方案，定义 $S$ 为原秘密空间，$T$ 为秘密份额空间，函数 $F_I : T^t \rightarrow S$ 把任意 $t$ 个秘密份额 $(s_{i_1}, \cdots, s_{i_t})$ 恢复为原秘密 $s = F_I(s_{i_1}, \cdots, s_{i_t})$。其中，$I = \{i_1, \cdots, i_t\} \subseteq \{1, 2, \cdots, n\}$，并且 $|I| = t$。

**定义 2.4（秘密共享同态性）**. 假设 $\oplus$ 和 $\otimes$ 分别对应于秘密空间 $S$ 和份额空间 $T$ 中的二元函数。$(t, n)$ 门限秘密共享具有 $(\oplus, \otimes)$ 同态性，如果对于任意子集 $I$：

$$s = F_I(s_{i_1}, \cdots, s_{i_t}),$$
$$s' = F_I(s'_{i_1}, \cdots, s'_{i_t}), \tag{2-11}$$

那么

$$s \oplus s' = F_I(s_{i_1} \otimes s'_{i_1}, \cdots, s_{i_t} \otimes s'_{i_t}). \tag{2-12}$$

在本节中，我们将以 Shamir 门限秘密共享方案为例，重点讨论秘密共享方案的加法同态、乘法同态（其他还包括除法同态、幂乘同态和比较同态）。这些同态的性质使得秘密共享能够被广泛地应用在不同的场景中。

**1. 计算两个秘密共享数字的加和**

由定义 2.4 可知，Shamir 门限秘密共享方案具有 $(+, +)$ 同态的性质，即有：

$$s + s' = F_I(s_{i_1}, \cdots, s_{i_t}) + F_I(s'_{i_1}, \cdots, s'_{i_t}) = F_I(s_{i_1} + s'_{i_1}, \cdots, s_{i_t} + s'_{i_t}). \quad (2\text{-}13)$$

假设两个秘密 $s$ 和 $s'$ 通过 Shamir 的 $(t+1, n)$ 门限秘密共享方案在不同参与方中共享，每个参与方可以在没有沟通的情况下独自计算秘密加和的共享份额。

参与方 $P_j$ 的输入：秘密份额 $s_j$ 和 $s'_j$ 分别对应于秘密 $s$ 和 $s'$。

计算步骤：对每个参与方 $P_j$ 计算 $x_j = s_j + s'_j$。

**2. 计算两个秘密共享数字的乘积**

还是以 Shamir 门限秘密共享方案为例，我们可以通过增加其他计算机制，使得秘密共享满足乘法同态的性质[40]。

同样，假设两个秘密 $s$ 和 $s'$ 通过 Shamir 的 $(t+1, n)$ 门限秘密共享方案在不同参与方中共享。在没有沟通的情况下，参与方可以利用 Shamir 的 $(2t+1, n)$ 门限秘密共享方案。计算秘密乘积的共享份额。也就是说，Shamir 门限秘密共享方案具有 $(\times, \times)$ 同态的性质，即有：

$$s \times s' = F_I(s_{i_1}, \cdots, s_{i_t}) \times F_I(s'_{i_1}, \cdots, s'_{i_t}) = F_I(s_{i_1} \times s'_{i_1}, \cdots, s_{i_t} \times s'_{i_t}). \quad (2\text{-}14)$$

然而，在下面的例子中，我们将介绍另外一种构造机制，通过参与方之间的交流，我们也可以通过 Shamir 的 $(t+1, n)$ 门限秘密共享方案来计算秘密乘积的共享份额。在这个例子中，我们假设总共有 $t$ 个不诚实的参与方，但是大部分参与方 $n = t + 1$ 是诚实的。

参与方 $P_j$ 的输入：秘密份额 $s_j$ 和 $s'_j$，分别对应秘密 $s$ 和 $s'$。

计算步骤 **I**：每个参与方 $P_j$ 计算 $x_j = s_j * s'_j$ 并通过 Shamir 的 $(t+1, n)$ 门限秘密共享方案将秘密共享给其他参与方，其秘密共享份额表示为 $x_{j,1}, \cdots, x_{j,n}$。参与方 $P_j$ 会将份额 $x_{j,l}$ 发给参与方 $P_l$。

计算步骤 **II**：每个参与方 $P_j$ 计算 $u_l = \sum_{j=1}^{n} \beta_j x_{j,l}$。其中，$\beta_1, \cdots, \beta_n$ 是为了恢复 Shamir 的 $(2t+1, n)$ 门限秘密共享方案中的秘密而定义的常量，$\alpha_1, \cdots, \alpha_n \in F^q$ 是所有参与方都知道的非零唯一元素：

$$\beta_j = \prod_{1 \leqslant l \leqslant t, l \neq j} \frac{\alpha_{i_l}}{\alpha_{i_l} - \alpha_{i_j}}. \quad (2\text{-}15)$$

其他如除法同态[41]、幂乘同态[42] 和比较同态[41, 43]，也可以通过对秘密共享方案的设计而实现，本书不再赘述。

## 2.3　优缺点分析

总的来讲，秘密共享是一种构思巧妙且应用广泛的密码学技术，其优点包括：没有精度损失，相比同态加密的方法，计算效率大大提升，实现相对简单，有很多协议可选，计算成本较低，等等。但是秘密共享也存在一些缺点，例如，在进行线上计算之前必须离线生成并存储许多计算所需的随机数，造成通信成本过高。除此之外，不同的秘密共享方案都有自己的优缺点，我们在本章接下来的内容里会挑选几种秘密共享方案，分析其优势和劣势。

### 1. 秘密共享的优点

$t$ 个秘密份额可以确定出整个多项式，并可计算出其他的秘密份额。在原有共享者的秘密份额保持不变的情况下，可以增加新的共享者，只要增加后共享者的总数不超过 $t$ 即可。还可以在原有共享密钥基础之上，通过构造常数项仍为共享密钥的具有新系数的 $t$ 次多项式，重新计算新一轮共享者的秘密份额，从而使得共享者原来计算的秘密份额作废。

### 2. 秘密共享的缺点

在秘密分发阶段，不诚实的秘密分发者可将无效的秘密份额分发给参与者。在秘密重构阶段，某些参与者可能提交无效的秘密份额，使得无法恢复正确秘密。秘密分发者与参与者之间需要构建点对点的安全通道。

## 2.4　应用场景

秘密共享在隐私计算中的应用场景有很多，其中包含了密钥协商、数字签名、电子商务、联邦学习和安全多方计算等。在本节中，我们将会从秘密共享在横向联邦学习、纵向联邦学习和安全多方计算中各挑选一个应用做简单举例。

### 2.4.1　秘密共享在横向联邦学习中的应用

在横向联邦学习中，秘密共享常代替同态加密技术，被用来设计梯度的安全聚合协议。例如，谷歌联邦学习研发团队在 **ACM CCS 2017** 学术大会上提出的一种高效的安全聚合方法[44] 中，利用秘密共享技术使服务器能够安全地聚合来自不同用户的梯度，同时单个用户的梯度不会被泄露。

### 1. 横向联邦学习场景

这项工作考虑训练一个深度神经网络来预测用户在写短信时想要输入的下一个单词。此类网络通常用于提高手机屏幕键盘的打字效率。建模者可能希望为跨越大量用户的所有文本消息训练这样的模型。然而，短信往往包含敏感信息，用户可能不希望将他们的副本上传到建模者的服务器。相反，我们考虑在横向联邦学习环境中训练这样一种模型，其中每个用户在自己的移动设备上安全地维护一个文本格式的私人数据库，并在中央服务器的协调下训练共享的全局模型。横向联邦学习系统面临几个实际挑战。移动设备只能偶尔访问电源和网络连接，因此参与每个更新步骤的用户集是不可预测的，系统必须对用户退出具有健壮性。由于神经网络可以通过数百万个值进行参数化，因此更新量可能很大，代表了用户在衡量网络规划方面的直接成本。移动设备通常无法与其他移动设备建立直接通信通道（依靠服务器或服务提供商来协调此类通信），也无法在本地对其他移动设备进行身份验证。因此，横向联邦学习激发了对安全聚合协议的需求。该协议具有以下优点：可以对高维向量进行操作；通信效率非常高，使每次实例化都有新的一组用户；对用户出口稳健；在中介服务器未经身份验证的网络模型的约束下提供最强的安全性。

### 2. 安全聚合协议

本文将实体分为了两类：一个单独的做聚合操作的服务器 $S$，以及包括 $n$ 个客户端的集合 $\mathcal{U}$。集合 $\mathcal{U}$ 中的每个用户 $u$ 都有一个私有的 $m$ 维向量 $\boldsymbol{x}_u$，且 $\sum_{u \in \mathcal{U}} \boldsymbol{x}_u$ 在域 $\mathbb{Z}_R$ 中。协议的目标为安全地计算 $\sum_{u \in \mathcal{U}} \boldsymbol{x}_u$：保证服务器只学习到最终的求和结果，而用户什么也学习不到。假设现在用户之间有顺序，且每对用户 $(u, v), u < v$ 之间共有一个随机的向量 $\boldsymbol{s}_{u,v}$，那么可以对数据 $\boldsymbol{x}_u$ 做以下盲化操作：

$$\boldsymbol{y}_u = \boldsymbol{x}_u + \sum_{v \in \mathcal{U}: u < v} \boldsymbol{s}_{u,v} - \sum_{v \in \mathcal{U}: u > v} \boldsymbol{s}_{v,u} (\mathrm{mod}\ R). \tag{2-16}$$

然后，将 $\boldsymbol{y}_u$ 发给服务器，服务器计算：

$$\begin{aligned} \boldsymbol{z} &= \sum_{u \in \mathcal{U}} \boldsymbol{y}_u \\ &= \sum_{u \in \mathcal{U}} (\boldsymbol{x}_u + \sum_{v \in \mathcal{U}: u < v} \boldsymbol{s}_{u,v} - \sum_{v \in \mathcal{U}: u > v} \boldsymbol{s}_{v,u}) \\ &= \sum_{u \in \mathcal{U}} \boldsymbol{x}_u (\mathrm{mod}\ R). \end{aligned} \tag{2-17}$$

可以看出，用户之间的公共向量最终抵消并完成了安全聚合的任务。但是这种方法有两个缺点。第一，用户必须交换随机向量 $\boldsymbol{s}_{u,v}$。如果直接完成，则需要二次通信开销 $(|\mathcal{U}| \times |\boldsymbol{x}|)$。第二，无法完成约定的一方是不被容忍的：用户 $u$ 在与其他用户交换向量后退出，但在向服务器提交 $\boldsymbol{y}_u$ 之前，与 $u$ 关联的向量掩码不会在总和 $\boldsymbol{z}$ 中被抵消。通过用共享伪随机数生成器的种子替换共享的整个向量 $\boldsymbol{s}_{u,v}$ 可以减少通信开销。这些共享的种子将通过让各方广播不同的 Diffie-Hellman 公

钥并参与密钥协商来计算。处理退出用户的一种方法是，通知所有退出用户，然后其他用户回复他们与退出用户共享的随机种子。但是，有可能用户在回复种子之前就退出了，并且这样循环下去。该文章通过使用阈值秘密共享方案并要求每个用户将其不同的 Diffie-Hellman 秘密共享发送给所有其他用户来解决这个问题。只要最小数量的参与方（由阈值决定）仍然在线并使用丢弃的用户密钥的份额进行响应，就能恢复这对种子，即使其他参与者在恢复期间退出。用于秘密共享的安全聚合协议的一般步骤如图 2-3 所示。

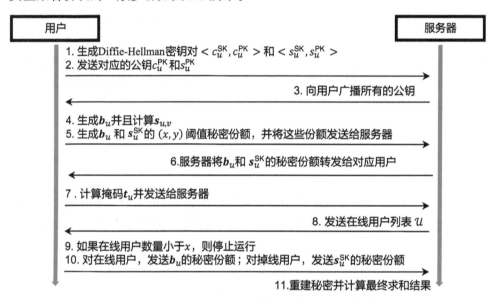

**图 2-3　用于秘密共享的安全聚合协议的一般步骤**

双盲是为了防止服务器因为用户发送信息太慢而以为"用户离线"而导致的安全问题，具体操作是在用向量 $s_{u,v}$ 进行盲化时加入自己生成的向量。首先，用户在生成随机数 $s$ 的同时生成一个随机种子 $b$。在秘密共享阶段，用户将 $b$ 共享给其他用户。在恢复阶段，服务器必须为用户做出明确的选择，或者请求随机数 $s$ 或 $b$；用户不会将 $s$ 和 $b$ 共享给同一用户。收集在线用户至少 $t$ 个 $s$ 和 $t$ 个 $b$ 之后，服务器才可以减去所有 $b$ 来显示和。计算公式如下：

$$y_u = x_u + \mathrm{PRG}(b_u) + \sum_{v \in \mathcal{U}: u < v} \mathrm{PRG}(s_{u,v}) - \sum_{v \in \mathcal{U}: u > v} \mathrm{PRG}(s_{v,u})(\mathrm{mod}\, R). \quad (2\text{-}18)$$

### 2.4.2 秘密共享在纵向联邦学习中的应用

2020 年，Wu 等人[45] 将秘密共享的技术应用在纵向联邦树模型中。相对于 SecureBoost[46] 算法，Wu 等人的工作是在不泄露中间结果的情况下，提升了安全性，比安全多方计算的方法更高效。

#### 1. 纵向联邦学习场景

这篇文章的工作基于 CART 分类回归决策树算法[47]。通过 CART 算法，随机森林[48]、梯度提升决策树[49] 等准确更高的集成模型也可以被实现。假设训练数据 $D$ 中存在 $n$ 个数据点 $\{x_1, \cdots, x_n\}$，每个数据点包含 $d$ 维度的特征，同时存在对应的标签集合 $Y = \{y_1, \cdots, y_n\}$。CART 算法通过递归的方式构建决策树，对于树的每个节点，算法判断分枝条件是否满足。如果条件满足，则算法返回当前叶子节点样本中数量最多的标签；如果条件不满足，则 CART 算法将选出最好的分割点。接着，两棵新产生的子树会按照同样的逻辑递归构建。

在联邦学习的场景中，假设存在 $m$ 个参与方 $\{u_1, \cdots, u_m\}$，它们想要在本身数据 $\{D_1, \cdots, D_m\}$ 不泄露的情况下共同训练决策树模型。定义 $n$ 为样本数量，$d_i$ 代表第 $i$ 个参与方数据 $D_i = \{x_{it}\}_{t=1}^n$ 中的特征维度，其中 $x_{it}$ 为 $D_i$ 中的第 $t$ 个样本，$Y = \{y_t\}_{t=1}^n$ 表示样本的标签集合。如图 2-4 所示，Pivot 算法解决的是纵向联邦场景下的树模型训练问题。在该场景中，各个参与方共享相同的样本 ID，但是具有不同维度的样本特征。并且，我们假设样本标签只存在于其中一个参与方数据集内，这些本地数据不能直接共享给其他参与方。

| $u_1$ | | |
| --- | --- | --- |
| ID | income | label |
| 1 | 2500 | Class 1 |
| 2 | 1500 | Class 2 |
| 3 | 3500 | Class 1 |
| 4 | 5000 | Class 1 |
| 5 | 2000 | Class 2 |

| $u_2$ | |
| --- | --- |
| ID | age |
| 1 | 30 |
| 2 | 20 |
| 3 | 45 |
| 4 | 35 |
| 5 | 55 |

| $u_3$ | |
| --- | --- |
| ID | deposit |
| 1 | 10000 |
| 2 | 5000 |
| 3 | 30000 |
| 4 | 12000 |
| 5 | 25000 |

图 2-4　纵向决策树模型场景

#### 2. Pivot 纵向决策树隐私保护方案

Pivot 算法结合了同态加密和秘密共享的隐私保护技术。由于秘密共享会产生额外的通信开销，所以，各参与方在本地计算时，尽量使用同态加密，只有在同态加密无法完成某个计算时（例如，决定最好分割时需要比较操作），才会切换到秘密共享的方式。因此，在该方案中，最重要的部分就是如何将本地计算得到的同态加密状态下的数字转换为秘密共享状态下的数字，其转换逻辑见算法 2.1。

---

**算法 2.1 同态加密到秘密共享转换算法**

**输入：** $[x]$ 为同态加密状态下的数字，$\mathbb{Z}_q$ 为秘密共享空间，pk 为同态加密公钥，$\{sk_i\}_{i=1}^m$ 为部分密钥；

**输出：** $<x>=(<x>_1, \cdots, <x>_m)$ 为秘密共享状态下的 $x$；

1. **for** $i \in [1, m]$ **do**
2.     $[r_i] \leftarrow u_i$ 随机选择 $r_i \in \mathbb{Z}_q$ 并对其加密；
3.     $u_i$ 将 $[r_i]$ 发送给 $u_1$；
4. **end**
5. $u_1$ 计算 $[e] = [x] \oplus [r_1] \oplus \cdots \oplus [r_m]$；
6. $e \leftarrow$ 参与方联合解密 $[e]$；
7. $u_1$ 计算 $<x>_1 = e - r_1 \bmod q$；
8. **for** $i \in [2, m]$ **do**
9.     $u_i$ 计算 $<x>_i = -r_i \bmod q$；
10. **end**

---

Pivot 纵向决策树隐私保护方案使用的同态加密技术和秘密共享技术分别是 Paillier 生态系统中门限部分同态加密[50] 和 SPDZ 中的加法秘密共享方案[51]。该转换算法的输入是一个同态加密状态下的数字。首先，每个参与方 $u_i$ 本地随机生成数字 $r_i$ 并对其做同态加密操作，他们都将加密后的随机数字发送给参与方 $u_1$；接着，参与方 $u_1$ 在密文状态下计算输入数字和各参与方随机数字的加和 $[e]$；然后，所有参与方一起解密该加和 $e$；最后，各参与方计算自己的秘密共享份额，$u_1$ 计算其共享份额为 $e - r_1 \bmod q$，其余参与方 $u_i$ 计算其共享份额为 $-r_i \bmod q$。

### 2.4.3 秘密共享在安全多方计算中的应用

在安全多方计算实现的联合建模中，秘密共享也有很多应用。例如，ABY3[52] 采用了三服务器架构，将秘密分成三份并分别存储在三台服务器上。如图 2-5 所示我们分别将秘密数字 $x$ 和 $y$ 分成三份，放到 A、B、C 三台服务器上：

$$[[x]] := (x_1, x_2, x_3)$$
$$[[y]] := (y_1, y_2, y_3).$$
(2-19)

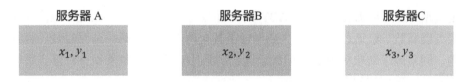

图 2-5 ABY$^3$ 加法示意图

在基于三台服务器的秘密共享架构下，我们可以很容易地实现密文的加法操作。例如，假设我们想要计算 $x$ 和 $y$ 的加和 $z$：

$$[[z]] = [[x]] + [[y]] = (x_1 + x_2 + x_3) + (y_1 + y_2 + y_3). \tag{2-20}$$

乘法操作稍微麻烦些。假设我们想要计算 $x$ 和 $y$ 的乘积 $z$，不能像加法那样，简单地将每个服务器上的秘密份额相乘，因为此操作存在一些中间计算结果，涉及服务器间的份额乘法：

$$\begin{aligned}
[[z]] = [[x]] * [[y]] &= (x_1 + x_2 + x_3)(y_1 + y_2 + y_3) \\
&= x_1y_1 + x_1y_2 + x_1y_3 \\
&\quad + x_2y_1 + x_2y_2 + x_2y_3 \\
&\quad + x_3y_1 + x_3y_2 + x_3y_3.
\end{aligned} \tag{2-21}$$

ABY$^3$ 的设计利用"重复秘密共享"方案来解决密文乘法问题。如图 2-6 所示，每台服务器拥有相同秘密的两份不同秘密份额。与之前的秘密共享方案相比，ABY$^3$ 的方案中的乘法运算较为方便。

图 2-6 ABY$^3$ 乘法示意图

在此重复秘密共享机制下，服务器 A、B、C 可分别在本地计算 $z_1$、$z_2$ 和 $z_3$：

$$\begin{aligned}
z_1 &= x_1y_1 + x_1y_3 + x_3y_1 \\
z_2 &= x_2y_2 + x_1y_2 + x_2y_1 \\
z_3 &= x_3y_3 + x_3y_2 + x_2y_3
\end{aligned} \tag{2-22}$$

接着，为了之后进行其他计算，三台服务器会将计算结果进行一次通信。在重复秘密共享机制的过程中，任意两台服务器可以重构秘密，所以在面对半可信安全模型，甚至是恶意模型时，ABY³ 考虑了安全的三方计算，只允许至多存在一台服务器腐败。除此之外，ABY³ 还考虑了其余两个挑战。第一是浮点数计算精度问题。同乘因子转换为整数，但大量连续的乘法计算导致显著误差；浮点数转换为定点数，采用布尔电路（二进制秘密共享或混淆电路）计算乘法，这意味着可观的通信开销。第二是二进制计算（二进制秘密共享）和算术计算（算术秘密共享）来回切换的计算瓶颈。

第 3 章
CHAPTER 3

# 同态加密

同态加密是一种具有特殊性质的加密方案。经过同态加密技术加密的密文，可以在不需要密钥方参与的情况下，支持各类代数运算。自 1978 年被提出以来，同态加密一直被誉为密码学的"圣杯"。一方面，通过同态加密技术，数据拥有方可以将数据发送给云服务提供商或其他隐私计算参与方进行任意处理，而不用担心数据的原始信息被泄露。不需要密钥方参与的特点，使其天然地与云计算具有极高的亲和度，从而在云计算如火如荼发展的今天成为隐私计算解决方案的有力候选技术。另一方面，同态加密方案的构造极具挑战性。经过数十年的发展，目前的同态加密方案仍在安全性和效率等方面存在若干问题。可以肯定的是，高效、安全且支持任意运算的全同态加密方案一旦被提出，将会极大地推进隐私计算在各类实际场景的落地。本章将详细介绍同态加密技术的问题模型、原理与实现、优缺点分析、发展现状与应用场景。

## 3.1 问题模型及定义

同态加密是一类加密方法的统称。加密方法一般用于在存储和传输数据中对数据内容进行保护。同态加密旨在回答一个问题：我们能否在加密的数据上进行运算，从而在保证用户数据安全的情况下，在远端服务器上完成各类计算任务？在实际场景中，服务器需要收集用户的数据进行存储、查询、处理，以及执行各类机器学习任务。用户担心在这一过程中自己的隐私被泄露给服务器。Gentry 形象地用"珠宝店"问题来描述这一问题模型：珠宝店主希望他的工人们能够将昂贵的金子加工成珠宝成品，但是又不希望将这些金子暴露给工人导致被工人偷走[53]。如果能够在加密的数据上完成计算任务，用户就可以将加密之后的数据放心地上传至服务器进行任意操作。用户只要保管好自己的密钥，就不用担心自己的原始数据信息被泄露。这就像将金子放在一个黑盒子里面，工人只能够戴上手套通过盒子两端的小窗口伸进盒子中进行操作，而无法将盒子中的金子拿走，即偷取用户的隐私。同态加密要解决的正是这类问题。

本章讨论的同态加密方案皆为非对称加密方案，即公钥加密方案。其加密和解密使用不同的密钥：加密操作使用公钥，解密操作使用私钥。公钥可以分发给其他人进行加密操作，而私钥保留在数据拥有方手里，用于解密以获得原始数据。使用对称加密的同态加密方案原理类似，但在实际应用中较少见，故不再赘述。

同态加密的定义如下。

**定义 3.1**（同态加密）. 同态加密方案由 KeyGen、Encrypt、Decrypt 和 Evaluate 4 个函数构成：

- KeyGen($\lambda$) → (pk, sk)：密钥生成函数；在给定加密参数 $\lambda$ 后，生成公钥/私钥对 (pk, sk)。

- Encrypt(pt, pk) → ct：加密函数；使用给定公钥 pk 将目标明文数据 pt 加密为密文 ct。

- Decrypt(sk, ct) → pt：解密函数；使用给定密钥 sk 将目标密文数据 ct 解密为明文 pt。

- Evaluate(pk, $\Pi$, $ct_1$, $ct_2$, $\cdots$) → ($ct_1'$, $ct_2'$, $\cdots$)：求值函数；给定公钥 pk 与准备在密文上进行的运算函数 $\Pi$，求值函数将一系列的密文输入 ($ct_1$, $ct_2$, $\cdots$) 转化为密文输出 ($ct_1'$, $ct_2'$, $\cdots$)。

求值函数是同态加密方案不同于传统加密方案的部分。它的参数 $\Pi$ 支持的运算函数种类决定了该同态加密方案支持的同态运算操作。在同态加密中，该运算函数也通过运算电路表示。在给定以上 4 个函数后，同态加密方案应满足正确性和语义安全性。

**定义 3.2**（正确性）. 一个同态加密方案的正确性分为两方面：

- 对未使用求值函数的密文进行解密，其解密结果和原始明文相等：

$$\Pr[\mathrm{Decrypt}(\mathrm{sk}, \mathrm{Encrypt}(\mathrm{pk}, \mathrm{pt})) = \mathrm{pt}] = 1. \tag{3-1}$$

- 对求值函数输出的密文进行解密，其解密结果和在与求值函数的输入密文对应的原始明文上进行运算函数 $\Pi$ 得到的结果相等：

$$\Pr[\mathrm{Decrypt}(\mathrm{sk}, \mathrm{Evaluate}(\mathrm{pk}, \Pi, \mathrm{ct}_1, \mathrm{ct}_2, \cdots)) = \Pi(\mathrm{pt}_1, \mathrm{pt}_2, \cdots)] = 1. \tag{3-2}$$

式中，$\mathrm{ct}_i = \mathrm{Encrypt}(\mathrm{pt}_i), \forall i$。

正确性中的第一条保证了采用同态加密方案作为加密方法时，其加密的数据能够被正确地解密。第二条作为同态加密方案独有的性质，保证了可以在密文上使用求值函数进行数据处理操作。其结果密文通过解密之后，与在原始数据上直接运行 $\Pi$ 获得的结果相同。可以将 $\mathrm{Evaluate}(\mathrm{pk}, \Pi, \mathrm{ct}_1, \mathrm{ct}_2, \cdots)$ 称为 $\Pi$ 在密文上的同态运算。这里需要注意，运算函数 $\Pi$ 的参数为明文，求值函数的参数为密文。同态加密的求值函数并不是直接在密文上执行运算函数 $\Pi$，而是使用该函数对应在密文上的同态方法 Evaluate。两者可以相同，也可以不相同。以 CKKS 同态加密方案为例，其密文以向量形式存在，其加法在密文上对应的同态方法为向量模加法。另外，像 CKKS 等支持浮点运算的同态加密方案在解密的过程中由于噪声、截断操作和精度误差的影响，只能保证解密后的结果近似正确[72]。

与一般加密方案相似，同态加密方案也需要满足安全性以确保攻击者无法从密文中获取原始明文信息。一种加密方案是否安全是通过证明其语义安全性来实现的。语义安全性的本质是要求对不同的明文进行加密，生成密文的概率分布在多项式的时间内不可区分。在实际的安全证明中，我们通过证明一个加密方案能够抵抗的各类攻击来确保该方案的安全等级。具体来说，定义两位参与方：一个挑战者和一个攻击者，在给定条件的攻击场景下，攻击者尽可能地区别和破解挑战者所生成的密文。常用的两种攻击场景为选择明文攻击（Chosen-Plaintext Attack, CPA）和选择密文攻击（Chosen Ciphertext Attack, CCA）：

- 选择明文攻击：攻击者将任意两个明文消息 $m_0$、$m_1$ 发送给挑战者，挑战者随机对其中的一个明文进行加密，然后生成 $\mathrm{ct}_i$ 发送给攻击者。攻击者试图分辨该密文 $\mathrm{ct}_i$ 对应的是 $m_0$ 还是 $m_1$。

- 选择密文攻击：在进行选择明文攻击之外，攻击者还可以发送任意数量个密文给挑战者进行解密以辅助破解。这里还可以细分为两类攻击：CCA1 和 CCA2。CCA1 只允许攻击者在选择明文攻击之前选择密文发送给挑战者进行解密。CCA2 允许攻击者在选择明文攻击之后再根据情况补充选择密文发送给挑战者进行解密，但不能直接要求挑战者解密在选择明文攻击中获得的密文 $ct_i$。

在选择明文攻击中，攻击者获得挑战者返回的密文 $ct_i$ 和给定公钥 pk 后，可以使用任意判别算法 $A(\mathrm{pk}, \mathrm{ct}) \to 0, 1$ 来辨别密文所对应的明文是 $m_0$ 还是 $m_1$。如果对任意多项式时间的判别算法 $A$，则有

$$|\Pr(A(\mathrm{pk}, \mathrm{ct}_0) = 1) - \Pr(A(\mathrm{pk}, \mathrm{ct}_1) = 1)| < \epsilon, \tag{3-3}$$

式中，$\epsilon$ 是一个极小的概率值。当小于这个概率值时，攻击者不存在有效判别算法能对这两个不同的密文进行区分，称该加密方案满足在该类攻击下的语义安全性。举例来说，如果在 CCA1 攻击场景下，加密方案满足上述语义安全性，则称其满足 CCA1 下的语义安全性（IND-CCA1）。同理，有 IND-CPA 和 IND-CCA2。一种加密算法能够抵抗的攻击场景越复杂，攻击者的权限越大，加密算法的安全等级就越高。在上述场景中，IND-CCA2 的安全等级最高。目前，研究者们只成功构造了满足 IND-CPA 的同态加密方案。

除了正确性和安全性这些基本性质，一个实际可用的同态加密方案还必须满足更多的性质。例如，我们可以设计以下同态加密方案：在做 Evaluate 求值时不进行任何实际操作，仅仅将所有要进行的操作像记账一样记录在密文中，然后在解密该密文的过程中，再在解密明文上完成这记录的一系列操作。这个方案的确满足正确性和安全性，但是和我们期望的同态加密方案南辕北辙。其中，最本质的区别在于：上述方案经过 Evaluate 处理后的密文和未经处理的原始密文不同，并且随着操作的积累，会不断地增加存储和运算复杂度。如果可以保证经过 Evaluate 求值之后的密文和未经处理的原始密文没有区别，那么其后续解密和求值运算的复杂度就能够独立于调用 Evaluate 求值的次数。

**定义 3.3**（强同态）. 若经 Encrypt 加密生成的密文和 Evaluate 求值生成的密文分布相同，则称该同态加密方案为强同态。

强同态一般较难满足，可以退而求其次追求紧致性。紧致性能够保证求值之后的密文大小不会无限制地增长。

**定义 3.4**（紧致性）. 若 Evaluate 求值生成的密文大小 size(ct) 小于加密方案用于定义其安全等级的各项参数长度的任意次多项式，并独立于计算函数 $\Pi$，则称该同态加密方案为紧致的。

除了对原始数据的保护，在特定的隐私计算场景下，我们可能也想要保护在密文上所进行的操作，这种性质被称为电路隐私性。

**定义 3.5**（电路隐私性）. 如果对于任意给定的明文 $(m_1, m_2, \cdots)$ 及其对应密文 $(\mathrm{ct}_1, \mathrm{ct}_2, \cdots)$，$\mathrm{Evaluate}(\mathrm{pk}, \Pi, \mathrm{ct}_1, \mathrm{ct}_2, \cdots)$ 与 $\mathrm{Encrypt}(\Pi(m_1, m_2, \cdots), \mathrm{pk})$ 的分

布无法区分，则称该同态加密算法满足电路隐私性。

使用满足电路隐私性的同态加密算法，攻击者无法通过同态操作的结果密文获得同态操作的具体信息。这样既能针对服务器保护用户隐私，又能针对用户方保护服务器的算法专利。

根据同态加密算法所支持的同态操作种类和次数，可以将现有同态加密方案分为以下几种类型：

- 部分同态加密方案（Partially Homomorphic Encryption, PHE）只支持单一同态操作（如加法或者乘法）。
- 近似同态加密方案（Somewhat Homomorphic Encryption, SWHE）同时支持多种同态操作，但在密文上执行的次数有限。
- 层级同态加密方案（Leveled Homomorphic Encryption, LHE）同时支持多种同态操作，并可以在安全参数中定义能够执行的操作次数上限。一般允许的操作次数越大，该同态加密方案的密文空间开销及各类操作的时间复杂度就越大。
- 全同态加密（Fully Homomorphic Encryption, FHE）支持无限制的各类同态操作。

层级同态加密和近似同态加密的区别在于前者可以将支持的计算上限作为输入参数来构建加密方案。这样，在实际应用中就可以根据应用的计算函数所需要的操作次数（即运算电路深度）来设计可用的层级同态加密方案以替代全同态加密。

在实际的实现中，当前的主流同态加密方案主要考虑对加法和乘法的支持[①]。同态加密研究者的首要目标是构造一个高效可靠的、同时支持加减乘除等四则运算的全同态加密方案。

## 3.2 原理与实现

与一般加密方案相似，同态加密方案也是基于各类困难问题构造的。其特点在于，构造困难问题和解决困难问题的难度不对称。以 RSA 所使用的大数分解困难问题为例，给定两个超大素数 $p$ 和 $q$，计算 $n = p * q$ 容易，而通过给出的 $n$ 反向求解质因数 $p$、$q$ 则非常困难。加密方案一般先在加密过程中完成困难问题的构造部分，再在解密过程中利用私钥提供的额外信息解决问题。在这一过程中，部分特殊的构造方式呈现的同态性成为同态加密方案的基础。

在进一步详细介绍各类同态加密方案之前，需要对数论中的一些基本概念，如群、环、格有所了解。

---

① 满足无限次加法和乘法的同态加密方案可以通过构造与或门运算电路支持任意运算。

### 3.2.1 群

群是一种由元素的集合和一个二元运算组成的基本代数结构。若元素集合 $G$ 和二元运算 "·" 满足封闭性、结合律、单位元和逆元素四个要素，则称之为群。

- 封闭性：对于所有集合 $G$ 中的元素 $a,b$，$a \cdot b$ 的结果也在集合 $G$ 中；
- 结合律：$(a \cdot b) \cdot c = a \cdot (b \cdot c)$ 对任意 $a,b,c \in G$ 成立；
- 单位元：集合 $G$ 存在元素 $e$，满足 $e \cdot a = a \cdot e = a, \forall a \in G$；
- 逆元素：对于集合 $G$ 中的任意一个元素 $a$，存在集合 $G$ 中的另一个元素 $b$ 使 $a \cdot b = b \cdot a = e$。

若一个群还满足交换律，则可进一步称其为交换群或阿贝尔群。常见的群包括整数加法群、整数模 N 加法群、整数模 N 乘法群和密码学中常用的椭圆曲线加法群，等等。定义一个有限群的阶为群中元素的个数。一般来说，用 · 来代指这个二元运算，并定义元素的乘方 $a^2$ 为 $a \cdot a$，并以此推演出元素的更高次方。

若一个群 $G$ 的每一个元素都可以被表达成群 $G$ 中某一个元素 $g$ 的次方 $g^m$，则称 $G$ 为循环群，记作 $G = (g) = \{g^m | m \in \mathbb{Z}\}$，$g$ 被称为 $G$ 的一个生成元，因为可以通过对 $g$ 的不断自我运算来获得群中的所有元素。在一个有限群中，如果对不是生成元的其他元素进行这种次方运算，它最终会循环遍历一个群 $G$ 的子集。可以证明，所有元素的这种遍历都会经过单位元 $e$。将满足 $a^n = e$ 的最小正整数 $n$ 称为 $a$ 元素的阶，生成元的阶和群的阶相等。以整数模 6 加法群 $\mathbb{Z}_6 = \{0,1,2,3,4,5\}$ 为例，其群的阶为 6，单位元为 0。6 个元素的阶分别是 1、6、3、2、3、6。其中 1、5 为生成元。以元素 5 为例，经过模加运算有：

$$
\begin{aligned}
5^1 &= 5, \\
5^2 &= (5+5) \quad (\bmod\ 6) = 4, \\
5^3 &= (5+5+5) \quad (\bmod\ 6) = 3, \\
5^4 &= (5+5+5+5) \quad (\bmod\ 6) = 2, \\
5^5 &= (5+5+5+5+5) \quad (\bmod\ 6) = 1, \\
5^6 &= (5+5+5+5+5+5) \quad (\bmod\ 6) = 0 = e.
\end{aligned}
\tag{3-4}
$$

故称元素 5 的阶为 6，为群 $G$ 的生成元。

另外，如果有群 $G$ 的子集 $G'$ 和二元运算 · 也满足群的上述条件，则称 $G'$ 为 $G$ 的子群，记为 $G' \leqslant G$。可以观察到，使用任何有限群 $G$ 中的元素进行循环时，遍历生成的子集其实就是一个 $G$ 的子集（生成元遍历生成 $G$ 本身），且其子群的阶和该元素的阶相等，该元素也是该子集的生成元。继续上述例子，从元素 2 出发，开始遍历的子集 $\{2,4,0\}$ 即为整数模 6 加法群的一个子群，其阶等于元素 2 的阶（3）。

### 3.2.2 环

在群的基础上，还可以使用两种运算和元素集合 $R$ 来构建环，这两种运算一般写作 "+" "·"。环可以看作建构在交换群之上另外增加了一个运算 "·"，除了原有运算符号 + 的群的性质和交换律，在新的运算符号上还需要满足：

- 封闭性：对于所有 $R$ 中元素 $a, b$，$a \cdot b$ 的结果也在 $R$ 中；
- 结合律：$(a \cdot b) \cdot c = a \cdot (b \cdot c)$ 对任意 $a, b, c \in R$ 成立；
- 单位元：$R$ 存在元素 $e$，满足 $e \cdot a = a \cdot e = e, \forall a \in R$，该元素常被称作乘法单位元；
- 分配律：乘法操作可以在加法之间进行分配。即给出任意 $a, b, c \in R$，有 $a \cdot (b + c) = a \cdot b + a \cdot c$ 和 $(b + c) \cdot a = b \cdot a + c \cdot a$。

事实上，满足上述封闭性和结合律的 $(R, \cdot)$ 构成一个半群。再加上单位元，就构成一个幺半群。$(R, +, \cdot)$ 构成一个环（Ring），当：

- $(R, +)$ 构成交换群；
- $(R, \cdot)$ 构成幺半群；
- $(R, +, \cdot)$ 满足分配律。

在一个环 $(R, +, \cdot)$ 中，若其子集 $I$ 与其加法构成子群 $(I, +)$，且满足 $\forall i \in I, r \in R, i \cdot r \in I$，则称 $I$ 为环 $R$ 的一个右理想（Right Ideal）。若 $\forall i \in I, r \in R, r \cdot i \in I$，则称 $I$ 为环 $R$ 的一个左理想（Left Ideal）。若同时满足左右理想，则称 $I$ 为环 $R$ 上的一个理想（Ideal）。理想对内具有乘法封闭性，对外具有乘法吸收性。

### 3.2.3 格

给定一个 $n$ 维向量空间 $\mathbb{R}^n$，格（Lattice）是其上的一个离散加法子群。根据线性代数知识，可以构造一组 $n$ 个线性无关的向量 $\boldsymbol{v}_1, \boldsymbol{v}_2, \boldsymbol{v}_3, \cdots, \boldsymbol{v}_n \in \mathbb{R}^n$。基于该组向量的整数倍的线性组合，可以生成一系列的离散点：

$$L(\boldsymbol{v}_1, \boldsymbol{v}_2, \boldsymbol{v}_3, \cdots, \boldsymbol{v}_n) = \left\{ \sum_{i=1}^{n} \alpha_i \boldsymbol{v}_i | \alpha_i \in \mathbb{Z} \right\}. \tag{3-5}$$

这些元素集合和对应的加法操作 $(L, +)$ 称为格（Lattice）。这组线性无关向量 $\boldsymbol{B}$ 称为格的基，其向量个数被称为格的维度。格是向量空间的一个子集，更确切地说，是一个离散加法子群。尽管格也由基扩展获得，它和向量空间最大的不同在于，它的系数限制为整数，从而生成一系列离散的空间向量。

格上的向量的离散性质催生了一系列新的难题[1]。格上的主要难题是最短向量问题（Shortest Vector Problem，SVP）和最近向量问题（Closest Vector Problem，CVP）。

---

[1] 这里的"难题"指的是目前还没能发现多项式时间解法的问题。

**定义 3.6**（最短向量问题）。给定一个格 $L$，最短向量问题试图找到一个最短的向量 $v \in L$，即与零点的欧氏距离最小的向量。

**定义 3.7**（最近向量问题）。给定一个格 $L$ 和一个在向量空间 $\mathbb{R}^n$ 中但不在格 $L$ 中的向量 $w \in \mathbb{R}^n$，最近向量问题试图找到一个离 $w$ 最近的向量 $v \in L$，即与 $w$ 的欧氏距离 $\|w - v\|$ 最小的向量。

解决这些问题的难度在很大程度上取决于其对应的格的基的性质。若格的基尽可能相互正交，则存在多项式时间内解决 SVP 和 CVP 的方法。若格的基的正交程度很差，则目前解决 SVP 和 CVP 的最快算法也需要指数级的计算时间。因此，通过将正交程度差的基作为公钥，将正交程度好的基作为私钥，将解密系统设计为解决格上的最短向量问题或者最近向量问题，就能够提供一种基于格的加密方案。

### 3.2.4 部分同态加密

同态加密的历史是从部分同态加密方案开始的。作为密码学最流行的加密算法之一，RSA 既是最早设计的实际可用的公钥加密方案，也是最早被发现具有同态性质的加密技术。Diffie 于 1976 年在文献 [54] 中提出非对称加密方案。两年后，Rivest 在文献 [55] 中提出了基于大数分解问题的 RSA 加密算法。Rivest 又在文献 [14] 中指出了 RSA 所具有的乘法同态性质，并第一次提出隐私同态的概念。随后，一系列的部分同态加密工作如雨后春笋般涌现。文献 [56] 提出了基于二次剩余困难问题（在后面对 Paillier 同态加密算法的介绍中有详细解释）的第一个概率性的公钥加密方案 GM。其加密生成的密文存在随机性。GM 加密系统对单个比特逐次进行加密，在比特信息上满足同态加法：对于单个比特信息 $m_1$，$m_2$，有 $\text{Enc}(m_1) * \text{Enc}(m_2) = \text{Enc}(m_1 + m_2)$。随后，Benaloh 在文献 [57] 中提出了 GM 方案的改进版本，Benaloh 加密方案基于高阶剩余困难问题，支持加密整块比特信息与加法同态加密 $\text{Enc}(m_1) * \text{Enc}(m_2) = \text{Enc}(m_1 + m_2 \pmod{n})$。另外，Taher Elgamal 于 1985 年在文献 [58] 中提出了基于文献 [54] 改进的非对称加密方案 El-Gamal，该方案基于离散对数算法中的难题，常用于对称加密方案中的密钥加密传输。El-Gamal 支持乘法同态 $\text{Enc}(m_1) * \text{Enc}(m_2) = \text{Enc}(m_1 * m_2)$。1999 年，Paillier 在文献 [50] 中提出概率同态加密方案 Paillier。该方案基于合数剩余判定问题假设，并在满足加法同态性的同时还支持在密文上进行一系列的其他操作，以修改其加密的明文消息。限于篇幅，本小节只详细介绍常用且具有代表性的部分同态加密算法 Paillier。

Paillier 作为一种经典部分同态加密方案，由 Paillier 于 1999 年提出。Paillier 支持加法同态。Paillier 基于合数剩余判定问题假设（Decisional Composite Residuosity

Assumption, DCRA）来实现其加密机制。剩余类是数论的基本概念之一。给定一个正整数 $m$ 为模，我们可以将所有整数按照以 $m$ 为模的余数进行分类。举例来说，若 $m = 3$，则 $-2, 1, 4, 7, 10\cdots$ 模 3 的余数都等于 1，因此都被归入同一类。这些类被称为模 $m$ 的剩余类，也被称为一阶剩余类。还可以定义高阶的剩余类问题。若对整数 $a$ 和 $n$，以下等式存在解：

$$x^n \equiv a \quad (\text{mod } m) \tag{3-6}$$

即 $a$ 是某些数的 $n$ 次方以 $m$ 为模的余数，则称 $a$ 为以 $m$ 为模的 $n$ 阶剩余类。GM 方案所依赖的二次剩余问题，就是指判定一个整数 $a$ 是否属于以 $m$ 为模的 2 阶剩余类。Paillier 所依赖的合数剩余判定，是指给定一个合数 $n$ 和整数 $a \in \mathbb{Z}_{n^2}$，判定 $a$ 是否属于以 $n^2$ 为模的 $n$ 阶剩余类，即存在整数 $x$，以满足 $x^n \equiv a \pmod{n^2}$。合数剩余判定问题被认为是困难的。

其加密方案具体实现如下：

- 密钥生成函数：

    选择两个大质数 $(p, q)$，满足 $pq$ 与 $(p-1)(q-1)$ 互质，可通过选择两个长度相等的质数以满足上述要求。计算 $n = pq$，以及 $p-1$ 和 $q-1$ 的最小公倍数 $\lambda = \text{lcm}(p-1, q-1)$。

    选择随机整数 $g \in \mathbb{Z}^*_{n^2}$，以保证 $n$ 能被 $g$ 的阶整除。该条件可通过保证 $L(g^\lambda \bmod n^2) \bmod n$ 的乘法逆的存在来实现，其中 $L(x) = \frac{x-1}{n}$。

    $(n, g)$ 作为公钥，$(p, q)$ 作为私钥。

- 加密函数：对于给定的明文信息 $m$，随机选择一个数 $r$ 并生成如下密文：

$$c = \text{Enc}(m) = g^m r^n \quad (\text{mod } n^2). \tag{3-7}$$

- 解密函数：对于给定密文 $c$，按以下式子解密获得明文 $m$：

$$m = \text{Dec}(c) = \frac{L(c^\lambda (\text{mod} n^2))}{L(g^\lambda (\text{mod} n^2))} \bmod n. \tag{3-8}$$

由上述过程可以发现 Pailliar 的密文具有以下性质：

$$\text{Enc}(m_1) * \text{Enc}(m_2) = g^{m_1 + m_2}(r_1 * r_2)^n \quad (\text{mod } n^2) = \text{Enc}(m_1 + m_2). \tag{3-9}$$

因此，Pailliar 满足加法同态。其明文相加对应的同态操作为密文乘法。可以设计求值函数为 $\text{Evaluate}(\text{pk}, +, \text{ct}_1, \text{ct}_2) = \text{ct}_1 * \text{ct}_2$。此外，Pailliar 还支持以下密文和明文消息的混合操作来修改密文所对应的消息：

$$\text{Enc}(m_1) * g^{m_2} \quad (\text{mod } n^2) = \text{Enc}(m_1 + m_2 \quad (\text{mod } n)), \tag{3-10}$$

$$\text{Enc}(m_1)^{m_2} \quad (\text{mod } n^2) = \text{Enc}(m_1 * m_2 \quad (\text{mod } n)). \tag{3-11}$$

### 3.2.5 近似同态加密

近似同态加密方案能够同时支持加法和乘法的同态操作。但由于它生成的密文随着操作次数的增加而逐渐增大，能够在密文上执行的同态操作次数是有上限的。大部分近似同态加密方案的考量重点都直接放在同态操作本身上，试图将同态操作转化并限制为某种标准计算结构（如计算电路、表达式、分支式程序、有序二分判定图、有限自动机、判别电路、真值表等），然后提出具体的同态加密解决方案。

第一个同时支持同态加法和同态乘法的近似同态加密方案由 Fellows 和 Koblitz 在 1994 年提出[59]，其密文大小随着同态操作的次数呈指数级增长，且同态乘法的计算开销很大，无法投入实际使用。Sander、Youn 和 Yung 于 1999 年提出 SYC 近似同态加密技术[60]。该加密方案支持某一类简单计算电路形式的同态操作，能够支持多次与门操作和一次或（非）门操作，每次进行或（非）门操作之后，密文长度便会呈指数级上升，从而限制同态操作计算电路的深度。

2005 年，文献 [61] 提出了 Boneh-Goh-Nissim （BGN）加密方案。BGN 支持在密文大小不变的情况下进行任意次数的加法和一次乘法。Yuval Ishai 和 Anat Paskin 在 2007 年提出 IP[62]，将同态操作扩展到分支式程序（Branching Program）上。分支式程序是除计算电路外另一种表达计算函数的方法，它根据计算结果采取条件分支进行下一步运算，更适合表达带条件分支逻辑的函数。IP 加密的密文长度只和分支式程序的深度和明文大小有关，与程序的大小无关（即不受条件语句中分支的数目影响）。所以 IP 能够在有限深度的条件下支持任意大小的分支式程序形式的同态操作。限于篇幅，本小节只详细介绍具有代表性的近似同态加密算法 BGN。

BGN 的实现基于子群决策问题（Subgroup Decision Problem）。所谓子群决策问题，是指在一个阶为 $n = pq$（$p,q$ 为质数）的合数阶群里判定一个元素是否属于某个阶为 $p$ 的子群的问题。该判定问题为困难问题。

BGN 能够同时支持加法和乘法的关键原因在于，它提出了一套能够构建在两个群 $G$ 和 $G_1$ 之间的双线性映射 $e : G \times G \to G_1$ 的方法。双线性映射满足固定任意一个输入元素，另一个输入元素和输出之间呈线性关系。即 $\forall u, v \in G$ 和 $a, b \in \mathbb{Z}$，有 $e(u^a, v^b) = e(u, v)^{ab}$。BGN 提出的方法能够生成两个阶相等的乘法循环群 $G, G_1$，并建立其双线性映射关系 $e$，且满足当 $g$ 为 $G$ 的生成元时，$e(g, g)$ 为 $G_1$ 的生成元。在执行乘法之前，密文属于群 $G$ 中的元素，可以利用群的二元操作进行密文的同态加法操作。密文的乘法同态操作通过该双线性映射函数，将密文从群 $G$ 映射到 $G_1$ 的元素当中。执行乘法同态操作之后，处于 $G_1$ 的密文仍然能够继续使用同态加法。BGN 加密方案具体实现如下：

- 密钥生成函数：给出安全参数，选择大质数 $q_1, q_2$ 并获得合数 $n = q_1 q_2$，BGN 将构建两个阶为 $n$ 的循环群 $G, G_1$ 和双线性映射关系 $(q_1, q_2, G, G_1, e)$。从 $G$ 中随机选取两个生成元 $g, u$，并获得 $h = u^{q_2}$。可知 $h$ 为某阶为 $q_1$ 的 $G$ 的子群的生成元。公钥设置为 $(n, G, G_1, e, g, h)$，私钥设置为 $q_1$。

- 加密函数：对于消息明文 $m$（某小于 $q_2$ 的自然数），随机抽取 0 到 $n$ 之间的一个整数 $r$，生成如下密文：

$$c = \mathrm{Enc}(m) = g^m h^r \in G. \tag{3-12}$$

- 解密函数：使用私钥 $q_1$，首先计算 $c^{q_1} = (g^m h^r)^{q_1} = (g^{q_1})^m$，然后计算离散对数 $m = \mathrm{Dec}(c) = \log_{g^{q_1}} c^{q_1}$。

上述密文明显满足同态加法性质。对于两个密文 $c_1, c_2$，其同态加法为密文乘法 $c_1 c_2 h^r$。其同态乘法通过双线性映射函数实现。设 $g_1 = e(g, g)$ 和 $h_1 = e(g, h)$，且将 $h$ 写作 $h = g^{\alpha q_2}$（因为 $g$ 可生成 $u: u = g^\alpha$），对 $c_1, c_2$ 的同态乘法运算如下：

$$e(c_1, c_2) h^r = e(g^{m_1} h^{r_1}, g^{m_2} h^{r_2}) h_1^r = g_1^{m_1 m_2} h_1^{\hat{r}} \in G_1. \tag{3-13}$$

式中，$\hat{r}$ 是前文提到的随机抽取的 0 到 $n$ 之间的整数 $r$。

由此可见，经过同态乘法之后的密文从 $G$ 转移到了 $G_1$，其解密过程在 $G_1$ 上完成（使用 $G_1$ 的生成元 $g_1 = e(g, g)$ 替代 $g$）。在群 $G_1$ 上依然可以进行同态加法操作，所以 BGN 支持乘法同态运算之后的加法同态运算。但是，因为没有下一个群可以继续映射，BGN 加密的密文只能够支持一次乘法同态运算。

## 3.2.6　全同态加密

尽管有很多关于部分同态加密和近似同态加密的方案，然而在同态加密概念提出后的 30 年间，并没有真正能够支持无限制的各类同态操作的全同态加密方案问世。直到 2009 年，斯坦福大学的博士生 Craig Gentry 在他的论文[15]中提出了第一个切实可行的全同态加密方案，并在他的博士毕业论文中给出了详细的阐述。基于近似同态加密方案，Gentry 创造性地提出了他称之为"自举"（bootstrapping）的技术，利用该技术可以将满足条件的近似同态加密方案改造成全同态加密方案。

如前所述，近似同态加密方案可以支持有限次数的各类同态操作，但是因为这些方案不满足强同态，其密文随着同态操作的进行逐渐增大或变化，直至无法满足继续进行同态操作的要求。如果想要不断地进行同态操作，一种简单直接的方法是将该密文解密并且再次加密，从而能够获得一个"全新"的密文。这个过程简称为"刷新"。刷新之后的密文相当于被重置回刚刚加密的状态，从而继续支持更多的同态操作。但是这样的话，需要使用密钥对密文进行解密，这违背了同态加密在加密状态下进行持续运算的原则。Gentry 敏锐地察觉到，如果能够设计一种加密方案，它的解密操作本身能够做成同态操作。我们能够在全程不解密的情况下完成"刷新"操作。该过程可简述如下：

- 对于给定的同态加密方案 $\mathcal{E}$。在生成公私钥对之后，将密钥 sk 使用公钥 pk 再次进行加密获得密钥 $\overline{\text{sk}}$。

- 在对输入密文 ct 进行同态加密操作之前，使用公钥再次进行一次加密获得两次加密的密文 $\overline{\text{ct}}$。设解密操作为 $D_{\mathcal{E}}$，由于 $\mathcal{E}$ 支持同态解密操作，我们使用二次加密密文 $\overline{\text{ct}}$ 和加密密钥 $\overline{\text{sk}}$ 进行同态解密 Evaluate$(\text{pk}, D_{\mathcal{E}}, \overline{\text{ct}}, \overline{\text{sk}})$。此时里层的、在输入之前更早被加密的密文已经被解密，生成密文为此轮刚加密的"全新"的密文[1]。

- 在新密文上执行一系列同态操作。

如果同态加密方案支持 **KDM-安全**（Key-Dependent Message Security，攻击者已知密钥的加密密文情况下的安全），上述方案就是安全的。可以观察到，即使输入密文是一个已经经过多次同态运算达到上限的"老"密文，通过上述算法进行同态解密，我们在新加密的黑盒子内解开"老"密文，然后在新密文下继续执行各类同态操作。如此迭代，一个原来只能够支持有限次数同态操作的近似同态加密方案，就能够被改造成可以支持无限次数同态操作的全同态方案。这个技术被称为"自举"。一个可以被自举的近似同态加密方案称为可自举（bootstrappable）。总而言之，只要给出一个满足 KDM-安全的可自举的近似同态加密方案，就可以结合自举技术构造对应的全同态方案。在这一思想的指导下，Gentry 提出了他基于理想格的全同态加密方案。

基于格的加密系统近年来被广泛使用，主要原因有其加密和解密的高效及其难题求解的高难度。其加密和解密主要使用线性代数操作，相对高效且容易实现。为了达到 $k$ 个比特的安全等级，传统基于大数分解或者离散对数问题的加密系统（Elgamal、RSA 和 ECC）的加密和解密一般需要 $\mathcal{O}(k^3)$ 的时间复杂度，而基于格的加密系统可以以 $\mathcal{O}(k^2)$ 的时间复杂度内完成。另外，量子计算机的问世，大大增加了解决难题的能力。诸如大数因式分解之类的经典难题，已经被证明可以在多项式时间内被量子计算机解决。而格所对应的难题，目前尚未存在多项式时间内解决的量子算法。

Gentry 首先提出了基于理想格的近似同态加密方案。所谓理想格，是指该格同时也是环上的理想。在多项式环 $\mathbb{Z}[x]/(f(x))$ 上，可以通过循环格的建立来构建理想。循环格是一种特殊的格。给定一个向量 $\boldsymbol{v}_0 = (v_1, v_2, v_3, \cdots, v_n)^{\text{T}}$，可以对其进行循环移位运算获得 $\boldsymbol{v}_1 = (v_n, v_1, v_2, \cdots, v_{n-1})^{\text{T}}$，$\boldsymbol{v}_2 = (v_{n-1}, v_n, v_1, \cdots, v_{n-2})^{\text{T}}$，

---

[1] 此处忽略同态解密操作本身带来的影响。

··· 一系列向量。以循环生成的 $n$ 个向量为基生成的格被称为循环格。在多项式环上，循环格的基是通过给出一个多项式 $v \in L$，然后对其连续模乘 $x$ 得到的，即 $\{v_i = v_0 * x^i \pmod{f(x)} | i \in [0, n-1]\}$。可以证明，在多项式环上构建的循环格即为该环的理想，被称为理想格。

Gentry 的基于理想格的近似同态加密方案具体实现如下。

- 密钥生成函数：给定一个多项式环 $\mathbb{Z}[x]/(f(x))$ 和固定基 $B_I$，通过循环格生成其理想格 $J$ 满足 $I + J = R$，并生成两组 $J$ 的基 $(B_J^{\text{sk}}, B_J^{\text{pk}})$ 作为公私钥对。其中一组 $B_J^{\text{sk}}$ 正交化程度较高，为私钥；另一组 $B_J^{\text{pk}}$ 正交化程度很低，为公钥。另外，提供一个随机函数 $\text{Samp}(B_I, x)$ 用于从 $x + B_I$ 的陪集中抽样。最终公钥为 $(R, B_I, B_J^{\text{pk}}, \text{Samp}())$，私钥为 $B_J^{\text{sk}}$。

- 加密函数：使用 $B_J^{\text{pk}}$ 对输入明文 $m \in \{0,1\}^n$ 进行加密，对随机选择的向量 $r, g$，有

$$c = \text{Enc}(m) = m + r \cdot B_I + g \cdot B_J^{\text{pk}}. \tag{3-14}$$

- 解密函数：通过 $B_J^{\text{sk}}$ 对密文 $c$ 进行解密，有

$$m = c - B_J^{\text{sk}} \cdot \lfloor (B_J^{\text{sk}})^{-1} \cdot c \rceil \pmod{B_I}. \tag{3-15}$$

式中，$\lfloor \rceil$ 表示对向量各维度坐标进行四舍五入取整。

在上述加密方案中，$c$ 可以看作一个在格 $J$ 中的某个元素 $g \cdot B_J^{\text{pk}}$ 上加上带有明文消息 $m$ 和 $r \cdot B_I$ 的一个噪声。在解密过程中，所要求解的问题基于 CVP 最近向量问题，即找到密文向量在格 $J$ 中最近的向量，从而能够抽取明文消息 $m$。由解密函数可见，$B_J^{\text{sk}} \cdot \lfloor (B_J^{\text{sk}})^{-1} \cdot c \rceil$ 通过取整估计方法获得的格中最近向量，然后和密文相减并模去 $B_I$ 即可得到明文 $m$。这种方法只能在格的基正交程度较高时才能获得尽可能接近的格向量，所以直接使用公钥的低正交程度的基 $B_J^{\text{pk}}$ 无法解密明文。另外，这种方法要求噪声项 $m + r \cdot B_I$ 足够小，以保证其加密的格元素 $g \cdot B_J^{\text{pk}}$ 和解密时找到的最近的格元素是相同元素。

由于该方案中的密文和明文为线性关系，其同态操作易于实现。对于同态加法来说，可以直接使用密文相加，具体如下：

$$c_1 + c_2 = m_1 + m_2 + (r_1 + r_2) \cdot B_I + (g_1 + g_2) \cdot B_J^{\text{pk}}. \tag{3-16}$$

其结果仍然在密文空间中，并且只要 $m_1 + m_2 + (r_1 + r_2) \cdot B_I$ 相对较小，就可以通过上述解密方法获得 $m_1 + m_2$。其同态乘法也直接使用密文相乘：

$$c_1 \cdot c_2 = e_1 e_2 + (e_1 g_2 + e_2 g_1 + g_1 g_2) \cdot B_J^{\text{pk}},$$

$$e_1 = m_1 + r_1 \cdot B_I,$$

$$e_2 = m_2 + r_2 \cdot B_I. \tag{3-17}$$

该结果依然在密文空间中，且当 $|e_1 \cdot e_2|$ 足够小时，可以通过上述解密方法获得 $m_1 \cdot m_2$。随着同态加法和乘法的累积，密文中的噪声项逐渐积累增大，直到无法再从密文中解密明文。因此，该加密方案为近似同态加密方案。通过更进一步的设计同态解密方案和其他细节，Gentry 将上述近似同态加密方案和自举技术结合起来，实现了第一个可以支持无限次数同态加法和同态乘法操作的全同态加密系统。

Gentry 的开创性工作重新燃起了研究者们对于全同态加密的研究热情。随后，文献 [63] 进一步优化了 Gentry 提出的加密方案。文献 [64] 基于近似最大公约数问题提出了在整数域上的全同态加密方案。文献 [65] 提出了基于 Ring Learning with Error（RLWE）问题的全同态加密方案。文献 [66] 提出了基于 NTRUEncrypt 公钥加密方案改进的全同态加密方案。

### 3.2.7 层级同态加密

层级同态加密是全同态加密的一个弱化版本。层级同态加密方案可以在安全参数中定义支持任意大小的电路深度，并且支持任意输入密文数量和电路大小。在 Gentry 提出自举方法之后，支持无限次数同态操作的全同态难题已经解决。只要给出高效可用的层级同态加密算法，结合自举方法，研究者就可以构建全同态加密方案。因此，大部分研究者们把目标放在了设计更快、更有效的层级同态加密算法上。其中，基于 RLWE 问题的层次同态加密方案由于其实现简单、性能高效，并且能够支持批量操作，成为目前工业界实现全同态加密的主流方案。根据所支持的电路和底层数学方法不同，目前基于 RLWE 问题的全同态加密方案主要分为两支：一支起源于 Gentry 的 GSW 加密方案[67]，以计算布尔电路为主，后续主要工作有 FHEW[68] 和 TFHE[69]；另一支起源于 BGV[70]，以支持数值运算为主，后续主要工作有 FV[71] 和 HEAAN 或 CKKS[72]。此外，最近几年提出的一系列工作，如 CHIMERA[73]、PEGASUS[74] 等，设计了根据需要处理的操作，让密文两种加密方法之间相互转化，从而最大化同态操作运行速度的技术。限于篇幅，本小节仅详细介绍 CKKS。该加密方案支持基于浮点数的近似同态运算，与基于浮点数近似计算的机器学习方法相契合，因此最近受到很高的关注和使用。

在介绍 CKKS 之前，我们需要对 LWE 和 RLWE 问题做一个基本说明。容错学习（Learning with Error，LWE）问题由 Oded Regev 于 2009 年在他的论文 *On Lattices, Learning with Errors, Random Linear Codes, and Cryptography* 中提出[75]。他因此获得了 2018 年的哥德尔奖。LWE 也是在格的难题上构建出来的问题。简单来说，LWE 问题可以看作解一个带噪声的线性方程组：给定随机向量 $s \in \mathbb{Z}_q^n$、

随机选择线性系数矩阵 $A \in \mathbb{Z}_q^{n \times n}$ 和随机噪声 $e \in \mathbb{Z}_q^n$，生成矩阵线性运算结果 $(A, A \cdot s + e)$。LWE 问题试图从该结果中反推 $s$ 的值。文献 [75] 中证明了 LWE 至少和格中的难题一样困难，从而能够抵抗量子计算机的攻击。

LWE 问题的简洁使在它之上构建的加密系统实现十分简单。举例来说，可以将 $(-A \cdot s + e, A)$ 作为公钥，$s$ 作为私钥。对于需要加密的消息 $m \in \mathbb{Z}_q^n$，可以使用公钥加密为 $(c_0, c_1) = (m - A \cdot s + e, A)$。对该密文进行破解至少和破解 LWE 问题一样难，所以其安全性得到保证。在使用私钥进行解密时，只需要计算 $c_0 + c_1 \cdot s = m + e$。当噪声 $e$ 足够小时，能够尽可能地恢复明文 $m$。

在 LWE 的基础上，文献 [76] 进一步提出了 RLWE 问题，后者将 LWE 问题扩展到环结构上。RLWE 相当于在 LWE 的一维向量空间上，将原来的 $\mathbb{Z}_q$ 环替换成 $n$ 阶多项式环 $\mathbb{Z}_q[X]/(X^N + 1)$。于是，上述 LWE 问题中的 $s, e, m$ 从 $n$ 个 $\mathbb{Z}_q$ 环中的元素被替换成一个从多项式环中选取的多项式；$n \times n$ 的线性系数矩阵 $A$ 被替换成 $1 \times 1$ 的多项式 $a \in \mathbb{Z}_q[X]/(X^N + 1)$。通过转换，RLWE 的公钥大小从 $\mathcal{O}(n^2)$ 级下降到 $\mathcal{O}(n)$ 级，而不会减少消息 $m$ 携带的数据量（从 $N$ 维向量替换成一个 $n$ 阶多项式）。另外，基于多项式的乘法操作可以使用离散傅立叶变换算法达到 $\mathcal{O}(n \log(n))$ 的计算复杂度，从而比直接进行矩阵向量乘法要快。

HEAAN/CKKS 层次同态加密方案即是基于上述 RLWE 问题实现的。其具体实现如下：

- 密钥生成函数：给定安全参数，CKKS 生成私钥 $s \in \mathbb{Z}_q[X]/(X^N + 1)$ 和公钥 $p = (-a \cdot s + e, a)$。式中，$a, e$ 皆表示多项式环中随机抽取的元素 $a, e \in \mathbb{Z}_q[X]/(X^N + 1)$，且 $e$ 为较小噪声。

- 加密函数：对于一个给定的消息 $m \in \mathbb{C}^{N/2}$（表示为复数向量），CKKS 首先需要对其进行编码，将其映射到多项式环中生成 $r \in \mathbb{Z}[X]/(X^N + 1)$（具体方法见原论文）。然后，CKKS 使用公钥对 $r$ 进行如下加密：

$$(c_0, c_1) = (r, 0) + p = (r - a \cdot s + e, a). \tag{3-18}$$

- 解密函数：对密文 $(c_0, c_1)$，CKKS 使用密钥进行如下解密：

$$\tilde{r} = c_0 + c_1 * s = r + e. \tag{3-19}$$

$\tilde{r}$ 需要经过解码，从多项式环空间反向映射回向量空间 $\mathbb{C}^{N/2}$。当噪声 $e$ 足够小时，可以获得原消息的近似结果。

CKKS 支持浮点运算。为了保存消息中的浮点数，在编码过程中 CKKS 设定缩放因子 $\Delta > 0$，并将浮点数乘以缩放因子生成整数的多项式项，其浮点值被保存在缩放因子 $\Delta$ 中。

CKKS 支持同态加法和同态乘法。给定两个密文 $ct_1$ 和 $ct_2$，其对应的同态加法如下：

$$ct_1 + ct_2 = (c_0, c_1) + (c_0', c_1') = (c_0 + c_0', c_1 + c_1').$$ (3-20)

其对应的同态乘法操作如下：

$$ct_1 \cdot ct_2 = (c_0, c_1) \cdot (c_0', c_1') = (c_0 \cdot c_0', c_0 \cdot c_1' + c_1 \cdot c_0', c_1 \cdot c_1').$$ (3-21)

在每次同态乘法操作之后，CKKS 都需要进行再线性化（Relinearization）和再缩放（Rescaling）操作。可以观察到，在进行同态乘法操作之后，密文的大小扩增了一半。CKKS 提供了一种再线性化的技术[77]，能够将扩增的密文 $(c_0 \cdot c_0', c_0 \cdot c_1' + c_1 \cdot c_0', c_1 \cdot c_1')$ 再次恢复为二元对 $(d_0, d_1)$，从而允许进行更多的同态乘法操作。另外，因为在编码消息的过程中使用了缩放因子 $\Delta$，在进行同态乘法操作时，两个缩放因子皆为 $\Delta$ 的密文相乘，其结果的缩放因子变为 $\Delta^2$。如果连续使用同态乘法，缩放因子将会呈指数级上升。所以，每次乘法操作之后，CKKS 都会进行再缩放的操作，将密文值除以 $\Delta$ 以将缩放因子从 $\Delta^2$ 回复到 $\Delta$。在不断再缩放除以 $\Delta$ 的过程中，表示密文值的可用比特每次会下降 $\log(\Delta)$ 比特，直到最终用尽。此时，无法再继续进行同态乘法。因此，加密系统的多项式环使用的模 $q$ 的大小决定了计算电路的深度。

在 CKKS 的加密、解密、再线性化和再缩放的过程中，积累增加的噪声会影响最终解密消息的精度和准度。所以，CKKS 支持浮点运算的同时，对结果的准确性做出了一定的牺牲。CKKS 适用于允许一定误差的、基于浮点数的计算应用，比如机器学习任务。

## 3.3 优缺点分析

### 3.3.1 同态加密的优点

相对于秘密共享、混淆电路等其他隐私计算中使用的工具，同态加密具有非互动性的优点。通过同态加密方案加密的密文在理论上可以在云端进行无限次数的各类同态操作，并且可以继续传输给其他机器进行进一步的操作，而不会损害用户的隐私。在整个过程中不需要加密方参与，从而将用户本身从对其数据的隐私计算的过程中解放出来。以云端提供的机器学习推理服务为例，用户可以将自己的数据进行同态加密之后上传给云服务器端进行机器学习推理任务。其整个运算过程不需要用户端的参与。最后，云服务器端将生成的加密推理结果返回给用户端。用户进行解密即可得到结果。如果使用安全多方计算的各种协议，用户需要在计算的过程中不断地和服务器端进行互动，提供辅助计算。当用户端硬件性能和网络带宽一般时，就会成为整个隐私计算过程的瓶颈。同时，其通信和计算开销也将大大增加。此外，同态加密的加密解密和同态运算不需要多方参与即可完成。相对于其他解决方案，基于同态加密的解决方案一般只需要更少的参与方就能够实现相同的功能，且一般不需要可信第三方提供计算支持。这使得即使在各类多方安全的协议当中，同态加密也常被作为一种基本的工具用于进行密文的交换和计算。

### 3.3.2 同态加密的缺点

同态加密目前仍处于发展阶段，还存在一些不足之处：一方面，即使 2009 年 Gentry 提出了第一个全同态加密方案，现有的同态加密方案仍然存在计算和通信开销过大、效率太低的问题。特别是"自举"技术的时间开销很大。因此在实际应用中，人们往往会退而求其次，选择有限同态计算次数的层次同态加密算法。图 3-1 给出了同态加密框架 SEAL 3.6 版本下 CKKS 的各项操作的耗时。

表 3-1　SEAL 3.6 同态加密框架 CKKS 的各项操作耗时

| 操作种类 | 运行时间 /μs | | |
| --- | --- | --- | --- |
| | $N = 2^{12}$<br>$L = 1$ | $N = 2^{13}$<br>$L = 3$ | $N = 2^{14}$<br>$L = 7$ |
| 同态加法 | 21 | 83 | 330 |
| 同态乘法 | 228 | 906 | 3682 |
| 再缩放 | 441 | 1894 | 8254 |
| 再线性化 | 1257 | 6824 | 44273 |
| 编码 | 414 | 1144 | 3926 |
| 加密 | 2034 | 29947 | 20947 |
| 解码 | 520 | 1922 | 8898 |
| 解密 | 72 | 288 | 1293 |
| 密文旋转 | 1297 | 6958 | 44616 |

注：$N$ 和 $L$ 分别代表循环多项式阶数和密文层级，前者决定了密文向量的维度，后者决定了同态乘法操作的上限次数

另一方面，其计算能力有限。目前的同态加密方案主要能够支持的计算限于加法和乘法，对于更加复杂的运算需要搭载极深电路才能够实现。另外，密文的大小和计算开销与密文能够进行的同态乘法次数呈正比，这使得使用者常常需要在效率和应用计算次数之间做出妥协。其安全性相对于传统加密算法也常常受到质疑。目前，尚未实现能够满足 IND-CCA1 的全同态加密方案。且从理论上来说，同态加密是无法实现 IND-CCA2 的安全等级的，因为攻击者可以将进行同态运算之后的密文发回给挑战者进行解密，虽然此密文和原密文不同，但是攻击者可以

进行简单的反函数运算获得原密文的值。另外，文献 [78] 提出了在基于浮点数运算的同态加密方案 CKKS 中存在漏洞，攻击者可以通过对近似噪声的观察来反向推导密钥。

## 3.4 应用场景

根据使用的技术和支持的计算模型（如布尔电路、整数运算和浮点数运算等）的不同，现有同态加密解决方案分为多个分支独立发展。目前，同态加密库种类繁多，分别支持不同的方案。表 3-2 给出了主流同态加密库与所支持的同态加密方案。读者可以在 GitHub 上找到其中大部分框架的开源代码和使用文档。

表 3-2　主流同态加密库与所支持的同态加密方案

| 同态加密库 | FHEW | TFHE | BGV | BFV | CKKS |
|---|---|---|---|---|---|
| HEAAN | | | | | ✓ |
| cuFHE | | ✓ | | | |
| FHEW | ✓ | | | | |
| SEAL | | | | ✓ | ✓ |
| TenSEAL | | | | ✓ | ✓ |
| HElib | | | ✓ | | ✓ |
| PALISADE | | | ✓ | ✓ | ✓ |
| TFHE | ✓ | ✓ | | ✓ | ✓ |

同态加密技术不仅常常在各个安全多方计算框架中作为基本工具使用，在分布式隐私计算、云隐私计算等场景下也具有广泛的应用。下面主要介绍同态加密方案在密文检索和云机器学习服务两个场景下的应用实例。

### 3.4.1 密文检索

利用同态加密技术，服务器可以提供隐私数据库的检索服务。所谓密文检索，是指用户向服务器发送经过加密的检索请求并获取检索结果的过程中，服务器无法获知用户端的检索请求的具体内容，用户也无法获知关于除检索结果之外的数据库的任何知识。例如，用户可以生成"身高 >168cm AND 身高 <180cm AND 体重 <65kg"的带有 AND 的请求发送给服务器，服务器将所有身高处于 168cm 和 180cm 之间，并且体重小于 65kg 的条目返回给用户。其他隐私计算技术仅能够处理简单的请求，对带有与（AND）和或（OR）的复杂请求操作处理难度较大。Dan Boneh 在文献 [79] 中提出了一种基于近似同态加密技术数据库密文检索的方法，能够有效支持各类复杂的密文检索请求。

其在用户、服务器与代理方三方协议下的密文检索的具体实现如下：

- 服务器端将数据库进行编码加密。具体来说，服务器端将每个 (attr = value) 下的索引集合 $S$ 编码成多项式 $\prod_{s \in S}(x - s)$。多项式的根即为索引集合 $S$ 中的所有元素。通过这种方法，服务器将所有可能被检索的索引集合编码成一系列多项式。然后，服务器通过同态加密方法，将 (attr, value) 加密作为键，将同态加密之后的多项式作为值，把该键值对发送给代理方以备密文检索计算。

- 在用户实际发起密文检索请求时，使用不经意传输方法从服务器端获得用户申请的所有密态下的 (attr, value) 对。

- 用户将获得的所有 (attr, value) 对发送给代理方来请求实际的索引集合，代理方通过该对获得对应的同态加密下的多项式 $A_i$。然后，代理方使用所有请求索引集合的多项式进行随机线性组合运算 $B(x) = A_1(x)R_1(1) + A_2(x)R_2(x) + \cdots$ 可以证明，在索引范围有限的情况下，线性计算结果 $B(x)$ 的根即为各个多项式 $A_i(x)$ 的根的交集，也就是对应的索引集合的交集。通过上述运算，代理完成了各个索引子语句的 AND 连接。上述运算皆在同态加密下的密文中进行。随后代理将密文 $B(x)$ 返回给用户。

- 用户拿到 $B(x)$ 之后，再次和持有密钥的服务器端进行安全多方计算，获取 $B(x)$ 解密的值，然后进行因式分解，计算出对应的根，获得请求的索引集合。

其在 Brakerski 近似同态加密方案上实现的密文检索系统，能够在分钟级别内对数据条目为百万级别的数据库进行检索。总体而言，Boneh 提出的密文检索解决方案有以下特点：

- 在传统的密文检索协议中，在数据库服务器进行检索时，将会无差别地对数据库中所有的条目进行遍历处理，否则服务器便能从处理记录中推测出用户所请求的条目。同时，在返回检索时，服务器方也必须返回整个数据库级别的信息，从而无法从发送条目上推导用户请求的条目。这样，当数据库体量较大时，就会出现严重的性能和通信开销问题。Boneh 引入代理方计算节点来辅助计算，将索引的相关信息保存在代理上。代理方使用同态加密技术，对服务器端加密的索引进行处理，然后直接发回给用户，从而避免了服务器端从处理和传输过程推导请求条目的风险。

- 主流同态加密方法作为概率加密系统，其相同明文每次加密之后的密文都不同。所以，使用同态加密方法加密的密文无法直接进行各类基于等值判断的同态操作，如元素配对、求集合交集等。基于 Kissner 和 Song 等人的使用多项式进行交集加密计算的方法[80]，Boneh 使用多项式来表达每个最小检索的索引集合，然后使用多项式的线性组合计算集合的交集，从而实现检索条件中 AND 的处理。多项式的加密和同态运算皆可使用近似同态加密方案实现。

### 3.4.2 云机器学习服务

近年来，随着深度学习的技术不断成熟和硬件的不断优化，机器学习应用在人们的生活中的各个方面，特别是在自然语言处理和计算机视觉的相关领域中发挥着越来越重要的作用。处理深度学习任务已成为许多应用程序的基础设施和核心功能。但是，随着深度学习模型的不断增大及训练数据量的不断上升，机器学习模型的训练和推理的计算的需求和开销也在不断上升。因此，众多云计算平台厂商推出云端的机器学习服务。公司、组织和个人可以将他们的数据上传到云服务器上以便训练生成模型。同时，云服务器也可以在线运行深度学习模型。用户可以随时随地将他们的数据上传给云端进行实时推理。在这个过程中，如何保护用户上传的训练和推理数据中的个人隐私，成了隐私计算需要解决的实际问题。而同态加密技术由于其非交互性和良好的运算能力，成了提供隐私安全的云机器学习服务的主要技术之一。

基于同态加密的机器学习方法主要分为两类：集中提供云端训练服务和提供实时推理服务。其中大部分的工作都集中在推理服务上。对隐私安全的推理服务来说，服务器端维护提前训练完成的模型为客户端提供在线实时的推理服务。基于同态加密的隐私保护推理算法假设模型是公开可用的，因此模型作为明文在服务器端保存。用户将训练数据进行同态加密之后上传给服务器，然后在明文模型上进行前向传播。主要的相关工作有 CryptoNets[81]、Gazelle[82] 和 nGraph[83, 84]。下面详细介绍 CryptoNets。

在 CryptoNets 中，用户使用层级同态加密技术对深度神经网络模型的输入数据进行加密。在该密文上传给服务器后，由服务器在其明文模型上进行加密推理，其密文结果返回给用户后，用户在本地获得推理结果。在深度神经网络模型的推理过程中，需要经过不同类型的计算，这些计算一般根据其特点分为若干参数层，其中主要包括以下计算层。

- 卷积层：该层在输入的图像上进行图像卷积操作，从中提取图像的重要特征。每一层由一系列的卷积核组成，每个卷积核在图像上进行窗口滑动和线性权重加和，从而检查输入图像的每个窗口内是否存在该卷积核考量的图像特征。
- 池化层：池化层是一种非线性形式的下采样。该层将输入图像分为若干个子区域，然后通过下采样的方式进行压缩，从而达到降低模型复杂度的目的。常见池化操作有在子区域中选取最大值的池化层和选取平均值的平均池化层。
- 激活函数：除了卷积层提供的线性变换，激活函数提供线性层和线性层之间的非线性变换，从而提高整个模型对于非线性特征的识别和提取能力。激活函数常常使用 Sigmoid 函数或者 ReLU 函数。

目前，同态加密方案只能够进行同态加法和同态乘法运算，因此最多只能支持多项式级别的非线性函数。CryptoNets 对一般神经网络进行了如下改造：对于池化层，CryptoNets 将所有非线性的最大池化层替换为线性的平均池化层；对于非线性激活函数，CryptoNets 使用平方函数 $x^2$ 替代其他的激活函数。CryptoNets 能够在改造之后的神经网络模型上对同态加密之后的图像输入进行推理。CryptoNets 在数字图片的识别数据集 MNIST 上能够达到 99% 的预测准确率。原文还提到了更多在将同态加密方案运用到机器学习模型上时可能遇到的问题和优化的方法，感兴趣的读者可以自行查阅。

目前，使用同态加密方案提供云端训练服务的工作还比较少。在训练阶段，为了保护模型参数和输入特征不受云端的影响，模型参数需要加密，并且其模型训练需要加密层和加密输入之间的算术运算，这比在提供推理服务中使用明文和密文之间的算术运算慢一个数量级。此外，现有同态加密方法会累积由算术运算产生的噪声，因此需要计算开销很大的自举操作来支持对加密模型参数进行连续更新操作。这样，目前大多数基于同态加密的隐私保护训练模型仅限于简单模型，如逻辑回归和线性回归模型[85-88]。文献 [89] 尝试在使用完全同态加密的数据上以非交互式方式训练深度神经网络。在一个简单的 MLP 上仅进行一步训练就花费了 10 多个小时。如何有效地使用同态加密技术进行机器学习模型训练仍是亟待解决的主要问题之一。

# 第 4 章

# 不经意传输

不经意传输（Oblivious Transfer，OT）是安全多方计算的基本构件之一。从理论上讲，不经意传输与安全多方计算存在等价关系，也就是说，既可以使用不经意传输实现安全多方计算，也可以使用安全多方计算实现不经意传输。本章给出不经意传输的基本定义和实现原理，以及在不同场景下的应用，尤其是作为一个基本构件在混淆电路中的应用。

## 4.1 问题模型及定义

不经意传输的标准定义需要引入两个参与方，分别为发送方 $S$ 和接收方 $R$。其中，发送方拥有两条数据，记为 $m_0$ 和 $m_1$；接收方持有一个选择位 $b \in \{0,1\}$。要求接收方获取 $m_b$，也就是选择位 $b$ 对应的发送方的信息，但是无法获取另一条信息。同时，要求发送方在完成传输后无法获知接收方的选择位。不经意传输有时被译为"茫然传输"。正如其名，发送方对接收方的选择位的信息是"茫然"的，接收方只获知了选择位对应的信息，而对另一条信息也是"茫然"的。接下来，给出不经意传输的正式定义。

**定义 4.1**（"2 选 1"不经意传输模型）.

参与方：发送方 $S$ 和接收方 $R$。

参数：发送方 $S$ 拥有两条隐私数据 $x_0, x_1 \in \{0,1\}^n$，接收方 $R$ 拥有一个选择位 $b \in \{0,1\}$。

输出：接收方 $R$ 得到 $x_b$。

除了上述定义，不经意传输还可以定义为：发送方 $S$ 和接收方 $R$ 共同计算函数 $f(X, b) = X[b]$，其中 $X$ 是发送方 $R$ 的隐私数据，$b$ 为接收方 $R$ 的隐私数据。计算结果不暴露给发送方 $S$。

不经意传输有多种实现和变形。常见的变形为"$k$ 选 1"不经意传输。"$k$ 选 1"不经意传输的发送方拥有 $k$ 条隐私数据，而接收方 $R$ 的选择位的可能值也被扩展为 $\{0, 1, 2, \cdots, k-1\}$。本章将在后面的小节中讨论该问题的解决方案。

## 4.2 不经意传输的实现

目前已有研究工作证明，在现有的理论框架下，不经意传输必须借助公钥加密（非对称加密）系统实现。尽管如此，我们可以借助对称加密对不经意传输的某些场景进行优化。以下叙述假定发送方和接收方都是诚实的参与方。

### 4.2.1 基于公钥加密的不经意传输

基于公钥加密的不经意传输实现的基本思路是：使用不同的公钥对发送方 $S$ 的数据进行加密，而接收方 $S$ 只持有其中一个公钥对应的私钥。同时，需要满足：接收方 $R$ 持有的私钥对应的公钥恰好加密了接收方想要的数据，而发送方 $S$ 不知道接收方 $R$ 持有的私钥对应的公钥是哪一个。在这种条件下，可以给出如下的"2 选 1"不经意传输实现：

参数：

- 两个参与方：发送方 $S$ 和接收方 $R$。

- 发送方 $S$ 拥有秘密数据 $x_1, x_2$。
- 接收方拥有秘密数据 $b \in \{0, 1\}$。

协议：

- 接收方 $R$ 生成公-私钥对（例如 RSA），记为 $(\mathrm{pk}, \mathrm{sk})$。然后生成一个随机公钥 rk，但是接收方 $R$ 没有 rk 对应的私钥。
- 接收方 $R$ 根据选择位 $b$ 生成公钥序列，并将 pk 放在对应的位置上。例如，若 $b = 0$，则生成 $(\mathrm{pk}, \mathrm{rk})$；若 $b = 1$，则生成 $(\mathrm{rk}, \mathrm{pk})$。接收方 $R$ 将公钥序列发送给发送方 $S$。
- 发送方 $S$ 用公钥序列加密对应的数据，例如接收到的公钥序列为 $(k_0, k_1)$，则使用 $k_0$ 加密 $x_0$，使用 $k_1$ 加密 $x_1$。注意，这里使用了新的记号 $(k_0, k_1)$，因为发送方 $S$ 不知道发送过来的公钥中哪个是接收方的公钥 pk，因此无法区分它们。在加密完成后，将密文序列发送给接收方 $R$。
- 接收方 $R$ 使用私钥 sk 对密文序列进行解密。此时接收方只能成功解密其中一个密文，也就是之前发送的公钥序列中公钥 pk 对应位置的密文。由于接收方没有随机公钥 rk 对应的私钥，无法解密其他密文。

上述不经意传输方案的安全性依赖公钥加密的安全性，即无法通过公钥推知私钥。在诚实的参与方的假设下，该方案是安全的。发送方 $S$ 只能看到接收方 $R$ 发送的两个公钥，却无法知道接收方 $R$ 掌握其中哪个公钥对应的私钥。发送方 $S$ 根据公钥序列推知接收方 $R$ 拥有的选择位成功的概率不超过 $1/2$。接收方 $R$ 只持有一个私钥，意味着接收方 $R$ 只能成功解密其中一个密文，解密其他密文的难度与通过公钥计算私钥的难度相等。

## 4.2.2 不经意传输的扩展与优化

### 1. "$k$ 选 1" 不经意传输

常见的 "2 选 1" 不经意传输常被扩展为 "$k$ 选 1" 不经意传输。如图 4-1 所示，发送方 $S$ 此时拥有 $k$ 条隐私数据，接收方 $R$ 拥有隐私的索引 $t \in \{0, 1, \cdots, k-1\}$。在协议结束后，接收方 $R$ 得到 $x_t$，与 "2 选 1" 不经意传输一样，发送方 $S$ 无法得知接收方 $R$ 的隐私索引，接收方 $R$ 也无法得到发送方 $S$ 的其他数据。

根据上一小节给出的基本协议，容易得到 "$k$ 选 1" 不经意传输的实现方法，即：将协议中生成 1 个随机公钥改为生成 $k-1$ 个随机公钥。除此以外，考虑到公钥加密代价较大的问题，还可以通过 $\lceil \log k \rceil$ 次 "2 选 1" 不经意传输实现一个 "$k$ 选 1" 不经意传输。

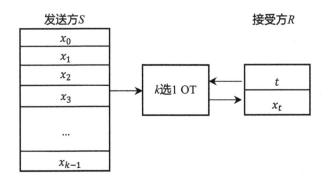

图 4-1　$k$ 选 1 不经意传输

### 2. "关联的"不经意传输与"随机"不经意传输

一些安全多方计算协议往往需要某些满足特殊条件（如发送方的数据特征）的不经意传输，因此考虑发送方数据的特性进而针对特定条件进行优化，将会提升协议的执行性能。"关联的"不经意传输（Corelated Oblivious Transfer, C-OT）考虑这种情形：发送方的数据之间满足某种运算关系，例如 $x_0, x_1$ 满足 $x_0 = x_1 \oplus T$。如图 4-2 所示，这种特殊的不经意传输模型在构建其他的安全协议（如混淆电路和秘密共享）的过程中发挥着重要作用。

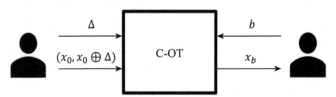

图 4-2　C-OT 过程示意图

另一种"随机"不经意传输（Random Oblivious Transfer, R-OT）则考虑发送方的秘密数据为两个随机数的情况，如图 4-3 所示。在这两种情形下，我们可以利用这些特殊条件进行优化。例如，在 C-OT 中，在已知发送方数据之间关系的情况下，可以减少一半的通信量。

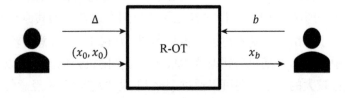

图 4-3　R-OT 过程示意图

利用对称加密可以优化不经意传输。当要执行大量的不经意传输操作时，公钥加密（非对称加密）会成为主要的性能瓶颈。此时，我们可以利用对称加密的特性，在不损失安全性的情况下，将大量的非对称加密操作用对称加密取代，从而大大提升性能。

在优化的不经意传输方案中，假设要执行 $m$ 次"2 选 1"不经意传输，每次不经意传输的信息长度为 $l$，优化方案使用 $l$ 次基本的不经意传输加开销很小的对称加密操作，实现 $m$（$m \gg l$）次不经意传输。OT-Extension 给出了该优化方案的实现。

在 OT-Extension 中，假设发送方 $S$ 和接收方 $R$ 要进行 $m$ 次独立的不经意传输。接收方 $R$ 拥有 $m$ 个选择位组成的长度为 $m$ 的比特串 $r \in \{0,1\}^m$，发送方 $S$ 拥有 $m$ 组数据组成的大小为 $m \times 2$ 的矩阵 $\boldsymbol{X}$（$m$ 行 $k$ 列）。在不经意传输结束后，接收方 $R$ 得到 $n$ 次不经意传输的结果，即 $\boldsymbol{X}_{0,b_0}, \boldsymbol{X}_{1,b_1}, \cdots, \boldsymbol{X}_{n-1,b_{n-1}}$。

首先，接收方 $R$ 生成随机矩阵 $\boldsymbol{U}$ 和 $\boldsymbol{T}$，满足：

- $\boldsymbol{U}$ 和 $\boldsymbol{T}$ 的大小都为 $m \times l$。
- $\boldsymbol{U}$ 和 $\boldsymbol{T}$ 的每一列满足：$t_j \oplus u_j = r_j \cdot 1^k$。

然后，发送方 $S$ 生成随机比特串 $s \in \{0,1\}^k$，在发送方 $S$ 和接收方 $R$ 之间进行 $k$ 次"2 选 1"不经意传输，在此过程中。发送方 $S$ 和接收方 $R$ 的角色互换，发送方 $S$ 使用生成的长度为 $k$ 的随机比特串从接收方 $R$ 的矩阵 $\boldsymbol{U}$ 和 $\boldsymbol{T}$ 的列中进行不经意传输操作。即发送方 $S$ 依次使用 $s_i \in s, (i = 0, 1, \cdots, k-1)$ 从接收方 $R$ 的矩阵 $\boldsymbol{U}$ 和 $\boldsymbol{T}$ 的两列 $(u_i, t_i), i = 0, 1, \cdots, k-1$ 中进行选择。执行完成 $k$ 次不经意传输后，发送方 $S$ 将结果作为列，依次组成新的矩阵 $\boldsymbol{Q}$。此时可以观察到对于 $\boldsymbol{Q}$ 的列 $q_j$，若 $s_j$ 为 0，则 $q_j = t_j$；若 $s_j$ 为 1，则 $q_j = t_j \oplus s$。

记 $H$ 为某个随机椭圆函数（例如散列函数）。利用散列函数的性质，发送方 $S$ 生成一组新的矩阵：对于第 $i$ 行，$y_{i,0} = \boldsymbol{X}_{i,0} \oplus H(i, q_i)$，$y_{i,1} = \boldsymbol{X}_{i,1} \oplus H(i, q_i \oplus s)$，并将所有的 $y_{i,0}, y_{i,1}$ 发送给接收方 $R$。最后接收方 $R$ 根据选择比特串 $r$，计算 $z_i = y_{i,r_i} \oplus H(j, t_j)$。可以看出，在此过程中，我们只执行了 $k$ 次不经意传输，而之后的加密解密等操作只涉及散列函数的计算和逐位异或操作。当 $m \gg k$，即需要进行的不经意传输操作次数远远大于传输的单个密文长度时，这种方法可以大大提升性能。

## 4.3　应用场景

### 1. 不经意传输在其他安全多方计算协议中的应用

在本章开头我们提到，不经意传输可以实现安全多方计算，也可以由安全多方计算的某个实现作为不经意传输的实现方式。

在秘密共享协议中，不经意传输主要用于生成乘法三元组。与使用 Paillier 等部分同态加密协议生成乘法三元组相比，使用不经意传输的性能要高得多。

不经意传输生成乘法三元组的算法如下：

- Party $A$ 生成随机数 $a_0, b_0$。Party $B$ 生成随机数 $a_1, b_1$。
- Party $A$ 计算 $a_0 \times b_0$。Party $B$ 计算 $a_1 \times b_1$。
- Party $A$ 和 Party $B$ 执行 $l$ 次 C-OT 协议，即"关联的"不经意传输，其中 Party $A$ 作为发送方，Party $B$ 作为接收方。其中 $l$ 是生成的随机数比特长度，在第 $i$ 次不经意传输中，Party $B$ 输入 $b_1$ 的第 $i$ 个比特作为选择位，Party $A$ 输入关联函数 $f_{\delta_i}(x) = (a_0 \cdot 2^i - x) \bmod 2^l$。从输出来看，Party $A$ 得到输出 $(s_{i,0}, s_{i,1})$。其中 $s_{i,0}$ 是随机数，$s_{i,1} = (a_0 \cdot 2^i - s_{i,0}) \bmod 2^l$。
- Party $A$ 计算 $u_0 = \sum_{i=1}^{l} s_{i,0} \bmod 2^l$。同时 Party $B$ 计算 $u_1 = \sum_{i=1}^{l} s_{i,b_1[i]} \bmod 2^l$。

在以上算法中，我们使用关联的不经意传输生成乘法三元组。在完成该步骤后，Party $A$ 得到 $u_0 = (a_1 * b_0)_0$，Party $B$ 得到 $u_1 = (a_1 * b_0)_1$。类似地，我们同样可以再执行一次相同的协议，使 Party $A$ 得到 $u_0 = (a_0 * b_1)_0$，Party $B$ 得到 $u_1 = (a_0 * b_1)_1$。

注意到在秘密共享中，$a * b = (a_0 + a_1) \cdot (b_0 + b_1) = a_0 \cdot b_0 + a_1 \cdot b_0 + a_0 \cdot b_1 + a_1 \cdot b_1$；其中，$a_0 \cdot b_0$ 和 $a_1 \cdot b_1$ 可以分别在 Party $A$ 和 Party $B$ 的本地计算得到，而 $a_1 \cdot b_0, a_0 \cdot b_1$ 可以通过上面给出的协议通过不经意传输得到。最后，我们将二者加和，Party $A$ 最终得到 $c_0$；Party $B$ 最终得到 $c_1$。其中 $c_0$ 和 $c_1$ 满足 $c_0 + c_1 = (a_0 + a_1) * (b_0 + b_1)$，是 $c$ 的加法秘密共享。

相比于使用部分同态加密的乘法三元组生成协议，使用不经意传输生成乘法三元组的性能更优。其主要原因在于不经意传输在通信上需要更短的网络传输的密文长度，且运算需要的代价更低。

## 2. 不经意传输在混淆电路中的应用

在混淆电路中，不经意传输被用于发送混淆后的电路，从而接收方可以进行混淆电路计算。混淆电路的输入被混淆操作转化成密文输入，而确定密文输入的操作本身会暴露电路输入信息。因此，在混淆电路中，混淆电路的生成方和运算方要执行不经意传输保护自己的秘密输入。混淆电路将在下一章详细说明。

第 5 章

CHAPTER 5

# 混淆电路

　　混淆电路（Garbled Circuit）是一种在电路层面进行两方安全计算的协议，也是一种计算代价较小的安全多方计算协议。由于使用电路描述计算任务具有很强的普适性，因此混淆电路的适用性很广，任何可以使用电路表示的计算任务都可以用混淆电路解决。本章首先介绍混淆电路的定义和基本原理，然后介绍目前主流的混淆电路实现和优化，最后分析混淆电路的优缺点并给出其应用场景。

## 5.1 问题模型及定义

混淆电路协议定义了两个参与方：混淆电路的生成方和运算方。首先，生成方将运算任务用电路表示并进行混淆操作，电路的输入输出及中间结果都是密文。然后，生成方将混淆电路发送给运算方，后者使用密文进行运算并将密文结果返回给生成方。最后，生成方将密文解密得到电路的明文输出。

在接下来的介绍中，将混淆电路的生成方记作 Alice，将混淆电路的运算方记作 Bob。这里用类似同态加密的思路解释混淆电路。

混淆电路有多种实现方式，但所有的实现都基于用电路表示的计算任务，这也是混淆电路的基本出发点。首先考虑单个逻辑门的混淆电路情形，例如一个二输入"与"门电路的输入信号和输出信号的对应关系，其与门真值表如表 5-1 所示。

表 5-1　二输入与门真值表

| $\alpha$ | $\beta$ | 输出 |
| --- | --- | --- |
| 0 | 0 | 0 |
| 0 | 1 | 0 |
| 1 | 0 | 0 |
| 1 | 1 | 1 |

可以观察到，真值表本质上是一个从有限的输入到有限的输出的映射，即一个查找表。各种逻辑门都可以用真值表表示。可以将真值表的 0/1 转化为密文，如表 5-2 所示。

表 5-2　混淆后的二输入与门真值表

| $\alpha$ | $\beta$ | 输出 |
| --- | --- | --- |
| $c_{\alpha_0}$ | $c_{\beta_0}$ | $c_{o_0}$ |
| $c_{\alpha_0}$ | $c_{\beta_1}$ | $c_{o_0}$ |
| $c_{\alpha_1}$ | $c_{\beta_0}$ | $c_{o_0}$ |
| $c_{\alpha_1}$ | $c_{\beta_1}$ | $c_{o_1}$ |

在对真值表的输入和输出进行混淆操作后，每个参与方掌握自己的明文输入与密文之间的对应关系，Alice 还掌握混淆电路的输出与明文之间的对应关系。这样，我们就构建起了一个输入和输出都是密文的电路，其运算流程如下：

- 两个参与方各提供一个密文输入，该密文输入由各参与方本地对输入的明文信号加密。为了保证输入信号的明文不泄露给其他参与方，明文输入信号与密文之间的映射不能泄露给其他参与方。
- 根据各参与方的密文输入和混淆电路，得到一个密文输出，在实际实现中，这个操作由混淆电路的运算方执行。

- Alice 根据输出信号的密文与明文信号的映射得到混淆电路的明文输出，即为一个解密过程。Alice 得到明文输出后，将结果告知其他参与方。

从以上过程中可以看出，混淆电路的基本思想仍然是加密、运算、解密的过程。与其他安全多方计算协议不同的是，混淆电路利用了逻辑门电路本质上是一个查找表的特点，不再依赖于加密算法的同态性质。不仅如此，由于大部分安全多方计算任务都可以用电路表示，因此混淆电路的应用场景也十分广泛。下面介绍如何从单个的逻辑门推广到一般电路。

任意一个电路都可以分为：输入信号、逻辑门和输出信号三部分。要解决任意混淆电路运算问题，只需解决两个逻辑门串联的运算问题，即可将其推广到一般情形，因为当引入更多的串联逻辑门时，只需要将前面逻辑门的输出作为后面逻辑门的输入即可。

**将计算任务看作电路**。在实际应用中，我们将多方计算任务看作函数 $f$，函数的输入包含各个参与方本地的隐私数据。由于在计算机中实际的数据类型的比特位数总是有限的，一定可以将安全多方计算任务 $f$ 用电路表示，然后用混淆电路进行安全运算。

在两个逻辑门串联的情况下，前面逻辑门的输出是后面逻辑门的输入。注意到每个逻辑门的输出也是 0/1 的密文，可以将其看作输入信号 0/1 对应的密文，继续作为下一个逻辑门电路的输入信号。由此，我们构建了多个逻辑门电路串联的混淆电路。

以上分析了混淆电路的基本原理和思想。在实际实现中，还需要考虑很多细节问题，如选用何种加密方案、混淆电路如何生成等。接下来讨论混淆电路的主流实现方案。

## 5.2　混淆电路的实现与优化

5.1 节介绍了混淆电路的基本构建方法。在实际实现中仍存在一些细节问题，其中最关键的是混淆电路的生成。需要解决由哪一方生成混淆电路的问题，以及混淆电路的生成算法。这里，我们先用一个反例说明混淆电路生成的难点，然后给出一种较为简单的实现算法，最后给出主流的优化和代价分析。

首先，各个参与方的明文输入和密文之间的对应关系只有参与方自己知道，不能泄露给其他参与方，因此从明文的真值表转化到混淆电路的查找表，需要结合各个参与方本地的明文到密文的对应关系。这造成了一对矛盾：一方面，混淆电路的生成过程不能暴露参与方的明文输入；另一方面，混淆电路的生成方（Alice）需要知道电路输出的明文与密文的对应关系才能解密。

为了解决这个问题，给出一种使用不经意传输的简单实现方法。第 4 章介绍了不经意传输的问题模型：参与方分为发送方和接收方，发送方持有一对隐私数据 $m_0$ 和 $m_1$，接收方持有隐私数据的选择位 $b$，最终接收方得到 $m_b$，并且 $b$ 不泄露给发送方，同时发送方的 $m_{1-b}$ 不泄露给接收方。更一般地，不经意传输的计算任务可以表示为 $f(m, b) = m[b]$，其中 $m$ 是由发送方的隐私数据组成的数组，$b$ 是接收方的选择。

### 5.2.1 使用不经意传输的简单实现

首先，我们不再使用简单的查找表来描述混淆电路，而使用密钥组合与密文输出之间的对应关系描述电路的逻辑。在一个简单的二输入与门电路中，这样的混淆电路可以用表 5-3 表示。可以看出，与表 5-2 相比，信号输入从密文变成了密钥，而信号输出由任意密文变成了一种特殊密文，该密文的特殊之处在于，它由明文对应信号的密钥组合进行迭代加密得到。可以观察到，这种密文有如下性质：当且仅当密文由对应的密钥组合进行解密时，密文才可以被正确地解密出来，否则无法被解密。因为每个密文在迭代加密中使用的密钥组合及顺序在整个表中是唯一的。

表 5-3　混淆后的二输入与门真值表

| $\alpha$ | $\beta$ | 输出 |
|---|---|---|
| $k_{\alpha_0}$ | $k_{\beta_0}$ | $E(E(0, k_{\alpha_0}), k_{\beta_0})$ |
| $k_{\alpha_0}$ | $k_{\beta_1}$ | $E(E(0, k_{\alpha_0}), k_{\beta_1})$ |
| $k_{\alpha_1}$ | $k_{\beta_0}$ | $E(E(0, k_{\alpha_1}), k_{\beta_0})$ |
| $k_{\alpha_1}$ | $k_{\beta_1}$ | $E(E(1, k_{\alpha_1}), k_{\beta_1})$ |

有了以上的性质，就可以在不暴露任何一方的明文输入的情况下进行混淆电路的运算。其协议的简单流程如下：

- 参与方将计算任务表示为电路。
- Alice 根据电路的每个输入信号生成一对密钥，分别对应输入信号的 0/1。注意，这里的一对密钥并不是由公钥/私钥组成的非对称密钥对，而是两个独立的密钥。
- Alice 将电路可能的输出按照对应的信号组合进行迭代加密。
- Alice 将自己的隐私数据对应信号的密钥发送给 Bob。
- Alice 和 Bob 进行不经意传输，其中 Bob 作为接收方 $R$，Alice 作为发送方 $S$。发送方持有接收方秘密输入对应的密钥，接收方持有其秘密输入的真实值。

- Alice 将混淆电路输出的密文发送给 Bob, Bob 使用自己得到的密钥组合对其依次解密, 其中能成功解密出的明文即为混淆电路的明文结果。如有需要, Bob 会将此结果发送给 Alice。

仍然以二输入与门为例演示混淆电路的计算过程, 然后将其推广到一般的电路结构。

## 5.2.2 混淆电路计算与门电路

不妨假设 Alice 的隐私输入为真值表中的 $\alpha$, Bob 的隐私输入为真值表中的 $\beta$。与门混淆电路的算法如下:

- Alice 给两个输入信号 $\alpha$ 和 $\beta$ 分别生成一对密钥, 即 $k_{\alpha_0}, k_{\alpha_1}$ 和 $k_{\beta_0}, k_{\beta_1}$。
- 生成混淆电路: Alice 用对应的密钥对真值表中的输出进行迭代加密, 即

$$E(E(0, k_{\alpha_0}), k_{\beta_0}), E(E(0, k_{\alpha_0}), k_{\beta_1}), E(E(0, k_{\alpha_1}), k_{\beta_0}), E(E(1, k_{\alpha_1}), k_{\beta_1}).$$

- 发送混淆电路: Alice 将生成的 4 个密文发送给 Bob。
- 计算混淆电路: Alice 将自己的输入 $\alpha$ 的实际信号对应的密钥发送给 Bob, 例如: 若 $\alpha = 1$, 则发送 $k_{\alpha_1}$。然后, Alice 与发送方进行一次不经意传输。其中 Alice 作为发送方 $S$, 拥有数据 $k_{\beta_0}$, $k_{\beta_1}$, Bob 作为不经意传输的接收方 $R$, 拥有选择位 $\beta$。容易看出, 在不经意传输结束后, Bob 将得到自己的输入 $\beta$ 对应的密钥, 并且在此过程中, Alice 不知道 Bob 的输入 $\beta$, 而且 Bob 无法得知另一个密钥。接下来, Bob 开始用得到的两个密钥 (一个由 Alice 直接发送, 另一个通过不经意传输发送) 依次迭代解密 4 个密文。最终能够成功解密的就是混淆电路的明文结果。

举例说明该协议的流程。假设 $\alpha = 0$、$\beta = 1$。首先, Alice 将 $\alpha$ 对应的密钥传输给 Bob。同时, 双方还通过不经意传输将 $\beta$ 对应的密钥传输给混淆电路生成方。这样, Bob 就拥有两个输入信号 $\alpha$ 和 $\beta$ 对应的密钥, 因此可以解密出对应组合的密文。其他密文由于使用了不同的密钥组合加密, 无法被解密出来。其次, 考虑该协议的安全性, 混淆电路的生成方会将 4 个密文打乱顺序后发送给 Bob。这样, Bob 就无法通过密文顺序判断另一方的输入信号。此外, 不经意传输的安全性也保证了混淆电路的生成方不知道 Bob 的输入信号。

## 5.2.3 任意逻辑门和电路

更一般地, 考虑任意的逻辑门, 该逻辑门的输入为 $\alpha_1, \alpha_2, \cdots, \alpha_m$ 及 $\beta_1, \beta_2, \cdots, \beta_n$。其中 $\alpha_i$ 是 Alice 的隐私数据, $\beta_i$ 是 Bob 的隐私数据。

有了前面与门电路计算的铺垫, 混淆电路的生成方给每一个输入信号都生成一对密钥, 然后将输出信号按照对应输入信号的密钥进行迭代加密, 如表 5-4 所

示。接着，混淆电路的生成方将混淆后的电路，以及与自己的隐私数据输入对应的密钥发送给 Bob。接下来，Alice 和 Bob 通过不经意传输将与运算方的秘密输入对应的密钥发送给 Bob。Bob 使用得到的密钥进行解密，能成功解密的密文输出即为混淆电路的输出。

表 5-4　任意形式的混淆电路

| $\alpha_1$ | $\alpha_2$ | $\cdots$ | $\alpha_m$ | $\beta_1$ | $\beta_2$ | $\cdots$ | $\beta_n$ | 输出 |
|---|---|---|---|---|---|---|---|---|
| $k_{\alpha_{10}}$ | $k_{\alpha_{20}}$ | $\cdots$ | $k_{\alpha_{m0}}$ | $k_{\beta_{10}}$ | $k_{\beta_{20}}$ | $\cdots$ | $k_{\beta_{n0}}$ | $E(E(\cdots E(0, k_{\alpha_{10}})\cdots k_{\beta_{10}})\cdots k_{\beta_{n0}})$ |
| $k_{\alpha_{11}}$ | $k_{\alpha_{20}}$ | $\cdots$ | $k_{\alpha_{m0}}$ | $k_{\beta_{10}}$ | $k_{\beta_{20}}$ | $\cdots$ | $k_{\beta_{n0}}$ | $E(E(\cdots E(0, k_{\alpha_{10}})\cdots k_{\beta_{10}})\cdots k_{\beta_{n0}})$ |
| $\vdots$ | $\vdots$ | $\vdots$ | $\vdots$ | $\vdots$ | $\vdots$ | $\vdots$ | $\vdots$ | $\vdots$ |
| $k_{\alpha_{11}}$ | $k_{\alpha_{21}}$ | $\cdots$ | $k_{\alpha_{m1}}$ | $k_{\beta_{11}}$ | $k_{\beta_{21}}$ | $\cdots$ | $k_{\beta_{n1}}$ | $E(E(\cdots E(0, k_{\alpha_{10}})\cdots k_{\beta_{11}})\cdots k_{\beta_{n1}})$ |

　　如果将两个参与方的安全计算任务看作一个电路，那么参与方的每一个比特的输入都可看作电路的输入信号，电路的输出可以看作计算结果。这样我们就得到了一个基本的混淆电路构造。然而在实际使用中，用单个门电路描述计算任务的开销太大。例如：如果我们使用单个门电路描述两个参与方的加法任务，两个参与方的输入都是 32 比特整数，我们就需要生成 64 对密钥来表示 64 个输入信号的取值。不仅如此，电路可能的输入组合更是达到了 $2^{64}$ 种。其计算和通信开销是现有硬件无法承受的，需要更加实际的混淆电路协议。接下来介绍使用多个逻辑门连接的混淆电路协议。

　　从上文的分析中可以看出，单个门电路的混淆操作开销与混淆电路的输入位数有关，因此可以使用数量多、单个逻辑门输入尽量少的电路进行描述。例如，可以使用经典的全加器组成的 32 比特加法电路。全加器的电路结构如图 5-1 所示。

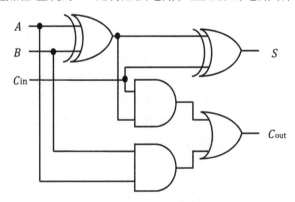

图 5-1　全加器的电路结构

　　这样，每个逻辑门都是二输入，混淆计算的代价较小。然而，由于此时每个门电路的输出会作为下一个逻辑门的输入，不能简单加密 0 和 1，也要使用密钥表示。结合 5.2.2 节关于一般电路组成的混淆方案，该协议可以表示为如下形式。

- 两个参与方将安全计算的函数表示为电路。
- 密钥生成：混淆电路的生成方对电路中的每一个信号都生成一对密钥，分别表示 0 和 1。
- 混淆电路生成：混淆电路的生成方根据每个电路的真值表，对每个门电路的输出信号进行加密，该过程和 5.2.2 节中的迭代加密操作相同。加密完成之后，Alice 将密文发送给 Bob。
- Alice 将自己的秘密输入对应的密钥发送给 Bob，然后双方通过不经意传输，将与 Bob 的秘密输入对应的密钥发送给 Bob。
- Bob 使用得到的密钥，对密文进行解密。能够成功解密的密文输出也是一个有效的密钥，可以继续进行下一个门电路的解密。最终得到与混淆电路的输出对应的密钥并返回给 Alice。Alice 得到对应的明文。

分析上述协议可以看出，进行混淆电路的解密时，需要能够区分"成功解密"和"失败解密"，一般采用与密文长度不同的密钥。这样，通过检查解密输出，可以判断是否成功解密。如果解密失败，得到的输出将是和密文长度相同的比特串。该协议的安全性分析和正确性证明与 5.2.2 节相同。

### 5.2.4　主流的优化方案和代价分析

混淆电路协议为安全多方计算的实际落地做出了巨大贡献，在此之后，陆续出现了许多基于混淆电路的协议优化方法。过去几十年来，研究人员对混淆电路的优化已经让混淆电路性能得到了很大的提升。在本小节中，我们给出几种主流的优化方案和其中的原理分析。

#### 1. 密文随机排序与单次解密（Permute-and-Point）

在基本的混淆电路协议中，需要对每个门电路的运算进行多次解密尝试，能成功解密的就是该混淆电路的输出。这些尝试解密的操作带来额外的计算量。通常希望在不泄露参与方输入信号的条件下省去多余的解密操作。BMR 协议[90] 为此提供了一种解决方案。

首先，我们对每个信号对应的一对密钥分别随机地用两种颜色进行标记。设有一对密钥 $k_0, k_1$，其着色方案为：$k_0$ 标记为红色，$k_1$ 标记为蓝色；或 $k_0$ 标记为蓝色，$k_1$ 标记为红色。两种着色方案随机选取一种。对于两个加密的密文，采用相同的策略进行随机着色。不同信号之间的着色方案是互相独立的。

然后，根据固定着色方案对密文进行排序。例如，使用红红-红蓝-蓝红-蓝蓝的顺序进行排序，如图 5-2 所示。Alice 将重新排序后的密文按顺序发送给 Bob。接下来继续按照协议传输密钥。最后在解密时，不再对每一个密文进行解密，而是直接将对应着色的密文进行解密。例如，当发送过来的密钥着色组合为"红蓝"时，将直接选取第二个密文进行解密。这样，无须尝试对所有的密文进行解密，即可得到混淆电路的计算结果。

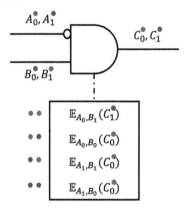

图 5-2　根据着色方案对密文进行排序

此优化没有对 Bob 泄露额外的信息。首先，着色方案是完全随机的，这意味着 Bob 无法根据着色方案推断对方的秘密输入。其次，密文按照固定着色方案顺序进行排序，而着色方案的随机性意味着密文排序的随机性，因此 Bob 也无法从解密的密文位置推断对方的秘密输入。

### 2. 无代价异或电路（Free XOR）

从本章开头的介绍可以知道，混淆电路的本质是用密文信号代替明文 0/1 信号。如果考虑让这些密文信号之间有某些运算关系而不是完全随机的密文，可以发掘更多的优化机会。无代价异或电路（Free XOR）[91] 就从异或运算的特点中发现了可能的优化，使得整个电路的异或门无须进行任何的混淆操作，即异或电路是零代价的。

为了讲解该优化方案，我们可以用另外一种观点看待混淆电路中的信号。对于电路中的每一个信号，用密文 $c_0, c_1$ 表示其中的信号 0 和信号 1。将 $c_0, c_1$ 表示为 $c_0, c_0 \oplus \Delta$。其中，将 $\Delta$ 看作该信号的一个可能取值相对另一个可能取值的"偏移"。在之前的混淆电路构造中，每个信号可能有不同的偏移，例如在图 5-3 中，$A$ 信号的偏移 $\Delta_A$ 和 $B$ 信号的偏移 $\Delta_B$ 很可能是不一样的。无代价异或的操作即为：将所有信号的偏移 $\Delta$ 统一设置为一个值，如图 5-4 所示。这样，混淆电路的所有信号 $A$、$B$、$C$ 对应的混淆信号都有相同的偏移。

在假定所有信号的"偏移"都相同后，我们观察输入信号和输出信号之间的关系，根据异或的运算性质，假设我们令 $C = A \oplus B$，则：

$$A \oplus B = C$$

$$(A \oplus \Delta) \oplus B = C \oplus \Delta$$

$$A \oplus (B \oplus \Delta) = C \oplus \Delta$$

$$(A \oplus \Delta) \oplus (B \oplus \Delta) = C$$

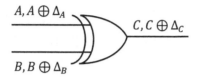

图 5-3　一般的混淆电路

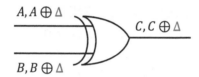

图 5-4　所有"偏移"都相同的混淆电路

可以看出，如果我们将 $A$、$B$ 看作异或电路的输入信号，将 $C$ 看作异或电路的输出信号，则混淆后的电路信号之间的运算关系和明文电路信号之间的运算关系是完全一致的。在这种情形下，混淆电路完全不需要任何密码学工具进行运算，只需要在混淆电路的生成方进行运算即可。因此，这种方案是异或电路代价为零的。

该优化并不会损害混淆电路的安全性。首先，混淆电路的生成方不会将随机偏移 $\Delta$ 告知 Bob。其次，Bob 也无法判断一个密文信号对应的明文信号是 0 还是 1。因为即使 $\Delta$ 固定，另一个密文也是随机生成的，不会影响该密文与 $\Delta$ 进行异或操作后的随机性。

虽然异或电路在这种方案下的运算代价为 0，但还是需要计算与门等其他门电路。在实际应用中，一些自动化的优化框架会将安全多方计算任务表达为一个由尽量多的异或门组成的电路，以提升混淆电路的性能。

## 5.3　优缺点分析

### 1. 混淆电路的优点

（1）计算代价较小。混淆电路协议本身并不限制加密方案，因此可以选取加密解密计算代价相对较小的对称加密，如 AES。另外，不经意传输操作也有诸多可以采用的优化方法。因此尽管混淆电路引入了大量的加密操作，其性能仍然优秀。

（2）**通信次数与电路规模无关**。无论混淆电路的电路规模有多大，都不影响要进行的通信次数。其他安全计算协议（如秘密共享等）的通信次数大多与计算任务的规模有关，例如，在加法秘密共享协议中，通信次数与乘法运算的次数正相关。在通信延时（Round-Trip Time，RTT）较高的环境中，常数次的通信次数会带来极大的性能优势。

（3）**适用性强**。正如前面小节的分析所示，混淆电路可以应用在所有可以用电路表示的计算任务中，这已经涵盖了大部分可能的任务。

### 2. 混淆电路的缺点

**混淆电路无法复用**。由于每一个密钥对应了一个输入信号，而单个输入信号只有 0/1 两种，生成的混淆电路只能使用一次。下一次需要更换每个信号对应的密钥。否则，攻击者可以通过比较输入的密钥和上一次是否相同，得知这一次的输入与上一次是否相同，导致将额外信息泄露给 Bob。

**协议转换代价较大**。在实际应用中，我们经常采用混合协议实现安全多方计算任务。然而，由于混淆电路采用了较为底层的计算表示（将计算任务表示为电路），因而在与其他安全协议进行转化时的代价较大，这也限制了混淆电路在混合协议中的应用。

## 5.4 应用场景

### 5.4.1 与其他安全多方计算协议混合使用

混淆电路有很强的适用范围，然而并不是在所有场景下都是最佳方案。在实际应用中为了获得最佳性能，往往采用和其他安全多方计算协议混合使用的方案，如秘密共享和同态加密等。

在混淆电路与秘密共享结合的方案中，现有的工作例如 ABY[92] 构建了使用混淆电路进行运算的秘密共享方案（Yao's Sharing）。该秘密共享方案描述如下。

假设方案的参与方为 $P_0$ 和 $P_1$。其中，$P_0$ 是混淆电路的生成方，$P_1$ 是混淆电路的运算方 Bob。该方案使用混淆电路的密文随机排序与单次解密和无代价异或电路优化方案。固定的偏移为 $R$。秘密共享与混淆电路结合的共享方案如下。

- 共享：若秘密数据 $x$ 在 $P_0$ 一方，混淆电路共享方案为：$P_0$ 随机生成 $x_0$，将 $k_x = k_0 \oplus xR$ 发送到 $P_1$。其中，$k_0, k_1$ 是该输入信号的两个密钥。若秘密数据 $x$ 在 $P_1$ 方，混淆电路共享方案为 $P_0$ 和 $P_1$ 执行 C-OT 操作。其中，$P_0$ 作为发送方，$P_1$ 作为接收方，关联函数 $f(x) = x \oplus R$。最后，$P_0$ 得到 $k_0$，$P_1$ 持有选择位 $x$，得到 $k_x = k_0 \oplus xR$。
- 秘密重建：$P_{1-i}$ 将置换位 $\pi = x_{1-i}[0]$ 发送给 $P_i$，$P_i$ 计算 $x = \pi \oplus x_i[0]$。

注意到在上述共享方案中，秘密输入在 $P_0$ 一侧的协议与秘密输入在 $P_1$ 一侧的协议是不同的，这是为了保证在协议中的 Alice 和运算方始终相同。该方案结合了秘密共享协议和混淆电路协议。从重建操作来看，每个信号的共享其实只和最后一位有关。这种共享方法是布尔秘密共享和混淆电路的结合。有了混淆电路操作的支持，在该秘密共享方案下的运算协议如下。

- XOR：由于有无代价异或电路优化的支持，XOR 门电路的运算可以直接在本地进行，即：$z_i = x_i \oplus y_i$。
- AND：$P_0$ 生成与门的混淆电路，发送给 $P_1$，$P_1$ 使用 $x_1$ 和 $y_1$ 对应的密钥进行解密。

由于 XOR 和 AND 可以组成任意的电路结构，只需要上述两种运算就可以覆盖所有能够使用电路描述的安全计算任务。其中，XOR 门完全依靠本地计算，既不需要密码学操作，也不需要通信。依托这种秘密共享方案的安全多方计算框架具有很好的适用范围和较好的性能。

从经验角度来看，混淆电路还适用于以下场景：

- 其他安全计算协议无法解决的问题，例如部分同态加密无法进行比较操作，此时可以转化到混淆电路的协议构建比较电路解决。
- 计算能力相对较弱的平台。与同态加密等协议相比，混淆电路的计算开销相对较小。因此，如果要将安全多方计算协议部署到一个计算能力相对较弱的计算平台（例如移动设备）上，就可以采用混淆电路协议。
- 需要减少通信次数的平台。混淆电路的另一个优势在于参与方之间的通信次数少，相比于秘密共享等需要频繁进行通信的安全多方计算协议，混淆电路需要的通信次数并不随着计算任务规模的变化而变化。因此，如果要求尽量少进行通信，可以采用混淆电路协议。
- 需要隐藏计算任务。生成混淆电路之后，Bob 无法判断计算的任务结构，如果其中一个参与方想向另一个参与方隐藏电路结构本身，则可以采用混淆电路协议。

## 5.4.2　混淆电路实现一般的安全多方计算

由于混淆电路的广泛适用性和各种可能的优化，在满足一定的条件下，单纯使用混淆电路即可构建实用级别的安全多方计算任务。早期的工作有 FairplayMP[93]等。后续工作更加关注混淆电路的性能优化和在各种安全设定下的协议设计，同时考虑了在不同网络条件（例如 LAN 和 Internet）下的性能表现，如 AgMPC[94]。混淆电路作为安全计算方案，主要需要解决如下实际问题。

- 恶意参与方违反协议的问题。本章始终以诚实的参与方假定讲解协议设计。

然而,在实际使用中,常常要考虑恶意参与方的问题,需要设计验算机制保证恶意参与方不会破坏协议。

- 将混淆电路扩展到三个及以上的参与方问题。
- 参与方的设备带宽有限和计算能力较差的问题,由于计算和通信的限制,可能导致协议的性能不及预期。

下面比较几种主流框架的实现思路、适用范围及性能。如表 5-5 所示,在实际部署中,我们主要关心支持的参与方个数和恶意性假设(适用范围和安全性),同时考虑混淆代价和通信次数。另外,许多现有的工作构建了专门的描述性语言[93, 95],方便开发者描述计算任务并将其编译成支持混淆电路的底层代码。

表 5-5  支持混淆电路的几种框架及比较

| 框架名称 | 参与方个数 | 混合协议 | 混淆代价 | 通信次数 | 恶意性假设 |
| --- | --- | --- | --- | --- | --- |
| FairplayMP | $\geqslant 2$ | 否 | 4 | 1 | 是 |
| ABY | 2 | 是 | 3 | 1 | 否 |
| EMP-Toolkit | 2 | 是 | 2 | 多次 | 是 |
| ObliVM | 2 | 否 | 3 | 1 | 否 |

第 6 章
CHAPTER 6

# 差分隐私

之前的章节讨论了如何使用密码学算法的手段实现隐私计算，如秘密共享、同态加密和不经意传输等。这些都是基于密码学的解决方案，而本章将介绍一种不基于密码学的方案——差分隐私（Differential Privacy, DP）。本章将给出差分隐私的问题模型、定义和实现方法，比较差分隐私和基于密码学的方案之间的区别，介绍差分隐私的优缺点，并举例说明差分隐私广泛的应用场景。①

①本章所参考的文献以引用的方式在行文中进行标注。此外，本章的撰写也参考了滑铁卢大学 Gautam Kamath 教授开设的课程"隐私数据分析中的算法"的相关内容，在此表示感谢。

　　前面的章节介绍了基于密码学的隐私保护技术。以同态加密为例，同态加密可以实现密文之间的加法、乘法等运算。数据拥有者可以将数据进行同态加密，并交给运算方进行计算。在此计算过程中，运算方无法得到关于数据的任何信息。

　　然而，在现实应用中，计算过程的结束并不一定代表整个任务的完成。在计算过程完成后，数据拥有者可能需要将计算结果对外发布。例如，企业在财务报表中需要对外披露经营的相关信息，例如员工平均工资等。由于需要对外发布，不管计算过程进行了多么严密的保护，这些发布的结果都必须采取明文的形式（例如，上市企业的财务报表不可能进行加密后发布）。此时，我们就面临着一种新的隐私泄露可能，即计算结果可能泄露隐私。

　　我们用一个例子来解释计算过程和计算结果中的隐私及其区别。假设一家企业需要开发一个面向全企业员工的系统，其支持查询任意员工集合的平均工资。为了开发这个系统，企业可能会将系统的开发任务外包给云服务商。但企业不希望将企业员工的工资信息暴露给云服务商，因此企业可以将员工的工资进行同态加密后再交给云服务商进行计算，这样云服务商就无法得知任何关于企业员工工资的信息。然而，在系统开发完成并将查询权限开放给所有企业员工后，个体员工的工资信息就可能暴露给查询者。例如，为了得知员工李四的工资，员工张三可以查询集合 {张三, 李四} 的平均工资，减去自己的工资，就能得到李四的工资。在这个例子中，企业将开发任务外包给云服务商即计算过程，企业可以通过同态加密的方式以确保计算方（即云服务商）不知道任何关于员工工资的信息，从而保证了计算过程的隐私性。然而，一旦企业要开放查询系统的权限（即发布统计结果），那么所有员工个人的工资信息就会暴露于结果使用者（即查询者）下，此时，计算结果便破坏了隐私性。

　　在这个例子中，值得注意的一点是，我们无法使用诸如同态加密的方式来避免计算结果泄露隐私信息，其原因在于，密码学工具是防御恶意第三方（Adversary）的，例如，发送者 Alice 和接收者 Bob 进行通信时可以约定一对密钥对通信进行加密，使得任意没有密钥的第三方都无法获知他们的通信内容。然而在以上例子中，企业要防御的对象不是第三方（例如会计师事务所），而是本来就有权限查询系统的人。如果仍然用 Alice 和 Bob 的例子进行举例，那么企业作为 Alice，需要防御的对象正是 Bob，保护计算结果不泄露隐私就大体相当于 Alice 要给 Bob 发送信息，却不想让 Bob 知道发送的信息是什么。

　　这样，我们自然会产生一个问题，这是可能的吗？Alice 怎么可能既对 Bob 发送信息，又不让 Bob 知道发送的信息是什么呢？我们在本章中将要介绍的差分隐私概念和技术就将解答这一问题。它于 2006 年由 Dwork 和 McSherry 等人提出[96]，以其灵活性和高效率获得了广泛关注和应用。例如，在上文所举的例子中，企业可以通过同态加密以保护数据在计算过程中对计算方，即云服务商的隐私，同时通过差分隐私技术以保护计算结果对结果使用者，即公司内查询者的隐私。在现实中，诸如苹果、谷歌、微软等大型企业都将差分隐私应用于旗下的许多应用中，如 Safari 浏览器、健康监测、语音助手 Siri 和 Windows 应用程序统计等[10, 11]。然而，天下没有免费的午餐，差分隐私虽然能够高效、灵活地保护计算结果的隐私性，但是在其他方面就必须做出取舍。本章将介绍差分隐私的问题模型、定义、实现方法、性质、优缺点分析及应用场景。

## 6.1　问题模型及定义

在介绍差分隐私的问题模型及定义之前，需要首先明确的是：差分隐私中的隐私定义与密码学方法中的隐私定义和问题模型都是不同的。正如本章开始时提及的，密码学方法保证的是**计算过程**的隐私性，而差分隐私保证的是**计算结果**的隐私性。因此，读者需要注意区分。

与密码学方法主要依赖于问题难解性不同，差分隐私的问题模型和隐私定义均依赖于随机性。下面，先通过一个例子——随机化回答（Randomized Response）[97]——给读者直观地展示为何随机性能够保护隐私。

### 6.1.1　随机回答的问题模型及定义

一名老师怀疑他的班级上有学生考试作弊。他想通过提问的方式调查有多少名学生作弊。出于自我保护意识，学生对老师的问题必然不会如实回答，即使某名学生作弊了，他（她）也不会给出肯定回答。因此，如果直接展开调查，最终结果必定是有偏（Biased）的。为了解决这个问题，可以设计一种随机调查机制，使调查者无法从调查结果中准确推断个体的回答。因为如果每个学生的回答都是随机的，那么老师就无法判断哪些学生有作弊行为，学生也不必担心会被追究责任，从而愿意（在随机机制下）如实回答。这样，老师就能够得到有意义的调查结果。这就是随机化回答的设计原理。随机化回答的一种实现方案如下。

**实例 6.1**（随机回答）. 定义作弊为 1，未作弊为 0，$x_i \in \{0, 1\}$ 为第 $i$ 名学生 $(i = 1, \cdots, N)$ 的真实回答，$y_i$ 为第 $i$ 名学生的随机回答。随机回答算法 $A_{RR}$ 采取如下回答方式：

- 抛一枚正面向上概率为 $1/2$ 的硬币；
- 如果硬币正面向上，则回答 $y_i = x_i$。如果硬币反面向上，则再抛一枚正面向上概率为 $1/2$ 的硬币；如果硬币正面向上，回答 $y_i = 1$，反之回答 $y_i = 0$。

对实例 6.1 进行分析。假设真实的作弊人数为 $P$，随机回复得到的作弊人数

为 $P'$, 有

$$\mathbb{E}[P'] = \frac{1}{4}N + \frac{1}{2}P. \tag{6-1}$$

因此, 可以使用 $P'$ 计算 $P$ 的估计值 $\hat{P} = 2P' - (1/2)N$。对这个结果, 要作两点说明:

- 虽然 $\hat{P}$ 是随机变量, 但 $\hat{P}$ 是对 $P$ 的无偏估计, 即 $\mathbb{E}[\hat{P}] = P$。因此调查结果在期望意义上是准确的;
- 每名学生的回答 $y_i$ 都是随机变量。$\mathbb{E}[y_i] = \frac{1}{2}x_i + \frac{1}{4}$。因此老师无法准确得知 $x_i$。或更准确地说, 每名学生都保留有否认作弊的可行性 ( Plausible deniability )。学生永远可以说自己是因为随机机制才回答了 $y_i = 1$。

由上述对实例 6.1 的分析可以看出, 随机回答的核心意义是在保证个体的回复具有足够的随机性 ( 即保护每个数据个体的隐私 ) 的同时, 能够获得有意义的整体统计结果。这也正是差分隐私的核心: 提供有意义的整体数据统计量的同时, 通过随机性保护个体数据的隐私。这也对本章开始时提出的问题进行了回答: 我们需要保护的是**个体数据**的隐私, 而非群体数据的隐私。例如, "抽烟的人更可能患肺癌"并不泄露隐私, 因为这一结论是针对群体的; 但是对于某位烟民张三, "张三更可能患肺癌"则是泄露隐私的, 因为这一结论精确到了个体——张三。

接下来, 我们将介绍差分隐私的问题模型和定义。

### 6.1.2 差分隐私的问题模型及定义

在现实的大数据分析场景中, 一个常见的任务是, 数据库管理者保存大量的数据, 通过开放接口、API 等方式允许相关人员查询数据统计量。例如, 在企业的财务数据库中保存所有员工的薪资数据, 公司的人力资源员工和财务员工有权查询任意员工集合的薪资收入 ( 如人工智能实验室的平均收入、产品部门的平均收入等 )。此时, 我们面临和上述作弊调查问题类似的难题: 数据库管理者既希望公布尽可能准确的查询数值, 又不希望单个个体的数据隐私被破坏。针对上述场景, 差分隐私所考虑的问题模型定义如下。

**定义 6.1** ( 差分隐私问题模型 )**.** 一个受信任的数据监管方 ( curator ) $\mathcal{C}$ 拥有一组数据 $\mathcal{X} = \{X_1, X_2, \cdots, X_n\}$。该数据监管方的目标是给出一个随机算法 $\mathcal{A}(D), D \subseteq \mathcal{X}$, $\mathcal{A}(D)$ 描述数据子集 $D$ 的某种指定信息, 同时 $\mathcal{A}(D)$ 保证所有个体 $X \in \mathcal{X}$ 的隐私。

以调查学生是否作弊和企业薪资数据库为例阐释这个定义。

- 在调查学生是否作弊中, 每名学生都是一个独立的数据监管方 $\mathcal{C}$, 各保存仅一条数据 $x_i$. $\mathcal{A}(D)$, 即 $\mathcal{A}(x_i)$ 是一个针对 $x_i$ 的函数, 它输出一个关于 $x_i$ 的随机变量。

- 在企业薪资数据库中，$X_i$ 即员工的薪资数据。数据监管方 $\mathcal{C}$ 即企业数据库（可以认为企业数据库经过加密和访问控制保护，因而受到信任）。$\mathcal{A}(D)$ 返回一个与员工集合 $D$ 的平均工资相关的随机变量。

然而，即使有了问题模型，我们仍然缺少对所谓"隐私"的严格定义。在实例 6.1 中，虽然 $y_i$ 是随机变量，但由于 $\mathbb{E}[y_i] = \frac{1}{2}x_i + \frac{1}{4}$，$y_i$ 与 $x_i$ 仍然存在正相关性。从直观上看，$y_i$ 仍然蕴含了 $x_i$ 中相当一部分的信息。若修改实例 6.1 中的第一枚硬币的概率设计，令其正面向上的概率减小为 $\theta < 1/2$，则有 $\mathbb{E}[y_i] = \theta x_i + \frac{1}{2}(1 - \theta)$，此时，$y_i$ 与 $x_i$ 的正相关性就会减弱，隐私保护性会更强。既然不同的随机算法能达到不同隐私保护效果，就有必要对其进行量化。

为了定义隐私，首先要了解隐私是如何被破坏的。以企业财务数据库为例，可能有的读者会认为，只要我们禁止查询过小的集合（例如本章一开始所举的例子 {张三，李四}），查阅集合的统计数据不会侵犯单个数据的隐私，其实不然。假设某恶意用户想要了解张三的收入，他可以先构造一个任意的员工集合 $D$，查询 $D$ 的平均收入，再查询 $D \cup \{张三\}$ 的平均收入，并对查询结果求差，即可准确得知张三的收入。因此，一个直观的保护措施是：对任意个体 $X$ 和任意数据集合 $D$，令 $\mathcal{A}(D \cup \{X\})$ 接近 $\mathcal{A}(D)$。这样对攻击者而言，$D \cup \{X\}$ 与 $D$ 在 $\mathcal{A}$ 的意义下几乎相同，加入 $X$ 无法得到关于 $X$ 的额外信息。这就是差分隐私的直观含义。定义 6.2 给出了差分隐私的严格定义。

**定义 6.2**（$\varepsilon$-差分隐私）. 令 $\mathcal{A}: 2^{\mathcal{X}} \to \mathcal{Y}$ 为一个随机算法，其中 $2^{\mathcal{X}}$ 为 $\mathcal{X}$ 所有子集构成的集合，$\mathcal{Y}$ 为 $\mathcal{A}$ 的值域。令 $D_1, D_2 \subseteq \mathcal{X}$ 且相差最多一条数据（称 $D_1, D_2$ 为相邻数据集）。令 $\varepsilon > 0$。算法 $\mathcal{A}$ 满足 $\varepsilon$-差分隐私，当且仅当 $\forall D_1, D_2 \subseteq \mathcal{X}$ 为相邻数据集且所有的 $Y \subset \mathcal{Y}$，以下不等式成立

$$\frac{\Pr[\mathcal{A}(D_1) \in Y]}{\Pr[\mathcal{A}(D_2) \in Y]} \leqslant \exp(\varepsilon). \tag{6-2}$$

式中，$\varepsilon$ 称为差分隐私算法的隐私预算（Privacy Budget）。

我们对定义 6.2 做如下注解。

**注 6.1** 由于 $D_1, D_2$ 可以交换，式 (6-2) 蕴含

$$\exp(-\varepsilon) \leqslant \frac{\Pr[\mathcal{A}(D_1) \in Y]}{\Pr[\mathcal{A}(D_2) \in Y]} \leqslant \exp(\varepsilon). \tag{6-3}$$

考虑到 $\varepsilon$ 很小时，$1 + \epsilon \approx \exp(\varepsilon)$，有

$$1 - \varepsilon \leqslant \frac{\Pr[\mathcal{A}(D_1) \in Y]}{\Pr[\mathcal{A}(D_2) \in Y]} \leqslant 1 + \varepsilon, \tag{6-4}$$

在 $\varepsilon$ 足够小时近似成立，即 $\mathcal{A}(D_1)$ 与 $\mathcal{A}(D_2)$ 在概率意义下近似相等。

**注 6.2** 当 $\varepsilon = 0$ 时，有 $\frac{\Pr[\mathcal{A}(D_1) \in Y]}{\Pr[\mathcal{A}(D_2) \in Y]} = 1, \forall Y \subseteq \mathcal{Y}$。即任意两个相邻数据集的输出都有相同的分布。此时能够获得最强的隐私保护，但算法 $\mathcal{A}$ 会退化成均一算法，无法反映数据集之间的任何区别。由此可以得到两点结论：

- $\varepsilon$ 越小，隐私保护越强；
- 隐私保护和算法性能之间存在取舍；隐私保护性越强，算法的性能越弱。

**注 6.3** 在式 (6-2) 中，概率 $\Pr[\cdot]$ 的随机性仅来自算法 $\mathcal{A}$，而非数据 $D_1, D_2$。也就是说，对固定的一组数据 $D_1, D_2$，式 (6-2) 仍然成立。

**注 6.4** 差分隐私的隐私定义来自信息论，不依赖于计算复杂性。因此，在差分隐私定义的问题模型中，即使恶意方（adversary）拥有无限的算力，差分隐私仍然成立。这与基于密码学算法的隐私计算手段存在差异。很多密码学算法的成立依赖于基于图灵机计算模型的计算难解性（如大整数分解、离散对数等）。若恶意方拥有超越图灵机的计算模型，例如量子计算机，则很多密码学算法就无法保护隐私[①]。

定义 6.2 在实际应用中有许多变形，在此介绍两个常用变形。第一个是 $(\varepsilon, \delta)$-差分隐私，它是对 $\varepsilon$-差分隐私的弱化。

**定义 6.3**（$(\varepsilon, \delta)$-差分隐私）. 令 $\mathcal{A} : 2^{\mathcal{X}} \to \mathcal{Y}$ 为一个随机算法。令 $\varepsilon, \delta > 0$，算法 $\mathcal{A}$ 满足 $(\varepsilon, \delta)$-差分隐私，当且仅当对所有 $D_1, D_2 \subseteq \mathcal{X}$ 为相邻数据集和所有的 $Y \subset \mathcal{Y}$，以下不等式成立：

$$\Pr[\mathcal{A}(D_1) \in Y] \leqslant \exp(\varepsilon) \Pr[\mathcal{A}(D_2) \in Y] + \delta. \tag{6-5}$$

**注 6.5** 与注 6.1 类似，在 $(\varepsilon, \delta)$-差分隐私下，同样有以下不等式成立：

$$\exp(-\varepsilon) \Pr[\mathcal{A}(D_2) \in Y] - \delta \leqslant \Pr[\mathcal{A}(D_1) \in Y] \leqslant \exp(\varepsilon) \Pr[\mathcal{A}(D_2) \in Y] + \delta. \tag{6-6}$$

这同样表明了差分隐私的核心思想，即输出值的概率分布受相邻 $D_1, D_2$ 的改变影响不大。

**注 6.6** 在 $(\varepsilon, \delta)$-差分隐私中，$\delta$ 的含义是 $\varepsilon$-差分隐私可能失效的概率。$\delta$ 的含义参见图 6-1，其中蓝线为 $\Pr[\mathcal{A}(D_1)] = y$，红色线为 $\Pr[\mathcal{A}(D_2)] = y$。在绝大部分输出值上，$\Pr[\mathcal{A}(D_1) = y]$ 与 $\Pr[\mathcal{A}(D_2) = y]$ 都大致相等。但存在一个小区域（图中的概率差异较大点）令它们相差很大。此时，$\mathcal{A}$ 由于该小区域的存在而不满足 $\varepsilon$-差分隐私。但只要这一小区域足够小，$\mathcal{A}$ 仍然可以满足 $(\varepsilon, \delta)$-差分隐私。由

---

[①] 在量子计算机下安全的密码学算法是存在的，例如基于格的加密算法 CKKS。但是常见的密码学算法所基于的难解问题，如大素数分解、离散对数等，对量子计算机而言都不再难解，从而对应的密码学算法不能再保护隐私。

此可以得出结论，$(\varepsilon,\delta)$-差分隐私是 $\varepsilon$-差分隐私的弱化。在实际应用中，一般取 $\delta$ 为很小的值，如 $10^{-4}$。

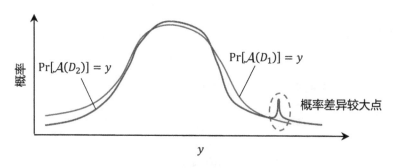

$$\text{Pr}[\mathcal{A}(D_2)] = y \qquad \text{Pr}[\mathcal{A}(D_1)] = y$$

概率差异较大点

图 6-1　$(\varepsilon,\delta)$-差分隐私图例

　　第二个差分隐私的变形是**局部差分隐私**（Local Differential Privacy）。定义 6.2 和定义 6.3 均假设存在一个受信任的数据监管方 $\mathcal{C}$ 对数据进行统一的管理，且被允许直接查看所有数据。我们所需要保证的是 $\mathcal{C}$ 公布的所有结果不造成单一数据隐私的泄露。然而，在很多实用场景中，这不是一个合适的问题模型，因为很多时候并不能找到受信任的数据监管方。例如，在本章开始的例子中，调查有多少名学生在考试中作弊，每名学生的隐私数据是其作弊与否，而老师显然不是一个受信任的数据监管方。我们同样很难找到一个人能获得所有同学的信任，并将调查结果报告给老师。因此，在实例 6.1 的随机回答中，每名学生作为一个单独的数据监管方保管自己的数据，并在自己的数据中加入噪声。类似情况在如今互联网企业收集用户信息时也同样成立。例如，当用户允许互联网企业收集电商购买记录时，互联网企业是不受信任的，而用户也不可能找到一个所有用户都信任的中间方作为一个可信的数据监管方。此时，用户需要在不借助第三方的情况下独自保护自己的数据。在这类应用场景中，定义 6.2 和定义 6.3 的问题模型不再适用。为了解决这一问题，局部差分隐私应运而生。局部差分隐私的直观理解是，每条数据作为独立的数据监管方 $\mathcal{C}$ 对自己的数据独立地加入噪声以保护其隐私。定义 6.4 给出了 $(\varepsilon,\delta)$-局部差分隐私的定义。

　　**定义 6.4**（$(\varepsilon,\delta)$-局部差分隐私[98]）．令 $\mathcal{A}:2^{\mathcal{X}}\to\mathcal{Y}$ 为一个随机算法。令 $\varepsilon$, $\delta>0$，算法 $\mathcal{A}$ 满足 $(\varepsilon,\delta)$-局部差分隐私，当且仅当对所有 $x,x'\in\mathcal{X}$ 和所有 $Y\subset\mathcal{Y}$，以下不等式成立：

$$\text{Pr}[\mathcal{A}(x)\in Y]\leqslant\exp(\varepsilon)\,\text{Pr}[\mathcal{A}(x')\in Y]+\delta. \tag{6-7}$$

　　容易得到对应的 $\varepsilon$-局部差分隐私定义。对局部差分隐私，同样有类似注 6.1 的结论成立，如图 6-2、图 6-3 所示。通俗地说，差分隐私的主要目的在于隐私地发布信息，数据先被收集到受信任的数据监管方，数据监管方以差分隐私的方式公开数据的查询结果。而局部差分隐私的主要目的在于隐私地收集信息，由于不存在受信任的数据监管方，各局部数据集必须先进行差分隐私操作，再进行后续的数据收集和处理。因此，在实现上，差分隐私在公布数据前加入噪声，而局部差分隐私在收集数据前就需要加入噪声。本章将在 6.2 节对此再进行讨论。

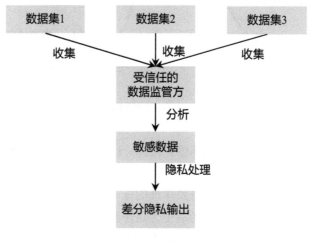

图 6-2　差分隐私图示

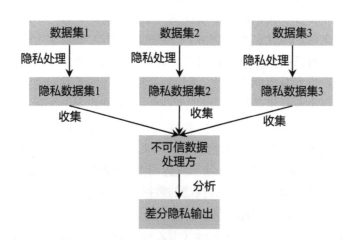

图 6-3　局部差分隐私图示

需要指出的是，$\varepsilon$-差分隐私的扩展定义有很多，$(\varepsilon, \delta)$-差分隐私和 $(\varepsilon, \delta)$-局部差分隐私仅是其中的两个。另一个常用的扩展定义为瑞丽差分隐私（Renyi Differential Privacy）[99]。瑞丽差分隐私使用瑞丽散度（Renyi Divergence）度量 $\Pr[\mathcal{A}(D_1) \in Y]$ 和 $\Pr[\mathcal{A}(D_2) \in Y]$ 之间的距离。文献 [99] 给出了瑞丽差分隐私和 $\varepsilon$-差分隐私、$(\varepsilon, \delta)$-差分隐私的关系，感兴趣的读者可以查阅。

## 6.2 实现方法及性质

本节介绍差分隐私的具体实现方式。前文提到，差分隐私的核心在于随机性。因此差分隐私最常用的实现方式就是加入随机噪声对精确的查询结果进行掩盖。以下根据应用场景的不同，介绍几种最常用的实现方式。对于离散值域，将严格分析实例 6.1 中的随机化回答；对于值域为连续实数的情况，介绍两种常用算法——拉普拉斯噪声法（Laplace Mechanism）和高斯噪声法（Gaussian Mechanism）。最后，介绍差分隐私算法的复合性质，即差分隐私算法经过复合后如何保持差分隐私性。

### 6.2.1 离散值域：随机回答

一个很重要的差分隐私应用场合是调查，其类别标签的值域 $\mathcal{Y} = \{0, 1, \cdots, C-1\}$ 是离散的。为方便起见，本节仅讨论 $\mathcal{Y} = \{0, 1\}$ 的情况，如实例 6.1 中只调查学生是否作弊。由于每个受调查者都是一个独立的数据拥有者，本节中适用局部差分隐私的定义。事实上，虽然随机回答的提出（1965 [97]）远早于差分隐私（2006 [96]），但巧合的是，随机回答本身就是一个局部差分隐私算法。定理 6.1 给出了对随机回答的严格分析。

**定理 6.1**（随机回答的局部差分隐私） 实例 6.1 中的随机回答算法 $\mathcal{A}_{RR}$ 满足 $(\ln 3)$-局部差分隐私。

证明. 考虑任意一个被调查者 $i$。由于其数据仅有一条 $x_i$，所以只需要考虑 $\Pr\left[\mathcal{A}_{RR}(x_i) = 0\right], \Pr\left[\mathcal{A}_{RR}(x_i) = 1\right]$. 根据实例 6.1，我们有

$$\frac{\Pr[y_i = 1 | x_i = 1]}{\Pr[y_i = 1 | x_i = 0]} = \frac{3/4}{1/4} = 3,$$
$$\frac{\Pr[y_i = 0 | x_i = 0]}{\Pr[y_i = 0 | x_i = 1]} = \frac{3/4}{1/4} = 3. \tag{6-8}$$

根据局部差分隐私的定义，$\mathcal{A}_{RR}$ 满足 $(\ln 3)$-局部差分隐私。 □

虽然随机回答的原理非常简单，但它（以及它的很多变种）在许多实际问题中有广泛的应用，在 10.9 节将会看到基于随机回答原理的谷歌的 RAPPOR 系统。

### 6.2.2 连续值域：拉普拉斯噪声法和高斯噪声法

在数据分析中，很大一类问题会针对数据样本输出实数统计量（即 $\mathcal{Y} = \mathbb{R}^k$），如均值、方差和最大值等。下面介绍两种常用算法——拉普拉斯噪声法和高斯噪声法，以在连续值域下实现差分隐私。由其名字可知，这两种算法的实现方式都是对结果加入特定分布的噪声。

首先给出一些相关定义。

**定义 6.5**（$L_1$ 敏感度）. 给定函数 $f : 2^{\mathcal{X}} \to \mathbb{R}^k$ 的 $L_1$ 全局敏感度定义为

$$\Delta_1 f = \max_{D_1, D_2 \subseteq \mathcal{X} \text{相邻}} \|f(D_1) - f(D_2)\|_1. \tag{6-9}$$

$f$ 的 $L_1$ 局部敏感度定义为

$$\Delta_1^L f = \max_{x_1, x_2 \in \mathcal{X}} \|f(\{x_1\}) - f(\{x_2\})\|_1. \tag{6-10}$$

定义 6.5 可以类似推广为 $L_2$ 敏感度 $\Delta_2 f$、$L_p$ 敏感度 $\Delta_p f$ 等。从定义 6.3 和定义 6.4 不难看出，全局敏感度对应于差分隐私的实现，而局部敏感度对应于局部差分隐私的实现。本节主要对全局敏感度和差分隐私进行讨论，将全局敏感度替换为局部敏感度，可以得到对应的局部差分隐私的结论。

**定义 6.6**（拉普拉斯分布）. 位置参数为 0，尺度（scale）参数为 $b$ 的拉普拉斯分布（记作 Lap($b$)）的概率密度函数为

$$\text{Lap}(x|b) = \frac{1}{2b} \exp\left(-\frac{|x|}{b}\right). \tag{6-11}$$

若随机变量 $x \sim \text{Lap}(b)$，则其均值为 0，方差 $\text{Var}(x) = 2b^2$。

**定义 6.7**（高斯分布）. 均值为 0，标准差为 $\sigma$ 的高斯分布（记作 $\mathcal{N}(0, \sigma^2)$）的概率密度函数为

$$\mathcal{N}(x|\sigma) = \frac{1}{\sqrt{2\pi}\sigma} \exp\left(-\frac{x^2}{2\sigma^2}\right). \tag{6-12}$$

若随机变量 $x \sim \mathcal{N}(0, \sigma^2)$，则其方差 $\text{Var}(x) = \sigma^2$。

**1. 拉普拉斯噪声法**

下面给出拉普拉斯噪声法的具体描述。

**定义 6.8**（拉普拉斯噪声法）. 给定函数 $f : 2^{\mathcal{X}} \to \mathbb{R}^k$，$D \subseteq \mathcal{X}$，满足 $\varepsilon$-差分隐私的拉普拉斯噪声法定义为

$$\mathcal{A}_L(D, f, \varepsilon) = f(x) + (Y_1, \cdots, Y_k), \tag{6-13}$$

式中，$Y_i, i \in [k]$ 为独立且服从 $\text{Lap}(\Delta_1 f / \varepsilon)$ 分布的随机变量。

**注 6.7** 从定义 6.8 可以看出，拉普拉斯噪声法的唯一额外计算开销是采样拉普拉斯分布的随机变量。因此，拉普拉斯噪声法的效率非常高，几乎没有额外计算或通信开销。

然而，正如其名字所示，拉普拉斯噪声法会对 $f$ 的计算结果加入噪声，从而使得计算结果不精确；且隐私要求越高，隐私预算 $\varepsilon$ 越小，需要加入的噪声尺度 $\Delta_1 f / \varepsilon$ 就越大，对计算结果的精确度影响也就越大。

接下来，给出拉普拉斯噪声法的差分隐私性质证明[100]。

**定理 6.2**（拉普拉斯噪声法的差分隐私性） 定义 6.8 的拉普拉斯噪声法满足 $\varepsilon$-差分隐私。

证明. 令 $D_1, D_2 \subseteq \mathcal{X}$ 为相邻数据集。令 $p_1, p_2$ 分别为 $\mathcal{A}_L(D_1, f, \varepsilon), \mathcal{A}_L(D_2, f, \varepsilon)$ 的概率密度函数，考虑其在任意 $z \in \mathbb{R}^k$ 的概率密度：

$$
\begin{aligned}
\frac{p_1(z)}{p_2(z)} &= \prod_{i=1}^{k} \left( \frac{\exp\left( \frac{-\varepsilon|f(D_1)_i - z_i|}{\Delta f} \right)}{\exp\left( \frac{-\varepsilon|f(D_2)_i - z_i|}{\Delta_1 f} \right)} \right) \\
&= \prod_{i=1}^{k} \exp\left( \frac{\varepsilon(|f(D_2)_i - z_i| - |f(D_1)_i - z_i|)}{\Delta_1 f} \right) \\
&\leqslant \prod_{i=1}^{k} \exp\left( \frac{\varepsilon|f(D_1)_i - f(D_2)_i|}{\Delta_1 f} \right) \\
&\leqslant \exp(\varepsilon),
\end{aligned} \tag{6-14}
$$

式中，第一个不等号是因为三角不等式，第二个不等号是依据定义 6.5。对于 $\forall Z \subset \mathbb{R}^k$，注意到 $\Pr[\mathcal{A}_L(D_i, f, \varepsilon) \in Z] = \int_Z p_i(z)\mathrm{d}z, i \in \{1, 2\}$，定理得证。 $\square$

### 2. 高斯噪声法

虽然拉普拉斯噪声法可以实现 $\varepsilon$-差分隐私，但在现实中，高斯分布由于其平滑性和可复合性（两个高斯分布随机变量的和也服从高斯分布，但是两个拉普拉斯分布随机变量的和不一定服从拉普拉斯分布），更经常被使用。于是，自然会出现一个问题，是否能通过高斯噪声实现差分隐私？答案是肯定的，但只能实现更弱的 $(\varepsilon, \delta)$-差分隐私。

**定义 6.9**（高斯噪声法）. 给定函数 $f: 2^{\mathcal{X}} \to \mathbb{R}^k, D \subseteq \mathcal{X}$，高斯噪声法定义为

$$
\mathcal{A}_N(D, f, \sigma) = f(D) + (Y_1, \cdots, Y_k), \tag{6-15}
$$

式中，$Y_i, i \in [k]$ 为独立且服从 $\mathcal{N}(0, \sigma^2)$ 分布的随机变量。

我们不加证明地给出高斯噪声法可以实现的差分隐私。

**定理 6.3**（高斯噪声法的差分隐私性[100]） 令 $\varepsilon \in (0, 1)$. 若 $c^2 > 2\ln(1.25/\delta)$，则当 $\sigma > c\Delta_2 f/\varepsilon$ 时，定义 6.9 成立。

证明定理 6.3 需要使用切诺夫不等式等概率论工具，此处略去。感兴趣的读者可以参阅文献 [100] 的 Appendix A。

### 6.2.3 差分隐私的性质

本章前两节介绍了常用的差分隐私实现方法——拉普拉斯噪声法和高斯噪声法。然而，在现实应用中，数据处理或查询任务可能比较复杂，需要执行多步数据处理算法，或需要多种数据处理算法的复合。因此，有必要了解如何使用基本的差分隐私算法构造更复杂的差分隐私算法。本节介绍差分隐私算法的复合，并说明它们是如何保持差分隐私性质的。

#### 1. 后处理

在数据处理和分析中，一种常见操作是先从数据库查询一些结果，然后在不访问数据库的情况下对其进行后处理。例如，计算公司所有部门的平均工资中的最大值。此时，需要执行两步操作：首先，从公司财务数据库中查询所有部门的平均工资；然后，对所查询到的值取最大值。

假设需要保护的是单一员工的工资隐私不被泄露，则这两步操作存在本质区别：第一步查询操作访问了隐私数据；第二步取最大值操作并未访问隐私数据本身，而仅访问了差分隐私算法的输出。称所有不访问隐私数据本身、仅访问差分隐私算法输出的算法操作为**后处理**（post-processing）。

定理 6.4 表明，后处理对差分隐私没有影响。

**定理 6.4**（后处理不影响差分隐私[100]）　令 $\mathcal{A}: 2^{\mathcal{X}} \to \mathcal{Y}$ 为满足 $(\varepsilon, \delta)$-差分隐私的算法，令 $f: \mathcal{Y} \to \mathcal{Y}'$ 为一个与 $\mathcal{A}$ 独立的随机映射。则 $f \circ \mathcal{A}: 2^{\mathcal{X}} \to \mathcal{Y}'$ 也满足 $(\varepsilon, \delta)$-差分隐私。

证明.　仅对 $\delta = 0$ 情况给出证明。对任意 $y' \in \mathcal{Y}'$ 和任意相邻数据集 $D_1, D_2 \subset \mathcal{X}$，以下不等式成立。

$$
\begin{aligned}
\Pr[f(\mathcal{A}(D_1)) = y'] &= \sum_{y \in \mathcal{Y}} \Pr[f(\mathcal{A}(D_1)) = y' | \mathcal{A}(D_1) = y] \Pr[\mathcal{A}(D_1) = y] \\
&= \sum_{y \in \mathcal{Y}} \Pr[f(y) = y'] \Pr[\mathcal{A}(D_1) = y] \\
&\leqslant \exp(\varepsilon) \sum_{y \in \mathcal{Y}} \Pr[\mathcal{A}(D_2) = y] \Pr[f(y) = y'] \\
&= \exp(\varepsilon) \sum_{y \in \mathcal{Y}} \Pr[\mathcal{A}(D_2) = y] \Pr[f(\mathcal{A}(D_2)) = y' | \mathcal{A}(D_2) = y] \\
&= \exp(\varepsilon) \Pr[f(\mathcal{A}(D_2)) = y'].
\end{aligned}
\tag{6-16}
$$

$\square$

对 $\delta > 0$ 的情况，证明略去。定理 6.4 给出了一个非常好的性质。它保证了可以在差分隐私算法的输出上进行任意的数据分析和运算，只要不重复访问隐私数据集。更通俗地说，不能在不访问隐私数据的情况下将差分隐私算法"去隐私化"（un-privatized）。以计算公司所有部门的平均工资中的最大值为例，由于取最大值操作不访问数据集，因此这一操作不影响隐私性。

### 2. 并行复合

在对同一组数据进行数据分析时，我们所想获得的统计信息往往不止一种。例如，对公司的财务数据进行分析时，我们可能同时对工资的均值、方差和中位数等指标感兴趣。因此，有必要了解同时对一组数据使用多种算法并得到多重结果（称之为并行复合（parallel composition），因为各个算法的运行互相独立，其复合仅在结果端）对单一数据样本的隐私有何影响。

一个直观的理解是，对同一组数据使用多种算法得到多种结果，其隐私性一定比使用单一算法要弱。事实也的确如此，即使是对同一组数据，反复执行多次拉普拉斯噪声法并求平均值，其噪声也会互相抵消，从而使得平均值比每一次返回值都更接近真实结果，这减弱了隐私保护。定理 6.5 给出了严格的差分隐私结果。

**定理 6.5**（并行复合的差分隐私性[100]）　令 $\mathcal{A}_1, \mathcal{A}_2 : 2^{\mathcal{X}} \to \mathcal{Y}$ 分别满足 $(\varepsilon_1, \delta_1)$，$(\varepsilon_2, \delta_2)$-差分隐私。假设 $\forall D \subset \mathcal{X}$，$\mathcal{A}_1(D)$ 与 $\mathcal{A}_2(D)$ 互相独立，则 $\mathcal{A}(D) = (\mathcal{A}_1(D), \mathcal{A}_2(D))$ 满足 $(\varepsilon_1 + \varepsilon_2, \delta_1 + \delta_2)$ 差分隐私。

定理 6.5 对 $\delta = 0$，即 $\varepsilon$-差分隐私的情况同样成立。此外，由归纳法易得，定理 6.5 对有限多个算法的情况同样成立。证明定理 6.5 同样需要利用切诺夫不等式，因而在此不给出详细证明。感兴趣的读者可以参阅文献 [100] 的 Appendix B。由定理 6.5 可知，如果要对一组数据运行多个独立的差分隐私算法（如求平均值、求方差、求中位数等），则所能达到的隐私预算为各个算法隐私预算之和。因此，可以通过分别控制各个算法的隐私预算对并行复合算法的隐私预算进行控制。

### 3. 序列复合

数据处理中经常需要对同一组数据运行多步互相关联的数据处理算法。例如，在一个部门内有许多团队，如果想要得知平均产出最高的团队的平均工资，就需要进行以下操作：首先，查询每个团队的平均产出并进行排序；然后，查询平均产出最高的团队的平均收入并输出。在这个过程中，所执行的两步查询并非像上一节一样互相独立，而是互相关联，因为第二步查询的输入由第一步查询决定。因此，两步数据处理算法之间存在顺序的依赖关系。称这种算法的复合为序列复合（Sequential Composition）。本节介绍对差分隐私算法进行序列复合时算法隐私性的变化情况。

定理 6.6 给出了序列复合的差分隐私性质。

**定理 6.6**（序列复合的差分隐私性[96]）　令 $\mathcal{A}_1 : 2^{\mathcal{X}} \to \mathcal{Y}$ 满足 $\varepsilon_1$-差分隐私，

$\mathcal{A}_2 : 2^{\mathcal{X}} \times \mathcal{Y} \to \mathcal{Y}'$ 满足 $\forall y \in \mathcal{Y}, \mathcal{A}_2(\cdot, y)$ 满足 $\varepsilon_2$-差分隐私。假设 $\mathcal{A}_1$ 与 $\mathcal{A}_2$ 互相独立，则算法 $\mathcal{A} : D \subset \mathcal{X} \mapsto (\mathcal{A}_1(D), \mathcal{A}_2(D, \mathcal{A}_1(D)))$ 满足 $(\varepsilon_1 + \varepsilon_2)$-差分隐私。

证明参见文献 [101]。定理 6.6 表明，如果对同一数据集执行一系列的差分隐私算法，则最终达到的隐私预算同样为这一系列算法隐私预算之和，因此同样可以对这一系列算法进行分别控制。

在了解拉普拉斯噪声法、高斯噪声法及差分隐私算法的性质后，就可以针对实际问题设计更为复杂的差分隐私算法。下一节介绍若干有代表性的问题及其对应的差分隐私解法。

需要指出的是，差分隐私的实现方式有很多，各自也有不同的性质。本节所介绍的差分隐私实现方法及性质仅是其中最基本且常用的方法与性质。其他实现差分隐私的方法包括指数算法（Exponential Mechanism）[102]、稀疏向量方法（Sparse Vector Technique）[103] 等。此外，文献 [104, 105] 为 $(\varepsilon, \delta)$-差分隐私算法的复合给出了更紧的隐私预算界，感兴趣的读者可以参考。

## 6.3　优缺点分析

本节分析并讨论差分隐私的优点和缺点。

### 1. 差分隐私的优点

差分隐私的优点归纳如下。

（1）计算、通信效率高。采取密码学手段的隐私计算方法往往需要很高的计算或通信开销。例如，同态加密往往需要大量的大整数乘法、乘方和取模等操作，因而需要很高的计算开销。秘密共享需要多参与方之间反复进行中间结果传输，因而需要很高的通信开销。与之相反，本节讨论的随机回答、拉普拉斯噪声法及高斯噪声法在计算上只需要采样随机变量，且在传输上也不需要额外开销。因此，差分隐私算法的效率非常高，与不考虑隐私的算法的运行时间几乎没有差别。

（2）隐私需求灵活。在差分隐私算法中，隐私相关的参数 $\varepsilon, \delta$ 是可以灵活选择的。这给系统或算法设计者足够的灵活性，以便根据具体任务设计隐私算法或系统。例如，金融数据等高度隐私的数据需要更强的隐私保护，应该选择更低的 $\varepsilon, \delta$；反之，对于社交媒体数据等敏感程度较低的数据，可以适当增大 $\varepsilon, \delta$，以得到更精确的算法。

（3）理论保证。基于概率论和信息论，差分隐私为隐私提供了严格的、不依赖于计算模型和算力的理论保证。具体说来，基于密码学的隐私性依赖于计算复杂性，如果恶意方拥有无穷算力，密码学算法将不再能保护隐私，而差分隐私所实现的隐私性与算力无关。

（4）适用范围广。本节介绍的差分隐私实现方式，如随机回答、拉普拉斯噪声法和高斯噪声法等，可以适用于非常广泛的算法。例如，拉普拉斯噪声法和高斯噪声法仅需要在算法的输出端加入噪声。因此，差分隐私适用范围广泛。6.4 节所述的算法仅是差分隐私的一部分应用。

然而，天下没有免费的午餐，差分隐私在具备以上优点的同时，也有许多不足之处。

### 2. 差分隐私的缺点

差分隐私的缺点归纳如下。

（1）**牺牲计算精度**。首先，如实例 6.1、定义 6.8 和定义 6.9 所述，差分隐私的实现依赖于随机性。因此，所有计算结果都带有噪声的随机变量，从而必然导致计算精度的损失。参考文献 [106] 证明，在 CIFAR-10 图像分类数据集上，在 $(7.53, 10^{-5})$-差分隐私约束下，差分隐私算法仅能够实现 66.2% 的准确率，而非差分隐私算法可以实现 80% 的准确率。这使差分隐私在追求精确度的应用（例如广告推荐、风险评估、访问控制等）中受限。

其次，差分隐私算法复合的隐私预算界往往过于松弛（即在现实应用中，复合差分隐私算法的隐私预算 $\varepsilon$ 往往远低于定理 6.5 和定理 6.6 中给出的界）。因此，为了实现理论的差分隐私保证，算法设计者们往往会加入比实际需求更多的噪声，进一步影响算法的精度。参考文献 [106, 107] 中给出了相关论述。例如，如图 6-4 所示，文献 [106] 针对随机梯度下降算法提出矩计量法，大幅优化了定理 6.5 和定理 6.6 的隐私预算界。然而，对于更广义的问题而言，没有通用的优化算法可以优化定理 6.5 和定理 6.6。因此，这个问题仍然广泛存在并限制差分隐私算法的精度。

（2）**隐私保护的实际含义不明**。虽然有研究工作对定义 6.2 和定义 6.3 的差分隐私提供了基于假设检验的理论解释[108-110]，但在实际应用中仍然不能明确对应到隐私保护的安全性上。具体来说，给定一个任务、一个数据集或一个 $(\varepsilon, \delta)$，我们无从得知它能够实现多严格的隐私保护。因此，差分隐私不适用于需要隐私保护具有高透明性和可解释性的应用场景，如金融法规监管等。

（3）**可能被攻破**。我们在本章一开始提到，差分隐私主要保护的是计算结果的隐私性，而非计算过程的隐私性。因此，如果恶意方能够获得计算过程的中间结果，那么差分隐私就无法保证隐私性。

我们以 6.4.2 节所讨论的差分隐私的机器学习算法为例。对于基于差分隐私的机器学习算法，其计算输入是训练数据，计算结果是模型参数，计算过程可能包含大量的梯度信息。对应地，其目的在于保护计算结果，即模型参数不受单一数据点影响过大，从而保证无法从模型参数推知单一数据。然而，如果恶意方能够获得计算过程，例如梯度信息，其不在差分隐私保护范围内，从而无法保证数据隐私。

因此，针对满足差分隐私的机器学习算法，研究者们设计了很多重构算法，利用一条数据在模型训练过程中产生的中间结果（如梯度信息等）或输出结果对输入数据进行重构。参考文献 [111] 和 [112] 表明，即使训练模型的算法满足差分隐私，恶意方仍然能从机器学习的中间结果（例如梯度）中近似重建输入数据。理论上，这个问题可以通过减小差分隐私的隐私预算 $\varepsilon$ 实现。然而，这样做会降低精度，且也无从得知多小的隐私预算能够做到成功防御，例如文献 [111] 表明，加入额外噪声的方式无法同时兼顾模型性能和成功防御。因此，差分隐私也不适用于需要严格保护计算过程的场合，例如外包计算，或者隐私性和精确性同时要求很高的应用场景。

## 6.4 应用场景

差分隐私的概念起源于隐私保护下的数据分析（Privacy-preserving Data Analysis）。在差分隐私提出的初期，数据分析主要着眼于传统的统计、查询等算法，如查询数据库中满足某个性质的数据、统计数据库中某组数据的统计量等。近年来，数据驱动的机器学习算法被广泛研究和应用。由于机器学习也是一种数据分析——从数据中提取规则或特征以预测数据的其他属性，以及人们的数据隐私意识加强，在差分隐私约束下的机器学习算法也得到了广泛的研究。本节从传统数据分析和机器学习两方面介绍差分隐私的应用场景。此外，在 10.9 节中，我们将以谷歌、苹果和微软对差分隐私的实际应用为例，介绍差分隐私如何在现实中保护用户数据隐私。

### 6.4.1 传统数据分析

本节以几个简单、经典的例子出发，介绍差分隐私如何应用于传统数据分析。

首先介绍一个数据库查询中常见的问题——查询计数（Query Counting），然后介绍如何设计差分隐私算法解决这个问题。

**实例 6.2**（**查询计数**）. 数据库中常见的一类查询的形式如下："在数据库中，满足性质 $P$ 的数据共有多少条？"例如，老师可能会查询某门课成绩低于 60 分的学生人数、政府部门可能会查询年收入低于 1 万元的家庭数量，等等。此类问题称为查询计数问题。下面尝试给出一个 $\varepsilon$-差分隐私的算法以解决查询计数问题。

容易知道，对于一条查询，查询计数问题的 $L_1$ 敏感度为 1，因为改变任意一条数据对查询计数的结果最多影响 1。因此，根据定义 6.8，令 $f(P)$ 返回数据库中满

足条件 $P$ 的数据数量，同时令随机算法 $\mathcal{A}_{\mathrm{QC}}(P) = f(P) + Y$，式中 $Y \sim \mathrm{Lap}(1/\varepsilon)$，由定理 6.2 可知 $\mathcal{A}_{\mathrm{QC}}$ 满足 $\varepsilon$-差分隐私。$\mathcal{A}_{\mathrm{QC}}$ 一个好的性质是它与数据库大小无关。

对实例 6.2 做如下注解。

**注 6.8**  实例 6.2 仅对一条查询成立。如果要对 $k$ 条给定查询 $(P_1, \cdots, P_k)$ 保证 $\varepsilon$-差分隐私，则根据定理 6.5，需要加入的噪声应当服从 $Y \sim \mathrm{Lap}(k/\varepsilon)$。也就是说，如果给定每条查询加入的噪声，那么实现的隐私性会随查询数而线性减弱。为了实现一定的隐私预算，所加入的噪声需要随查询数量线性递增。需要注意的是，以上结论要求所有查询 $(P_1, \cdots, P_k)$ 预先给定，即所有查询不依赖于之前查询的结果。这个问题设定在文献中被称为"非交互式"（non-interactive）。在交互式（interactive）场景中，隐私预算会更为复杂，此处略去。

注 6.8 表明，在很多种情况下，差分隐私算法的隐私性随着需要支持的查询数而递减。然而这个规律并不是绝对的，下面用另一个例子进行说明。

**实例 6.3**（直方图查询）. 考虑实例 6.2 的一个特例——当所有查询的结果集不相交时，可以实现更优的性能。一个常见的例子是直方图查询（Histogram Query）。假设数据 $\mathcal{X}$ 被划分为不相交的单元，只允许对单个单元中的元素数量进行查询，例如："在数据库中，属性值在 1000~2000 之间的数据有多少条？"称这类问题为直方图查询问题。下面对直方图查询设计一个与查询数目 $k$ 无关的 $\varepsilon$-差分隐私算法。

可以注意到，如果令 $k$ 条给定查询语句为 $(P_1 \cdots, P_k)$，并令 $P = (P_1, \cdots, P_k)$，则由定义 6.5 可知，加入、删除、修改一条数据最多仅能影响所有不相交的一个单元，即 $P$ 的 $L_1$ 敏感度为 1。注意，这里的 $L_1$ 敏感度与查询条数无关（反之，如果是广义的查询计数问题，则 $P$ 的 $L_1$ 敏感度应当为 $k$，而非 1，因为加入一条数据可能满足所有 $(P_1, \cdots, P_k)$，从而改变所有查询的结果）。因此，令 $\mathcal{A}_{\mathrm{HQ}}(P) = f(P) + Y, Y \in \mathbb{R}^k, Y_i \sim \mathrm{Lap}(1/\varepsilon)$，便可实现与查询条数无关的 $\varepsilon$-差分隐私。

实例 6.3 表明，虽然我们需要支持任意多条查询，但是由于问题的性质（不同单元之间不相交），查询数量对隐私预算并不产生影响。实例 6.3 同时表明，在设计差分隐私算法时，敏感度是一个重要概念。它在很多时候决定了所需要的噪声数量。但是，有时候可以通过算法的设计绕过敏感度这一限制。实例 6.4 给出了一个这样的例子。

**实例 6.4**（带噪声的最大值（noisy max））. 在数据库查询中还有一类问题往往与极值有关，例如，"查询全部门完成任务最多的员工""查询全校成绩最高的学生"，等等。将查询最大值问题抽象为：给定 $k$ 条查询 $(P_1, \cdots, P_k)$，求查询计数（实例 6.2）最高的一条数据是哪条。需要注意的是，由于一条数据可能同时影响所有查询（例如满足所有的条件），如果直接应用实例 6.2 中的方法，其 $L_1$ 敏感度为 $k$，这对于直接应用拉普拉斯噪声法不利。

然而，通过算法设计，我们可以绕过这一敏感度。以下给出了一个满足 $\varepsilon$-差分隐私的最大值算法：

- 对每条查询 $P_i$，得到精确的查询计数值 $x_i$；
- 对每个查询计数值加入与 $k$ 无关的 $\mathrm{Lap}(1/\varepsilon)$ 噪声 $\hat{x}_i = x_i + Y_i, Y_i \sim \mathrm{Lap}(1/\varepsilon)$；
- 返回 $\arg\max_i \hat{x}_i$（但并不返回 $\hat{x}_i$；假设不存在相等的情况）。

这个算法的核心在于加噪声后的计数值不会被返回。这一操作减弱了其 $L_1$ 敏感度（$\hat{x}_i$ 的 $L_1$ 敏感度为 $k$）。这里略去对实例 6.4 的证明，感兴趣的读者可以参阅文献 [100] 的定理 3.9。

### 6.4.2 机器学习

机器学习作为数据驱动的典型应用，其隐私性自然受到广泛的关注。本节介绍差分隐私在机器学习中的应用。

经验风险最小化（Empirical Risk Minimization，ERM）问题是机器学习中的一大类典型问题。对于训练数据集 $\mathcal{D} = \{\boldsymbol{x}_i, y_i\}_{i=1}^n$，经验风险最小化会选择假设空间 $\mathcal{H}$ 中的一个预测器 $f$ 以最小化经验风险。

$$\min_{f \in \mathcal{H}} J(f, \mathcal{D}) = \frac{1}{n} \sum_{i=1}^n l\left(f\left(\boldsymbol{x}_i\right), y_i\right) + \lambda \Omega(f), \tag{6-17}$$

式中，$l(f(\boldsymbol{x}_i), y_i)$ 表示某种损失函数；$\Omega(f)$ 表示用来约束 $f$ 的复杂度的正则项。式 (6-17) 可以描述非常广泛的机器学习算法。例如，令 $l$ 为均方误差函数（Mean Squared Error, MSE），$f(\boldsymbol{x}) = \boldsymbol{w}^\top \boldsymbol{x} + b$，则式 (6-17) 描述线性回归算法。令 $\mathcal{H}$ 为参数化的神经网络，$l$ 为交叉熵损失函数（Cross Entropy Loss），则式 (6-17) 描述神经网络的训练算法。令

$$f(x) = \boldsymbol{w}^\top \boldsymbol{x} + b,$$
$$\mathcal{H} = \left\{\boldsymbol{w} : y_i\left(\boldsymbol{w}^\top \boldsymbol{x}_i + b\right) \geqslant 1 - \xi_i\right\},$$
$$l\left(f\left(\boldsymbol{x}_i\right), y_i\right) = \|\boldsymbol{w}\|_2^2 + \sum_{i=1}^n (1 - \xi_i),$$

则式 (6-17) 描述支持向量机的训练算法。

本节介绍三类求解式 (6-17) 的差分隐私算法。具体来说，由于差分隐私依赖于随机扰动，我们将求解式 (6-17) 的差分隐私算法分为三类：输出扰动、目标扰动和梯度扰动。为简单起见，除非特殊说明，假设 $f(\boldsymbol{x}) = \boldsymbol{w}^\top \boldsymbol{x}$。

### 1. 输出扰动

输出扰动在文献 [107] 中提出，其原理类似于定义 6.8。我们使用一个算法求解式 (6-17)，并且对求解得到的 $\boldsymbol{w}^*$ 加入噪声以达到差分隐私的效果。具体来说，文献 [107] 给出了以下基于输出扰动的 $\varepsilon$-差分隐私算法 $\mathcal{A}_{\mathrm{OutP}}$：

- 求解 $\boldsymbol{w}^* = \arg\min J(f, \mathcal{D})$，$J(f, \mathcal{D})$ 由式 (6-17) 定义；
- 返回 $\tilde{\boldsymbol{w}} = \boldsymbol{w}^* + \boldsymbol{b}$，$\boldsymbol{b}$ 的概率密度函数为 $f_b = \frac{1}{\alpha}\exp(-\beta\|\boldsymbol{b}\|_2)$，$\alpha$ 表示归一化常数，$\beta = \frac{n\varepsilon\lambda}{2}$。

证明该算法满足 $\varepsilon$-差分隐私需要对 $l$ 做出一些假设，在此只给出结论，感兴趣的读者可以参阅文献 [107]。

**定理 6.7** 若 $\Omega(f)$ 可微且 1-强凸，$l$ 可微且凸，且 $\forall(z), |l'(z)| \leqslant 1$，则 $\mathcal{A}_{\mathrm{OutP}}$ 满足 $\varepsilon$-差分隐私。

证明. 这里仅给出证明摘要。首先，证明 $J(f, \mathcal{D})$ 的 $L_2$ 敏感度至多为 $\frac{2}{n\lambda}$（参阅文献 [107] 中的推论 8）。其次，根据文献 [96] 中的定义 2.4 证明差分隐私性。 □

### 2. 目标扰动

文献 [107] 同样提出了通过目标扰动实现差分隐私的方法 $\mathcal{A}_{\mathrm{ObjP}}$。

- 给出扰动后的目标函数 $\tilde{J}(f, \mathcal{D}) = J(f, \mathcal{D}) + \frac{1}{n}\boldsymbol{b}^\top\boldsymbol{w} + \frac{1}{2}\Delta\|\boldsymbol{w}\|_2^2$。式中，$\boldsymbol{b}$ 的概率密度函数同样为 $f_b = \frac{1}{\alpha}\exp(-\beta\|\boldsymbol{b}\|_2)$，$\beta = \varepsilon'/2$，而 $\varepsilon'$ 和 $\Delta$ 按照以下方法计算：
  $\varepsilon' = \varepsilon - \log\left(1 + \frac{2c}{n\lambda} + \frac{c^2}{n^2\lambda^2}\right)$，$c$ 为任意常数；
  若 $\varepsilon' > 0$，则 $\Delta = 0$；否则 $\Delta = \frac{c}{n(\exp(\varepsilon/4)-1)} - \lambda$，$\varepsilon' = \varepsilon/2$。
- 使用任意算法求解 $\boldsymbol{w}^* = \arg\min_{\boldsymbol{w}} \tilde{J}(f, \mathcal{D})$，返回 $\boldsymbol{w}^*$。

我们不加证明地给出其差分隐私性质，感兴趣的读者可以参阅文献 [107] 的定理 9。

**定理 6.8** 若 $\Omega(f)$ 二阶可微且 1-强凸，$l$ 凸且二阶可微，且 $\forall z, |l'(z)| \leqslant 1$ 且 $l''(z)$ 有界，则 $\mathcal{A}_{\mathrm{ObjP}}$ 满足 $\varepsilon$-差分隐私。

文献 [107] 给出了很多具体机器学习问题的具体输出扰动或目标扰动算法，如支持向量机、逻辑回归与核方法等。同时，文献 [107] 的实验表明，在相同的隐私预算下，目标扰动往往能够比输出扰动具有更好的预测性能。

### 3. 梯度扰动

输出扰动和目标扰动都需要对式 (6-17) 进行程度不等的假设，如凸性、可微性等。然而，当下流行的深度学习不一定满足凸性和可微性要求。例如，多层带激活函数的神经网络是非凸的，且如果使用的激活函数是 $\mathrm{ReLU}(x) = \max(0, x)$，则神经网络不处处可微。因此，对于深度学习方法，需要另找保证差分隐私性的方法。为了解决这一问题，文献 [106] 提出了一个满足差分隐私的随机梯度下降（Differentially Private Stochastic Gradient Descent, DPSGD）算法以实现差分隐私下的深度神经网络训练。

为了理解 DPSGD，首先介绍一些深度学习的基础。为了训练一个深度神经网络 $f(\boldsymbol{x};\boldsymbol{w})$，其中 $\boldsymbol{x},\boldsymbol{w}$ 分别为数据和模型参数。深度神经网络的参数更新通常使用随机梯度下降（Stochastic Gradient Descent，SGD）算法，每一步随机梯度下降算法的流程如下：

- 第 1 步，随机从 $\mathcal{D}$ 中采样一批（batch）数据 $\mathcal{B} = \{\boldsymbol{x}_{B_i}, y_{B_i}\}_{i=1}^{|\mathcal{B}|}$；
- 第 2 步，对该批数据 $\mathcal{B}$，求损失函数 $l(f(\boldsymbol{x};\boldsymbol{w}), y)$ 的值及其关于 $\boldsymbol{w}$ 的梯度 $\nabla_{\boldsymbol{w}} l(f(\boldsymbol{x};\boldsymbol{w}), y)$；
- 第 3 步，令 $\boldsymbol{w} \leftarrow \boldsymbol{w} - \alpha \nabla_{\boldsymbol{w}} l(f(\boldsymbol{x};\boldsymbol{w}), y)$，式中 $\alpha$ 表示学习率。

针对随机梯度下降算法，文献 [106] 提出了对应的 DPSGD 算法。每一步 DPSGD 算法流程如下：

- 第 1 步，随机从 $\mathcal{D}$ 中均匀且独立地采样一批（batch）数据 $\mathcal{B} = \{\boldsymbol{x}_{B_i}, y_{B_i}\}_{i=1}^{|\mathcal{B}|}$；
- 第 2 步，对该批数据中的每一条数据 $\boldsymbol{x}_{B_i}, y_{B_i}$，求梯度 $\boldsymbol{g}_{B_i} = \nabla_{\boldsymbol{w}} l(f(\boldsymbol{x}_{B_i}; \boldsymbol{w}), y_{B_i})$；
- 第 3 步，对每条数据的梯度 $\boldsymbol{g}_{B_i}$，对其进行裁剪（clip）使其 $L_2$ 范数为 $C$，即 $\bar{\boldsymbol{g}}_{B_i} = \frac{\boldsymbol{g}_{B_i}}{\max(1, \|\boldsymbol{g}_{B_i}\|_2/C)}$；
- 第 4 步，求这一批数据的平均梯度，并加入高斯噪声 $\boldsymbol{g}_{\mathcal{B}} = \frac{1}{|\mathcal{B}|} \sum_{i=1}^{|\mathcal{B}|} \bar{\boldsymbol{g}}_{B_i} + \mathcal{N}(0, \sigma^2 C^2)$；
- 第 5 步，令 $\boldsymbol{w} \leftarrow \boldsymbol{w} - \alpha \boldsymbol{g}_{\mathcal{B}}$。

对 DPSGD 算法做如下注解。

**注 6.9** DPSGD 算法有一个重要步骤是对梯度进行裁剪以使其具有最大为 $C$ 的 $L_2$ 范数。这一步的目的在于限制模型参数 $\boldsymbol{w}$ 对单一数据的 $L_2$ 敏感度。在使用随机梯度下降训练神经网络时，每一个样本会通过其梯度影响最终的神经网络参数。因此，梯度的范数对应于 DPSGD 算法的 $L_2$ 敏感度。虽然这一做法不能在理论上保证算法的收敛，但在实际中，梯度裁剪是一个常见的能够避免梯度过大导致模型发散的操作。此处不讨论由于梯度裁剪而导致模型不收敛的可能性。

细心的读者可能注意到，在本算法中并未出现差分隐私的 $\varepsilon, \delta$ 等参数。这是因为训练一个神经网络所需的随机梯度下降步数是不确定的，即使每步 DPSGD 算法满足一定的 $(\varepsilon, \delta)$-差分隐私性（根据定理 6.3，令 $\sigma = \sqrt{2\log\frac{1.25}{\delta}}/\varepsilon$ 即可），若算法执行步数 $T$ 很大，其差分隐私性也无法保证。具体来说，文献 [105] 给

出的差分隐私的强复合界保证了：若单步 DPSGD 算法满足 $(\varepsilon, \delta)$-差分隐私，令 $q = |\mathcal{B}|/|\mathcal{D}|$，则 $T$ 步 DPSGD 算法满足 $\left(O\left(q\varepsilon\sqrt{\log(1/\delta)\,T}\right), T\delta\right)$-差分隐私。这个界在 $T$ 很大（如常见的 $T = 10000 \sim 100000$）时无法保证差分隐私性。为了解决隐私预算随步数增长过大的问题，文献 [106] 同时提出了矩计量法（Moments Accountant Method）以对 DPSGD 算法进行更精细的分析，并得出了更紧的隐私预算界：若单步 DPSGD 算法满足 $(\varepsilon, \delta)$-差分隐私，则 $T$ 步 DPSGD 算法满足 $\left(O\left(q\varepsilon\sqrt{T}\right), \delta\right)$-差分隐私。图 6-4 给出了矩计量法和强复合界的隐私预算增长趋势。从图中可以看到，矩计量法能够大幅收紧 DPSGD 算法的隐私预算界。

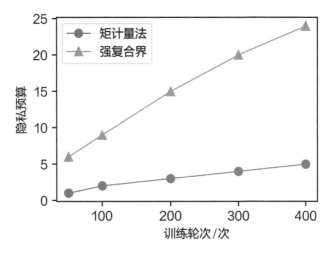

图 6-4　矩计量法 [106] 和强复合界 [105] 的隐私预算增长趋势

　　然而，DPSGD 算法仍存在其他问题。文献 [113] 实验表明，在 CIFAR-10 图像分类数据集上，在 $(7.53, 10^{-5})$-差分隐私约束下，仅能够实现 66.2% 的准确率，而非差分隐私算法可以实现 99% 准确率。这说明 DPSGD 在现实分类问题中仍然存在很大的优化空间。

　　以上针对经验风险最小化问题，介绍了三类实现差分隐私在机器学习中的应用。需要注意的是，差分隐私在机器学习中的应用还有很多，如迁移学习 [114]、在线学习 [115]、聚类算法 [116]、语言模型 [117] 和图数据挖掘 [118] 等，受篇幅所限，无法一一介绍。感兴趣的读者可以参阅相应参考文献。

第 7 章

CHAPTER 7

# 可信执行环境

可信执行环境（TEE）是本书介绍的唯一一个从硬件和体系结构角度提供隐私计算的解决方案。可信执行环境从底层硬件和操作系统的角度出发，提供一个隔离的运行环境，保护程序代码或者数据不被操作系统或者其他应用程序窃取或篡改。由于操作系统具有复杂性、弱隔离性、对应用程序的弱管控性，不可避免地存在安全漏洞，当把涉及用户隐私等高安全等级应用（如支付程序）和其他应用运行在同一个操作系统中时，其安全性、机密性、完整性及可用性就无法得到有效保障。可信执行环境被提出用于解决上述问题。

## 7.1 可信执行环境简介

可信执行环境（Trusted Execution Environment, TEE）最早由开放移动终端平台组织（Open Mobile Terminal Platform，OMTP）于 2009 年在 *Advanced Trusted Environment: OMTP TR1* 标准中定义，即 "可以满足以下两个安全等级的一组支撑应用的软硬件组合"。第一个安全等级为可以避免软件层面上的攻击，第二个安全等级为可以同时避免软件及硬件层面上的攻击。

从上述定义可以看出，可信执行环境被定义为一组可以抵御软件和硬件层面上攻击的软硬组合方案。该定义整体上仍较为宽泛。简单来说，可信执行环境就是在常规操作系统（Rich Execution Environment，REE）之外，建立一个专门为高安全应用运行的 "操作系统"。可信执行环境和常规操作系统共享硬件设备并相互隔离。隔离是可信执行环境的本质属性。

截至目前，可信执行环境仍未有一个完整清晰的模型定义。但总体而言，可信执行环境需要满足以下几个特征：

- 软硬协同的安全机制：隔离不仅需要依靠硬件实现，也需要依靠软件辅助。可信执行环境及常规操作系统具有独立的系统资源，包括寄存器、物理内存和外设，不能随意进行数据交换。可信执行环境中的代码和资源受到严格的访问控制策略保护，常规操作系统的进程禁止访问可信执行环境中代码和资源。
- 算力共享：能使用中央处理器（CPU）的同等算力。
- 开放性：可信执行环境需要运行在开放环境中，即只有先存在常规操作系统，才有引入可信执行环境的必要。

后续将一一介绍满足以上三个特征的可信执行环境的具体原理及实现。为了更好地让读者了解到不同技术的异同、优缺点，首先介绍相关概念。如图 7-1 所示。

- 可信计算基（Trusted Computation Base，TCB）：TCB 是运行在可信执行环境里应用程序的基础，如操作系统、驱动等。一般而言，一个较大的 TCB（如常规操作系统中的 RichOS）较不安全，因为其包含的代码更多，更容易产生漏洞。
- Ring 3 TEE：一种可信执行环境解决方案，可以用于保护用户态应用程序（Ring 3），而不必信任 Ring 0（操作系统）或者更底层。最有代表性的技术为 Intel SGX。
- Ring 0 TEE：能够提供操作系统层面（Ring 0）的可信执行环境技术，代表性技术为 AEGIS。
- Ring -1 TEE：能够在虚拟化 Hypervisor（Ring -1）层面上提供可信执行环境技术，通过一个可信的 Hypervisor 提供应用的完整性及安全性功能。代表性技术有 Bastion 及 AMD SEV（Secure Encrypted Virtualization）。AMD SEV 可以加密虚拟机，并通过一个可信的 Hypervisor 让虚拟机运行可信执行环境软件。

- Ring -2 TEE：可以运行在 Hypervisor 之下，代表性技术为 ARM TrustZone。
- Ring -3 TEE：通过协处理器（co-processor）实现的可信执行环境，代表性技术为可信平台模块（Trusted Platform Module，TPM）。

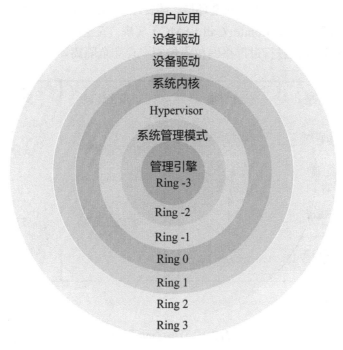

图 7-1　计算机系统中不同的 Ring，每个 Ring 代表不同的权限

## 7.2 原理与实现

### 7.2.1 ARM TrustZone

基于 OMTP 提出的方案，ARM 公司于 2008 年首先提出了一种硬件实现的可信执行环境方案——ARM TrustZone。ARM TrustZone 修改了原有处理器的硬件架构，引入了两个不同层次的保护区域，即可信执行环境（TEE）和常规操作系统（REE）。任何时刻处理器只能在某一个区域内运行，且两个区域完全是硬件隔离的，并具有不同的权限，如图 7-2 所示。

ARM TrustZone 最早实现在 ARM Cortex-A 系列处理器上。对 TrustZone 的支持被添加至 ARMv6K 架构上，并带来了重大架构变化。如图 7-2（a）所示，处理器通过引入第 33 个比特位 NS（Non-secure）区分当前处理器是处于安全环境（即可信执行环境）还是非安全环境（即常规操作系统）。这个比特位可以从安全配置寄存器（Secure Configuration Register，SCR）中读取，并被添加到所有的内存管理、总线等设计上，以同时对内存区域的访问及外设进行管控。与此同时，TrustZone 技术也引入了一个新的处理器模式，即 monitor 模式。如图 7-2（b）所示，通过修改 NS 位来改变处理器所处的状态。无论是从安全环境退出到非安全环境，还是从非安全环境进入安全环境，都要经过 monitor 模式。切换环境主要通过使用特权指令 Secure Monitor Call（SMC）实现。安全环境和非安全环境通过隐藏寄存器或对寄存器进行过严格的权限控制实现完全隔离。

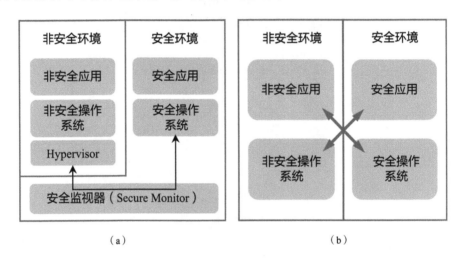

图 7-2　TrustZone 架构

ARM TrustZone 也同时修改了内存系统的架构，引入了 TrustZone Address Space Controller（TZASC）及 TrustZone Memory Adapter（TZMA）等技术。TZASC 用于配制内存地址，并将其划分为安全和非安全两块不同的区域。安全环境中的应用可以访问非安全区域，反之则不允许。TZMA 也提供类似的功能，不过其针对的是片外内存（Off-Chip Memory）。

图 7-3 展示了 Cortex-A 上的一个具体的例子。可以看到，因为 ARM TrustZone 运行在 Ring -2，可以在可信执行环境及常规操作系统环境中分别运行一个操作系统。在可信执行环境中运行的操作系统为 Trusted OS，在其上运行需要可信环境的应用程序。相比 Rich OS，Trusted OS 有一个更小的 TCB。

随着移动互联网的蓬勃发展，TrustZone 也发展到了 ARM 的移动处理器架构 ARMv8-M 上。该架构为 ARM 的下一代微处理器 Cortex-M 设计。总体而言，Cortex-M 系列的 TrustZone 和 Cortex-A 系列的类似。处理器仍通过两个模式（安全环境及非安全环境）来为应用程序提供隔离、安全的执行环境。但是，由于 Cortex-M 系列是为移动终端设计的，有低功耗及低延时上下文切换的设计目标，Cortex-M 系列的 TrustZone 并没有直接沿用 Cortex-A 系列的设计，而是从底层直接进行重构。如图 7-3 所示，处理器是否运行在安全环境由运行代码的内存决定，应用程序可以直接通过异常处理的句柄来直接切换环境。例如，如果从安全的内存运行程序，处理器即运行在安全环境；如果从非安全内存运行程序，处理器则运行在非安全环境。这样的设计彻底抛弃了 Cortex-A 系列中的 monitor 模式及特权指令 SMC。因此，相比 Cortex-A 系列，Cortex-M 上的 TrustZone 有延时更低、功耗更小的优点。

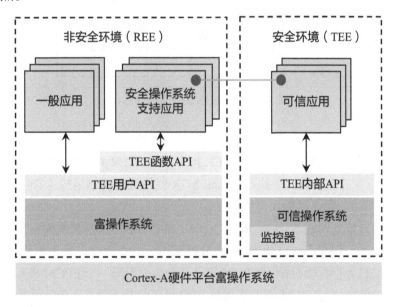

图 7-3　Cortex-A 上的可信执行环境

## 7.2.2　Intel SGX

2013 年，英特尔推出了 Intel Software Guard eXtension（SGX）指令集扩展，用于保护用户态应用程序。通过一组新的指令集扩展与访问控制机制，实现不同程序间的隔离运行，保障用户关键代码和数据的机密性与完整性不受恶意软件的破坏。Intel SGX 支持创建飞地（Enclave），并将可信应用程序运行于飞地中，从而实现可信执行环境及常规操作系统的隔离。

Intel SGX 的主要工作流程如图 7-4 所示。用户可以通过 ECREATE 指令创建一个飞地，并通过 EADD 指令加载数据和代码。接着，用户需要使用 EINIT 初始化飞地。EINIT 需要一个 INIT Token 初始化，该 Token 用于表征飞地程序开发者是否存在于英特尔的白名单之上。Token 的获取需要程序开发者提交身份信息至英特尔进行备案。通过这种机制，用户可以快速分辨出所运行的程序是否来自一个可信的开发者。但与此同时，由于对应用程序的管控都掌握在英特尔手里，也限制了 Intel SGX 的大规模商业化落地。

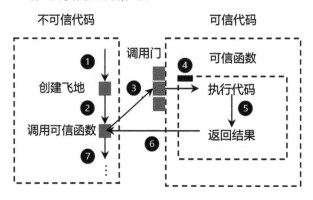

图 7-4　Intel SGX 的主要工作流程

初始化后的飞地能使用 EENTER 指令进入飞地，并执行受保护的程序。只有位于 Ring 3 的程序才能够使用 EENTER 指令。EENTER 并不执行特权切换，CPU依旧在 Ring 3 的飞地模式下执行。Intel SGX 使用线程控制结构（Thread Control Structure，TCS）保存这类入口点信息。

所有飞地都驻留在 Enclave Page Cache（EPC）中。这是系统内一块被保护的物理内存区域，用来存放飞地和 SGX 数据结构。EPC 内存以页为单位进行管理。页的控制信息保存在硬件结构 EPCM 里。一个页面对应一个 EPCM 表项，类似于操作系统内的页表。EPCM 表项管理着 EPC 页面的基本信息，包括页面是否已被使用、该页的拥有者、页面类型、地址映射和权限属性等。EPC 的内存区域是加密的，通过 CPU 中的内存加密引擎（Memory Encryption Engine，MEE）进行加密和地址转化。

### 7.2.3　AMD SEV

AMD 公司在 2016 年提出了 Secure Encrypted Virtualization（SEV）技术。这也是 x86 架构上第一个可以将虚拟机从 Hypervisor 上隔离的技术。首先介绍一种实现 SEV 的基础技术——AMD Secure Memory Encryption（SME）。

AMD SME 为每个内存控制器转载了一个高性能的高级加密标准（Advanced Encryption Standard，AES）引擎。如图 7-5 所示，AMD SME 会将数据写入 DRAM时对其进行加密，并在读取时将其解密。同时 AES 引擎使用的密钥是在每次系统重置时随机生成的，对软件不可见。密钥由集成在 AMD SOC 上的微控制器 AMD

Secure Processor（AMD-SP）（本质上是一个 32 位 ARM Cortex A5）进行管理。密钥是由板载的符合 SP 800-90 的硬件随机数生成器生成，并存储在专用的硬件寄存器中，永远不会暴露在 SOC 之外。

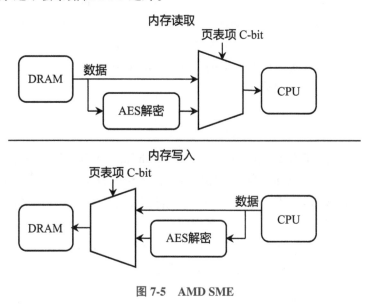

图 7-5　AMD SME

宿主机或者 Hypervisor 可以指定哪些页进行加密。启动内存加密后，物理地址的第 47 位（又称为 C-bit，C 表示 enCrypted）用于标记该页是否被加密，当对加密页进行访问时，加密和解密由 AES 引擎自动完成。

接下来介绍 AMD SEV 技术。SEV 的主要思想是加密保护虚拟机内存，从而实现不同虚拟机之间或是宿主机、虚拟机之间不能直接读取或者窃取内存数据。SEV 提供的虚拟机内存数据加密功能，可以有效地保护虚拟机内存免受物理攻击，跨虚拟机或来自 Hypervisor 的攻击。启动 SEV 功能后，物理地址的 43 位到 47 位分别用于标识 Address Space ID（ASID）和上文提及的 C-bit。在通过页表访问虚拟机内存时，虚拟机的物理地址会携带与虚拟机对应的 ASID，用来判断是访问哪个虚拟机的数据，或是操作哪个虚拟机的数据。虚拟机的 ASID 在页表遍历时使用，用来区分 TLB。在缓存（Cache）中，C-bit 和 ASID 用来作为键区分不同的缓存行（Cache Line）。在内存控制器中，ASID 用来区分虚拟机加密密钥（VEK）。由于物理地址中的 ASID 是由硬件自动添加的，软件无法直接修改，因此从内存中读取的数据由内存控制器直接使用对应的 VEK 进行加解密。为了使用 AMD SEV 技术，宿主机需要支持并打开 AMD SME 功能。

### 7.2.4　AEGIS

麻省理工学院于 2003 年提出的 AEGIS 可以看作最早的可信执行环境硬件体系结构。AEGIS 将操作系统（OS）拆分成两个部分，一部分运行在由处理器创建的安全环境中，称为 Security Kernel。Security Kernel 负责管理可信执行环境，并且可以检测并且抵御来自其他应用程序或操作系统的内存攻击。但是，AEGIS 的功能都可以通过硬件实现，如上文提到的 ARM TrustZone 和 Intel SGX 等。因此，AEGIS 逐渐退出了历史舞台。

### 7.2.5　TPM

TPM 由可信计算组织（Trusted Computing Group，TCG）于 2003 年提出。TPM 是一块独立的芯片，能够安全地存储用于验证平台的数据，如密码、证书或加密密钥等。TPM 也可以使用于存储平台的一些测量信息，用于验证该平台是可信的。除了个人计算机、服务器，TPM 还可以用移动终端设备、网络设备等硬件。TPM 的一大缺点是无法控制运行存储在计算机、服务器等设备上的软件。虽然 TPM 可以对外提供一些参数、配制信息，但是否去使用这些信息是其他应用的选择。

## 7.3　优缺点分析

可信执行环境作为一种软硬件一体的隐私计算解决方案，其通用性强。以 Intel SGX 为例，其已经被广泛地应用于云计算体系，解决外包计算中用户数据隐私泄露、计算环境被攻击等问题。但是可信执行环境现在仍然面临安全漏洞多、安全性依赖于硬件厂商等问题。

下面详细展开阐述可信执行环境的问题。

1. 可信执行环境漏洞

由于可信执行环境是一种软硬件一体的方案，且并不简单地依赖于一种密码学技术，而是一种从体系结构上实现隐私计算的方案，因此可信执行环境技术的架构较为复杂，易存在漏洞。本章以 Intel SGX 和 ARM TrustZone 为例介绍其较为致命的漏洞问题。针对 Intel SGX 的攻击主要分为软件攻击、微架构攻击和内存攻击三类。

（1）软件攻击。 软件攻击的手段主要通过对 Intel SGX SDK 等软件层进行攻击。Jo Van Bulck 等人在 2019 年发表了论文 *A Tale of Two Worlds: Assessing the Vulnerability of Enclave Shielding Runtimes*[119]，从应用二进制接口（Application Binary Interface，ABI）和应用程序接口（Application Programming Interface，API）两个软件层面分析了 Intel SGX 的安全性，同时也实现了一系列的攻击。之后，针

对软件攻击领域，Mustakimur Rahman Khandaker 等人于 2020 年发表了论文 *COIN Attacks: On Insecurity of Enclave Untrusted Interfaces in SGX*[120]，把针对 Intel SGX 的软件攻击分类为 COIN 攻击模型，即 Concurrent、Order、Inputs 和 Nested。通过这四种攻击模型，攻击者可以通过多线程以任意顺序、任意输入调用飞地提供的接口。该论文也针对 COIN 攻击设计并实现了一个自动化测试框架，以检测市场上的可信执行环境实现方式是否会遭受 COIN 攻击。

（2）微架构攻击。 微架构攻击主要利用微架构的变化将信息泄露给攻击者，或通过协助性质的或错误的指令加载来泄露缓冲区的内容，从而绕开 CPU 的权限检查，导致隐私泄露。

2018 年，英特尔的全系列处理器被爆出存在幽灵（Spectre）、熔断漏洞（Meltdown）。这些漏洞利用了 CPU 的一项重要特性，即预测执行（Speculative Execution）。当包含流水线技术（Pipeline）的处理器处理分支指令（如 If-then-else）时，根据判定条件的真/假的不同，可能会产生跳转，而这会打断流水线中指令的处理，因为处理器无法确定该指令的下一条指令，直到分支执行完毕。流水线越长，处理器等待的时间便越长，因为它必须等待分支指令处理完毕才能确定下一条进入流水线的指令。预测执行即为解决这类问题提出的一种技术，它判断哪条分支最可能被执行，预测会被取出执行的指令，并立即取出执行。

预测执行在遇到异常或发现分支预测错误时，CPU 会丢弃之前执行的结果，将 CPU 的状态恢复到乱序执行或预测执行前的正确状态，然后选择对应正确的指令继续执行。这种异常处理机制保证了程序能够正确地执行。但问题在于，CPU 恢复状态时并不会恢复 CPU 缓存的内容。幽灵及熔断漏洞正是利用了这一设计上的缺陷进行微架构攻击。Jo Van Bulck 于 2018 年发表的论文 *Foreshadow: Extracting the Keys to the Intel SGX Kingdom with Transient Out-of-Order Execution* 也利用了英特尔 CPU 在微架构上的漏洞来实施攻击[121]。

（3）内存攻击。2017 年，Jaehyuk Lee 等人发表了针对 SGX 内存攻击的第一篇论文 *Hacking in Darkness: Return-oriented Programming against Secure Enclaves*[122]，利用飞地中通过面向返回编程（Return-oriented Programming，ROP）攻击导致内存崩溃时产生的漏洞，并提出了 Dark-ROP。Dark-ROP 不同于传统的 ROP 攻击，它通过构造一些 Oracles 来通知攻击者飞地的状态，即使飞地被 SGX 硬件严格地保护。Dark-ROP 带来的危害十分严重，因其可以绕过 SGX 对内存的保护盗取内存中的机密信息，如密钥信息等。2018 年，Andrea Biondo 等人发表了论文 *The Guard's Dilemma: Efficient Code-Reuse Attacks Against Intel SGX*[123]，进一步加强了对 SGX 的内存攻击，即使在 SGX-Shield（SGX-Shield 主要用于对 SGX 内部的内存排布等引入随机化，防止其被 ROP 攻击）存在的场景下，仍然可以对 SGX 展开内存攻击。

针对 ARM TrustZone 漏洞展开的攻击也类似。例如，Adrian Tang 等人发表的论文 *CLKSCREW: Exposing the Perils of Security- Oblivious Energy Management*[124] 利用可使用 CPU 能源管理系统 DVFS 接管终端设备的漏洞，成功地对搭载 ARM 处理器的 Android 设备的可信执行环境进行攻击。佛罗里达州立大学和百度 XLab 提出了针对 ARM TrustZone 的降级攻击。通常在 TrustZone 发现漏洞之后，处理器厂商会发送更新到手机终端厂商，让其更新相关的固件、操作系统和软件。但如果可信执行环境缺乏版本验证，即可对其进行降级攻击。降级攻击可以把 TrustZone 的固件、软件等回滚到之前有漏洞的版本，再使用该漏洞进行攻击。

### 2. 安全性依赖硬件厂商

和安全多方计算、同态加密等技术不同，可信执行环境的安全性不依赖于具体的计算理论（例如，一部分同态加密技术依赖于格加密理论），而依赖于具体的硬件厂商。因此，其安全性变得难以评估和验证。上文所述的漏洞本质上即是由于硬件厂商的设计失误导致的。

其次，常用的可信执行环境实现，如 Intel SGX、ARM TEE 和 AMD SEV 等，其厂商都是外国厂商。因此，可信执行环境技术是否可以用于金融、政府等涉及国家安全的场景，当前仍然存疑。

最近，UC Berkeley 的 RISELab 发表了论文 *Keystone: an open framework for architecting trusted execution environments*[125]，提出基于 RISC-V 指令集上实现自定义可信执行环境的一种设计与实现。Keystone 也是一个开源项目，可以期待未来国产的 RISC-V 芯片上搭载的 Keystone TEE 能够被用于金融、政府等关键应用场景。

## 7.4 应用场景

接下来从三个维度展开讨论可信执行环境的应用：移动终端、云计算及区块链。

### 7.4.1 移动终端

#### 1. 支付

可信执行环境在移动终端上的一个重要应用是移动支付。全国金融标准化技术委员发布的行业标准《移动终端支付可信环境技术规范》规范了使用可信执行环境在移动终端上进行支付的应用。该标准明确了移动设备终端的可信环境定义，规定了整体技术框架，包括可信执行环境、通信安全和数据安全等技术细节。如图 7-6 所示，类似于 TrustZone 中的定义，移动终端支付可信环境包含：

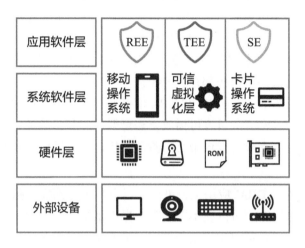

图 7-6　移动终端支付可信环境技术规范

- 常规操作系统（REE），即通常的移动终端操作系统，并负责娱乐、通信等任务。
- 可信执行环境（TEE），用于保证各类敏感数据在其中被安全地存储、处理，保证数据机密性及端到端的安全性。
- 安全单元（Secure Element, SE），移动终端上的高安全运行环境，可在硬件、软件层面上抵御各种安全攻击，运行在上面的应用也有极高的安全性。支付所需要的私钥存放在安全单元中，永远不出安全单元。用户在交易签名时，通过可信执行环境的受信任的应用程序（Trusted Apps，TA）进行交易确认，真正做到不借助任何外部设备实现"所见即所签"的电子认证，实现了安全性和便利性在移动端的统一。

2. 生物信息识别

随着移动终端的发展，人脸识别、指纹识别等生物信息识别技术逐渐被应用于移动终端应用上，如手机解锁、前文提到的金融支付领域等。人脸识别等相关算法及用户生物信息数据在现有终端普通操作系统中，容易遭受到外来恶意攻击，导致用户的生物信息面临严峻的安全威胁。苹果最早在 iPhone 5S 中引入指纹解锁系统 Touch ID，并在其基于 ARM 的 A7 芯片中实现了 TrustZone。所有用户的指纹数据及识别指纹相关的算法，都在 TrustZone 中加密存储和安全执行。操作系统和别的应用程序完全无法干涉 Touch ID 的运作。

### 3. 内容版权保护

现在很多电子版权管理（Digital Rights Management，DRM）方案均由可信执行环境实现，如谷歌的 Videvine。DRM 是指数字内容，如音视频节目内容、文档、电子书籍等在生产、传播、销售和使用过程中进行的权利保护、使用控制与管理的技术。DRM 建有数字节目授权中心。编码压缩后的数字节目内容利用密钥进行加密保护，加密的数字节目头部存放着密钥 ID 和节目授权中心的 URL。用户在点播时，根据节目头部的密钥 ID 和 URL 信息通过数字节目授权中心的验证授权后送出相关的密钥解密，节目方可播放。需要保护的节目被加密，即使被用户下载保存，没有得到数字节目授权中心的验证授权也无法播放，从而严密地保护了节目的版权。

可信执行环境在 DRM 应用上，可以在以下几个方面保护数字版权：一是可信执行环境有足够的算力可以在不影响常规操作系统中应用的前提下对加密内容进行解密、解码；二是可以用于运行 DRM 相关的可信程序，防止这些程序被操作系统或别的应用程序篡改；三是可以通过回滚或使密钥过期等策略严格保护版权，常规操作系统或应用程序无法干涉这些策略的执行。

## 7.4.2　云计算

### 1. 存储

为了保护云端的数据存储安全，Intel SGX 被广泛地用于云上，以提供数据安全的存储服务。Maurice Bailleu 等人发表的论文 *SPEICHER: Securing LSM-based Key-Value Stores using Shielded Execution* 实现了一种基于日志结构合并树（Log-Structured Merge Tree，LSM-Tree）的 KV 存储系统[126]。该系统充分利用了 Intel SGX 的性质，重新设计了 LSM 数据结构，保证数据存储的安全。Taehoon Kim 等人发表的论文 *ShieldStore: Shielded In-memory Key-value Storage with SGX* 同样也采用 SGX 技术来提供一个安全的 KV 存储系统[127]。论文考虑到了 KV 存储所用的数据结构超过 SGX 当前 EPC（Enclave Page Capacity）大小导致的性能衰减问题。在当前的 Intel SGX 实现中，EPC 的大小被限制在 128MB 左右，当飞地的内存使用超过 EPC 的容量时，会导致内存频繁切换，且为了保护内存上的数据，切换时还会进行内存加解密，从而导致性能进一步衰减。ShieldStore 将 KV 存储的主要数据结构散列表存储在未经保护的内存中，在飞地中加密每个 KV 格式的数据，并存储到散列表中。当从 KV 存储中读取数据时，同样先从在非加密内存中的散列表中获取数据，再在飞地内进行数据解密，以完成数据获取的操作。除 KV 存储之外，还有一系列针对数据库的工作，如微软发表的 *EnclaveDB: A Secure Database using SGX*[128] 实现了一个基于 Intel SGX 的数据库管理系统（Database

Management System，DBMS）。

### 2. 机器学习

机器学习现在已经成为数据中心的一种重要应用。机器学习离不开大量的高质量用户数据，如何保护机器学习训练、推理时数据的数据隐私已经成为一个重要问题。Taegyeong Lee 等人发表的论文 *Occlumency: Privacy-preserving Remote Deep-learning Inference Using SGX* 通过 SGX Enclave 保护了机器学习推理全生命周期的数据安全[129]。在启动机器学习推理时，用户先使用安全隧道（如 TLS）将加密后的数据直接传入 SGX。然后，Occlumency 方案会在 SGX Enclave 中运行整个机器学习推理过程，并将推理结果再次通过安全隧道回传给客户。

比机器学习推理更复杂的场景是训练场景，因为机器学习训练需要消耗大量的算力，并且需要输入海量的数据。在机器学习训练场景下，也有一系列的研究者通过使用 SGX 技术对机器学习的训练过程、原始数据进行保护。其中，较有代表性的工作有 Olga Ohrimenko 等人提出的 *Oblivious Multi-Party Machine Learning on Trusted Processors*[130]。该工作研究了如何将机器学习常见的训练算法（如向量机、决策树、矩阵分解、神经网络等）在 SGX 上高效地实现。同时，Roland Kunkel 等人提出的 *TensorSCONE: A Secure TensorFlow Framework using Intel SGX*[131] 则更进一步通过将 TensorFlow 与 SGX 整合来实现安全、高效和通用的机器学习平台。

### 3. 网络 Middlebox

网络 Middlebox 是一种计算机网络设备、虚拟网络设备，用于支持转换、检查、过滤或以其他方式对网络流量进行操作的网络功能（Network Function，NF），而不是单纯的包转发。常见的中间件有防火墙和网络地址转换器（Network Address Translator，NAT）。前者过滤不想要的或恶意的流量，后者修改数据包的源地址和目标地址。Middlebox 被广泛地应用于云计算中，以提高网络安全性、灵活性和性能。由于云计算网络的复杂性（如对外接收、发送各种类型的流量，对内则接触用户敏感信息），如何通过 Middlebox 使得云计算网络可信安全成为当前云计算中的一个重要问题。

Rishabh Poddar 等人在其研究工作 *SafeBricks: Shielding Network Functions in the Cloud*[132] 中，通过使用 SGX 加上编程语言的检查来构建一个可信的网络功能。SafeBrick 可以实现两个功能：一是它仅将加密流量暴露给云计算提供商，因此用户的敏感信息无法被云计算提供商获取；二是在用户开发的网络功能中，SafeBrick 降低了用户对各类组件的信任依赖，使可信网络功能的开发变得简单。Huayi Duan 等人提出的 *LightBox: Full-stack Protected Stateful Middlebox at Lightning Speed*[133] 解决了性能问题，可以支持 10Gb/s 的 I/O，大幅提升了可信 Middlebox 在高性能网络下的使用速度。Fabian Schwarz 等人在论文 *SENG, the SGX-Enforcing Network*

*Gateway: Authorizing Communication from Shielded Clients*[134] 中提出的 SENG 是一种新型的网关，可以有效地让防火墙对应到具体的应用，从而实现细粒度、精确的防火墙控制。

### 7.4.3 区块链

区块链作为当前一种炙手可热的技术，用到大量的密码学底层技术。当区块链技术和可信执行环境结合时，能擦出怎样的火花呢？Mitar Milutinovic 等人在论文 *Proof of Luck: an Efficient Blockchain Consensus Protocol*[135] 中提出一种新颖的区块链一致性方案——Proof of luck。相比传统的 Proof of work，Proof of luck 算法的延时更小，能耗更低。算法的核心逻辑为各个区块链的参与者生成一个在 [0,1] 区间上均匀分布的随机数 $r$，并且推迟 $r$ 来广播共识。最幸运的参与者，即 $r$ 最小的参与者，可以成为全链的共识。因为整个共识算法运行在可信执行环境中，参与者无法通过篡改程序的方法来作弊。

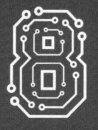

第 8 章

CHAPTER 8

# 联邦学习

机器学习已经被广泛应用于日常生活中的方方面面，例如人脸识别、语音识别和机器翻译等。然而，目前广泛应用的机器学习算法，尤其是深度学习算法，需要以大量的数据为基础才能得到准确的模型；而在现实应用中，这些数据往往分散在不同用户的设备中，或者是不同企业的数据库中。如何在不侵犯用户或企业数据隐私、数据不离开数据所有方的情况下，联合利用多方数据进行模型训练，是一个急需解决的问题。本章介绍的联邦学习，是针对以上问题的切实解决方案。限于篇幅，本章无法全面涵盖联邦学习的所有细节，感兴趣的读者可以参阅专著[136]。

## 8.1　联邦学习的背景、定义与分类

### 8.1.1　联邦学习的背景

在过去几年里，随着计算资源和数据资源的丰富，深度学习（Deep Learning）算法得到充分的发展，并被广泛应用于生活中的方方面面，例如人脸识别、物体识别、语音识别、机器翻译和个性化推荐等。在这些成功应用的背后，不可或缺的因素就是大量的有标注数据。例如，在学术界中，由斯坦福大学李飞飞教授领导构建的 ImageNet 数据集[137] 拥有 1400 万张高清带标签图片，极大地推进了随后几年内深度神经网络结构的发展[138, 139]。在工业应用中，Facebook 公司实际使用的目标检测模型经过了 3.5 亿张 Instagram 图像的预训练[140]。

然而，现实应用中的数据规模往往无法达到如此规模。例如，在医学图像领域，患者的医学图像需要经过医学专家的诊断和标注才能被用于训练医疗图像识别模型，而这一过程往往需要医学领域内专家的大量工作和时间。因此，为了获得大规模的数据，必须要利用分布在各方的分散数据。例如，虽然一家医院无法拥有大规模的医学图像数据，但是通过整合多家医院的数据资源，就可以有效地扩大数据的规模，从而为机器学习算法提供更好的支持。

与此同时，随着机器学习在越来越多的领域落地，用户对于自身数据的隐私安全也越发关注。出于保护个人隐私和利益，用户可能不愿意自己的数据被大范围地分享和利用。例如，用户的医疗数据一旦被其工作单位得到，就可能导致用户在工作、社交等场合受到歧视。为了应对这一趋势，越来越多的政策制定者开始针对数据隐私和安全出台法律，例如欧盟的《通用数据保护条例》（General Data Protection Regulation, GDPR）和我国的《中华人民共和国网络安全法》等。在越来越严格的法律法规约束下，联合各方数据不能简单地采取交换、集中数据的方式，因为这样做会直接导致数据的泄露，从而违反相关法律法规。因此，如何在遵守数据隐私安全法律法规的前提下，联合多方数据进行机器学习模型的训练，是一个迫切需要解决的问题。

基于这种需求，联邦学习（Federated Learning，FL）算法被提出，用以在保护数据隐私的前提下利用多方数据训练机器学习模型。2017 年，谷歌的 H. Brendan McMahan 等人提出了跨设备联邦学习（Cross-device FL），旨在联合利用用户存储于智能手机本地的数据训练模型，例如键盘输入预测、情感分析模型等[141, 142]。2019 年，微众银行的杨强等人[143] 扩展了联邦学习的定义，提出了跨机构联邦学习（Cross-silo FL），即联合不同企业间数据的联邦学习，并定义了横向联邦学习和纵向联邦学习和联邦迁移学习等概念。在下文中，将对这些概念和定义进行介绍。

### 8.1.2 联邦学习的定义

通俗地说，联邦学习的目的在于利用分布在各数据拥有方的数据，在保护数据隐私的前提下进行机器学习模型的训练（training），训练好的模型将被用于推理（inference），即执行识别、预测和推荐等任务。在训练的过程中，训练模型所必需的信息在各参与方之间传递，但数据不能被传递。为了更好地保证隐私性，可以使用保护隐私的技术，例如同态加密等，对传输的信息进行进一步的保护。当模型训练完毕后，模型将被部署在各参与方，执行应用任务。需要注意的是，由于联邦学习的每个参与方都只持有部分数据，每一方所持有的模型也可能只是部分模型。此时，所有参与方需要联合对新数据进行推理。例如，考虑一个基于多重医疗信息（例如影像信息、检验信息、生命体征信息等）对患者进行诊断的联邦学习系统，为了对新患者进行诊断，需要联合所有医疗信息源进行推理。

专著[136] 定义联邦学习为一种具有以下特征的机器学习算法框架：

- **多方参与**：有两个或以上的参与方合作构建共享的机器学习模型。每一个参与方都拥有一部分数据用以训练模型；
- **不交换数据**：在联邦学习训练过程中，任意一个参与方的任意原始数据不会离开该参与方，不会被直接交换和收集；
- **保护传输信息**：在联邦学习训练过程中，训练所必需的信息需要经过保护后在各参与方之间进行传输，使得各参与方无法基于传输的信息推测其他参与方的数据；
- **近似无损**：联邦学习模型的性能要充分接近理想模型（即各参与方通过直接合并数据训练得到的模型）的性能。

以上定义陈述了一个联邦学习算法所必须满足的特征。在不同的应用场景下，研究人员设计了不同的联邦学习算法以满足具体需求。以下将对联邦学习的具体分类进行介绍。

### 8.1.3 联邦学习的分类

由于联邦学习涉及数据在不同参与方之间的分散，因此随着各参与方数据划分的不同，联邦学习的算法也将发生变化。

为了对联邦学习进行形式化的分类，定义 $N$ 个参与方，分别以 $1, \cdots, N$ 表示。定义参与方 $i$ 拥有的用户（也称为样本）集合为 $\mathbb{U}_i$，特征空间为 $\mathbb{X}_i$，标签空间为 $\mathbb{Y}_i$，数据集为 $\mathbb{D}_i = \{u_i^{(j)}, \boldsymbol{x}_i^{(j)}, y_i^{(j)}\}_{j=1}^{|\mathbb{D}_i|}$，其中数据 $(u_i^{(j)}, \boldsymbol{x}_i^{(j)}, y_i^{(j)})$ 指第 $i$ 个参与方，用户 $u_i^{(j)}$ 的数据特征为 $\boldsymbol{x}_i^{(j)}$，标签为 $y_i^{(j)}$。例如，在智慧医疗领域，$\mathbb{U}$ 即所有的病人，$\mathbb{X}$ 可以指医疗图像、病历记录等特征，$\mathbb{Y}$ 可以代表用户患病与否。基于数据 $(\mathbb{X}, \mathbb{Y}, \mathbb{U})$ 在各参与方之间的分布情况，联邦学习可以被分为以下三类[143]。

- **横向联邦学习（Horizontal Federated Learning，HFL）**：在横向联邦学习中，$\mathbb{X}_i = \mathbb{X}_j, \mathbb{Y}_i = \mathbb{Y}_j, \mathbb{U}_i \neq \mathbb{U}_j$，即各参与方之间共享相同的特征和标签空间，但分别拥有不同的数据样本。

- **纵向联邦学习（Vertical Federated Learning，VFL）**：在纵向联邦学习中，$\mathbb{X}_i \neq \mathbb{X}_j, \mathbb{Y}_i \neq \mathbb{Y}_j, \mathbb{U}_i = \mathbb{U}_j \neq \emptyset$，即各参与方之间共享部分共同数据样本，但是特征和标签空间不同。

- **联邦迁移学习（Federated Transfer Learning，FTL）**：在联邦迁移学习中，不对样本、特征和标签空间做任何限制，即参与方间可以有任意不同的样本、特征和标签空间。此时，需要有效地利用各方数据中学到的知识（例如模型参数），进行联合建模。

例如，如果两家医院想要联合训练一个针对同一种疾病的医学图像分析模型，它们拥有的特征空间 $\mathbb{X}$ 相同，均为医学图像；标签空间 $\mathbb{Y}$ 相同，均为病人患病与否；用户空间，即病人集合 $\mathbb{U}$ 不同，属于横向联邦学习。相对应地，如果两家医院想要使用同一组病人的数据联合训练一个疾病诊断模型，但医院 A 使用医疗图像数据，而医院 B 使用病历文本数据，此时它们的特征空间 $\mathbb{X}$ 不同但用户空间 $\mathbb{U}$ 相同，属于纵向联邦学习。如果两家医院想要使用不同病人的数据，训练针对不同疾病的医疗影像分析模型，则该场合属于联邦迁移学习。以两个参与方为例，图 8-1、图 8-2、图 8-3 分别展示了三类联邦学习的共同点与差异。本章也将主要依据该分类对联邦学习进行介绍。

此外，联邦学习还可以有其他的分类，例如基于参与方计算和通信能力的不同，联邦学习可以被分为以下两类[144]：

- **跨设备联邦学习（Cross-device FL）**，也称企业对消费者（Business-to-consumer，B2C）联邦学习。以谷歌提出的面向用户智能手机的联邦学习为代表。该场景具有参与方数量多、计算性能弱、传输开销大和单一参与方数据量少等挑战需要解决；

- **跨机构联邦学习（Cross-silo FL）**，也称企业对企业（Business-to-business，B2B）联邦学习。在该场景下，各参与方为企业、机构等，具有相对较少的参与方数量、更强的传输和计算性能。然而，该场景往往涉及不同利益方的联合，所以更需要严格地保护各参与方数据的隐私性。除此之外，该场景也需要设计一个正反馈激励机制，让越来越多的参与方参与到联邦学习中。

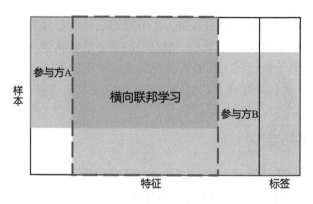

图 8-1 横向联邦学习[136]

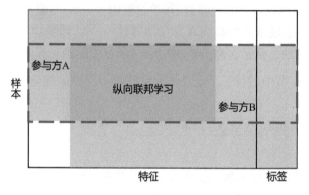

图 8-2 纵向联邦学习[136]

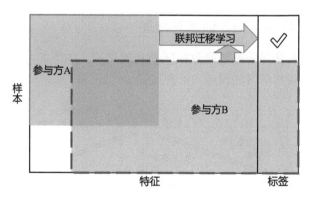

图 8-3 联邦迁移学习[136]

## 8.1.4 联邦学习的安全性

联邦学习作为一种隐私计算框架，必须有对其隐私安全性的定义、实现与论证。由于联邦学习属于本书第 1 章中的隐私保护计算，其隐私安全性需要依赖于广泛的技术，在广泛的应用场景下进行保护。所以，对联邦学习的隐私安全性的定义依赖于上文所述联邦学习的分类，在不同的联邦学习分类中，其隐私安全性有不同的定义（参见定义 8.1、8.2），也有不同的方法对其进行保护，包括同态加密、秘密共享和差分隐私等。我们将在介绍联邦学习的具体分类时（本章 8.2 节、8.3 节、8.4 节），对各类联邦学习的隐私安全性定义及实现进行针对性的论述。

## 8.2 横向联邦学习

本节介绍横向联邦学习。如图 8-1 所示，横向联邦学习适用于联邦学习的各参与方的数据集共享相同的特征空间，但各自拥有不同的样本空间的场景。横向联邦学习可以理解为一个数据矩阵在样本维度被横向切分，并分散在不同数据拥有者中的场景。下面介绍最常用的横向联邦学习架构——客户-服务器（client-server），并以此为基础介绍最常用的横向联邦学习算法——联邦平均（Federated Averaging，FedAvg）算法。最后，将分析横向联邦学习中的隐私风险和解决方案。

这里使用 8.1 节中的符号，定义横向联邦学习问题的优化目标：

$$\min_{\theta} L(\theta) = \sum_{i=1}^{N} L_i(\theta) = \sum_{i=1}^{N} \frac{1}{|\mathbb{D}_i|} \sum_{j=1}^{|\mathbb{D}_i|} l(\boldsymbol{x}_i^{(j)}, y_i^{(j)} \theta), \tag{8-1}$$

式中，$\theta$ 为可训练的模型参数；$L(\theta)$ 为全局的优化目标；$L_i(\theta) = \frac{1}{|\mathbb{D}_i|} \sum_{j=1}^{|\mathbb{D}_i|} l(\boldsymbol{x}_i^{(j)}, y_i^{(j)}; \theta)$ 为基于参与方 $i$ 的数据的优化目标；$l(\boldsymbol{x}, y; \theta)$ 为损失函数。

### 8.2.1 横向联邦学习架构、训练与推理

最常用的横向联邦学习架构为客户-服务器架构，如图 8-4 所示。以下将基于该架构介绍横向联邦学习的训练和推理过程。

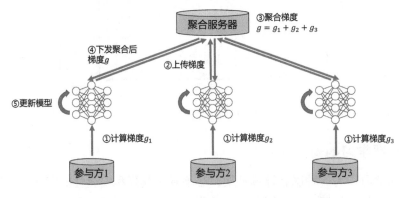

**图 8-4  横向联邦学习的客户-服务器架构及训练过程[136]**

## 1. 横向联邦学习的训练

客户-服务器架构基于目前最常用的优化算法——梯度下降法，对式 (8-1) 进行优化，具体步骤如下：

① 各参与方基于一个批次（batch）$B$ 的本地数据计算梯度 $g_i = \frac{1}{|B|} \nabla_\theta \sum_{x,y \in B} l(x, y; \theta)$；

② 各参与方将 $g_i$ 上传至聚合服务器；

③ 聚合服务器对梯度进行聚合（例如求和 $g = \sum_{i=1}^{N} \frac{1}{g_i}$）；

④ 聚合服务器将梯度下发给参与方；

⑤ 各参与方基于梯度 $g$，通过梯度下降更新模型。

在第 ② 步中，当参与方将 $g_i$ 上传至服务器时，参与方可以使用隐私保护技术对其 $g_i$ 进行保护（详见 8.2.3 节）。以上过程将迭代执行，直到损失函数 $L(\theta)$ 收敛。在训练完成后，所有参与方将共享相同的模型参数 $\theta$。在获得参数 $\theta$ 后，每个参与方还可以对模型进行微调，以适应其本地的数据分布，得到更好的性能。

## 2. 横向联邦学习的推理

在横向联邦学习中，所有参与方共享相同的数据特征空间。因而，每一个参与方都拥有完整的模型，可以独立地对新数据进行推理。在应用模型进行预测任务时，每个参与方基于其本地接受的数据，使用其模型在参与方本地进行推理。

在模型推理时，还需要保证被推理数据对模型拥有方的隐私，即模型拥有者无法获得被推理的数据[46, 82, 145]。此时，我们需要对输入数据进行同态加密、秘密共享等保护措施，并且在密文上进行模型推理。此时，我们可以借助于诸如 GAZELLE[82] 的高效安全推理算法。此类算法往往综合使用混淆电路、同态加密等密码学技术以实现快速、隐私的模型推理。

## 8.2.2 联邦平均算法

在基于客户-服务器架构的横向联邦学习中，一个实际问题在于通信开销往往比较大。例如，在跨设备联邦学习中，服务器与参与方（智能手机）之间的通信往往需要依赖移动网络，其带宽可能比较小，且网络连接不稳定，参与方需要很长时间进行梯度的上传和下载，甚至出现掉线问题。面对以上困难，谷歌的 H. Brendan McMahan 等人提出联邦平均（Federated Averaging，FedAvg）算法[146] 以减少横向联邦学习的通信代价。

联邦平均算法基于一个简单的直觉来优化横向联邦学习的通信代价：可以增加各参与方的本地计算，以减少模型收敛所需的通信轮次。具体来说，相比于 8.2.1 节中的每一批次数据传输一次梯度，联邦平均算法采取每 $S$ 次遍历局部数据后传输一次"梯度"的通信策略。假设当前模型参数为 $\theta^{(t)}$，批次大小为 $b$，学习率为 $\eta$，则联邦平均算法的步骤如下：

① 各参与方将本地数据 $\mathbb{D}_i$ 划分为大小为 $b$ 的批次；

② 对每一批次 $B$，参与方进行参数更新 $\theta_i^{(t)} \leftarrow \theta_i^{(t)} - \frac{\eta}{b}\sum_{\boldsymbol{x},y \in B}\nabla_\theta l(\boldsymbol{x}, y; \theta_i^{(t)})$，直至遍历 $S$ 次本地数据集 $\mathbb{D}_i$；

③ 各参与方将更新后参数 $\theta_i^{(t)}$ 发送至聚合服务器；

④ 聚合服务器对模型参数进行加权平均 $\theta^{(t+1)} = \sum_{i=1}^N w_i \theta_i^{(t)}$，其中 $w_i$ 由各本地数据集大小计算得出；

⑤ 聚合服务器将 $\theta^{(t+1)}$ 下发给参与方。

不难得出，联邦平均算法将通信频率降低了 $\frac{S|\mathbb{D}_i|}{M}$ 倍。文献 [146] 实验表明，虽然联邦平均算法需要更多的计算才能收敛，但是考虑到通信开销远大于计算开销，联邦平均算法仍然能够通过降低通信频率，来提升横向联邦学习的效率。

### 8.2.3 横向联邦学习的隐私安全性

本节将对横向联邦学习的隐私安全性进行介绍，包括隐私风险、隐私安全性定义，以及实现方案与优化。

在早期的横向联邦学习中，一般假设梯度或模型参数不会泄露隐私数据的信息，只要数据不出本地，便被认为满足了隐私保护要求。因此，在横向联邦学习的发展早期，一般不对梯度或模型参数进行保护。然而，一系列工作[111, 147, 148] 表明，从梯度或模型参数中推测甚至精确重建训练数据是可能的。

以 8.2.1 节的客户-服务器架构为例，在横向联邦学习中，往往假设参与方都是诚实（honest）的，不会尝试窃取其他参与方的隐私数据。需要防范的对象是聚合服务器，一般假设为半诚实的（semi-honest）或者称为诚实但好奇的（honest-but-curious）参与方，即参数服务器会按照定义执行参数聚合，但是可能会尝试窃取参与方的隐私数据。

基于以上假设，文献 [111] 提出了基于梯度的深度泄露（Deep Leakage from Gradients, DLG）算法，通过优化真实梯度与模拟梯度之间的距离来重建输入数据。具体来说，DLG 算法的优化目标为

$$\min_{\boldsymbol{x}', y'}\|\nabla_\theta l(\boldsymbol{x}', y'; \theta) - \nabla_\theta l(\boldsymbol{x}, y; \theta)\|^2, \tag{8-2}$$

式中，$\boldsymbol{x}, y$ 为真实数据；$\theta$ 为当前模型参数；$\boldsymbol{x}', y'$ 为待优化的数据特征和标签。文献 [111] 用实验证明了对于二阶光滑的模型和单步梯度更新，DLG 算法能够精确地重建输入数据。文献 [148] 基于 DLG 算法进一步改进了重建算法，提出优化模拟梯度与真实梯度之间的余弦距离，而非 $L^2$ 距离以重建数据，并且实验证明该

方法对多步梯度更新同样有效。因此，不加保护地传输横向联邦学习的中间信息（例如梯度、模型参数等）具有隐私泄露的风险。

针对此类隐私风险，谷歌团队在文献 [44] 中定义横向联邦学习在半诚实聚合服务器下的安全性如下：

**定义 8.1**（横向联邦学习的半诚实安全性[44]）．记服务器为 $\mathcal{S}$，参与方集合为 $\mathcal{U}$，每个参与方的待聚合输入为 $g_u$。定义任意一方（包括 $\mathcal{S}, u \in \mathcal{U}$）的视角（view）包括其所有内在状态（例如本地计算结果以及随机数状态等）和其接收到的信息（例如其他参与方发来的、保护后的输入 $[[g_u]]$）。给定参与方数量阈值 $t$，如果在执行某个聚合协议时，$\mathcal{S}$ 与任意少于 $t$ 个参与方 $\mathcal{U}' \subset \mathcal{U}$ 的联合视角，除所有参与方的聚合后结果之外，无法泄露有关其他参与方输入 $g_u, u \in \mathcal{U} - \mathcal{U}'$ 的任何信息，则称该聚合协议在阈值 $t$ 下满足半诚实安全性。

对该定义给出以下注解：

- 在横向联邦学习中，参与方与聚合服务器交换的信息既可以是梯度，也可以是其他信息。定义 8.1 并不对交换的信息进行假设，因而满足定义 8.1 的横向联邦学习协议一定可以防止如上所述的梯度泄露，因为此时服务器甚至无法知道其他参与方的梯度信息；

- 在该定义中，事实上考虑了聚合服务器与参与方共谋的情况，即聚合服务器可以获取特定参与方的内部状态（例如，真实的梯度信息 $g_u$ 而非保护后的梯度信息）。因此，定义 8.1 包含了服务器不与参与方共谋的一般情形（令 $t = 0$）；

- 证明一个横向联邦学习协议符合定义 8.1 的一种方式是证明"不可区分性"，即任意可以由 $\mathcal{S}$ 和少于 $t$ 个参与方 $\mathcal{U}'$ 的联合视角计算得出的结果也可以由 $\mathcal{U}'$（不包含 $\mathcal{S}$）不可区分地计算得出。从而可以直观地理解为，$\mathcal{S}$ 学到的所有信息都包含在 $\mathcal{U}'$ 中，而不能学到除此之外的信息；

为了满足定义 8.1，一系列工作提出使用隐私保护技术对横向联邦学习进行保护。在此简要介绍两种方法，分别基于秘密共享和同态加密。此外，由于严格实现定义 8.1 往往需要很大的额外计算或通信开销，还可以适当弱化定义 8.1，并使用差分隐私实现隐私保护，本章也将对其进行介绍。

1. 基于秘密共享的安全参数聚合

在横向联邦学习采用的客户-服务器模型中，服务器被认为具有能力窃取用户隐私数据。因此，一个直观的想法是，可以让所有参与方执行秘密共享协议，将聚合后的梯度 $g$ 视为秘密，各参与方梯度 $g_i$ 视为秘密共享的部分。如此一来，服务器将只能获得聚合后梯度 $g$ 而无法学到单一参与方的梯度 $g_i$。由于聚合后梯度 $g$

包含了众多参与方的信息，因此已经不能够用于推测特定参与方的隐私数据，从而满足定义 8.1。可以通过秘密共享保证横向联邦学习的隐私性。本节将介绍一种基于秘密共享的安全参数聚合方案，它在为横向联邦学习提供安全保护的同时，充分考虑了横向联邦学习的实际挑战，并加以灵活解决。

横向联邦学习的一个重要应用场景是跨设备联邦学习，例如谷歌利用存储于安卓智能手机的用户数据，在用户数据不离开手机的前提下训练机器学习模型。在这类应用场景中，参与方一般是通过无线网络相连的智能手机，这不仅需要对传输的内容进行保护（每个参与方的数据都直接与对应用户的隐私相关），也带来了一系列的实际问题：

- 因为训练模型需要消耗电力，所以只能使用电量充足的设备参与训练；
- 因为通信过程依赖于慢速、不稳定的无线网络，所以客户可能会频繁地掉线；

以上问题造成每一轮次参与训练的客户都是不可预测的。不能假设总是有固定的参与方集合参与秘密共享。基于以上需求，谷歌团队设计了一个对参与方退出鲁棒的秘密共享协议[44]，在此进行简要的介绍。

该协议假设有 $N$ 个参与方和一台服务器。每个参与方拥有一个参数向量 $x_i \in \mathbb{Z}_R^m, i = 1, \cdots, N$，其中 $\mathbb{Z}_R$ 为以 $R$ 为生成元的有限域。协议的目的是计算 $\sum_{i=1}^N x_i$，且保证服务器无法得知任意参与方 $i$ 的 $x_i$。基于半诚实假设，在此不考虑参与方之间互相推测隐私的情况；不失一般性地，不考虑参数聚合的权重。

该协议的思想非常简单，即可以设计互相抵消的掩码用以掩盖单一参与方的值，但不影响最终的求和结果。具体地说，如果令 $s_{i,j}$ 为参与方 $i, j$ 之间协商的一个随机向量，那么令

$$y_i = x_i + \sum_{j>i} s_{i,j} - \sum_{j<i} s_{j,i} \mod R, \tag{8-3}$$

不难得出

$$\sum_{i=1}^N y_i = \sum_{i=1}^N \left( x_i + \sum_{j>i} s_{i,j} - \sum_{j<i} s_{j,i} \right). \tag{8-4}$$

不失一般性地，对特定参与方对 $i < j$，$s_{i,j}$ 在 $y_i$ 中以正号出现，在 $y_j$ 中以负号出现，因而互相抵消，$\sum_{i=1}^N y_i = \sum_{i=1}^N x_i$。但这一掩码方案无法处理参与方掉线的情况，因为一旦参与方 $i$ 掉线，$s_{i,j}$ 就无法互相抵消。为解决这个问题，该文献提出通过伪随机数生成器（Pseudo Random Number Generator，PRG）生成所有的 $s_{i,j}$，并且使用阈值秘密共享方案在所有参与方之间共享随机数种子。使用 $(t, N)$ 阈值秘密共享方案，只要所有 $N$ 个参与方中至少有 $t$ 个在线，就可以恢复出随机数种子，进而恢复出所有的 $s_{i,j}$。以上是对文献 [44] 所提出协议的简要介绍，如果对所使用的秘密共享协议感兴趣，可以参阅本书 2.4 节。

### 2. 基于同态加密的参数聚合

同样可以使用同态加密的方式对参数进行聚合。给定各参与方的梯度 $g_i, i = 1, \cdots, N$，可以先对其进行同态加密后上传给服务器。服务器在无法解密的情况下对其进行聚合，再返还给参与方，参与方解密后进行更新。由于服务器无法观测到明文梯度，而同态加密的密文在定义上也满足不可区分性，从而该方案满足定义 8.1。然而，此类方法需要严格的密钥管理（统一生成并发放公钥、私钥等），因而无法运用于参与方众多且不稳定的跨设备场景。相对应地，由于跨机构场景中参与方数量少且能够持续在线，同态加密方案在此就更加适合。

然而，同态加密后的密态运算和密文传输仍然会带来巨大的额外开销。在以同态加密实现的横向联邦学习中，80% 的计算时间被用于加解密上，且密文的大小比明文大了大约 150 倍[149]。为了缓解以上开销，香港科技大学的王威教授团队提出批加密法（BatchCrypt）[149] 以进行改进。

BatchCrypt 的思想同样非常直观：模型梯度一般以 32 位浮点数表达，加密后，每个浮点数一般长 2048 位，其大小扩大 64 倍。但是如果将 $k$ 个浮点数压缩为一个数再加密，密文长度同样为 2048 位，就能实现 $k$ 倍的加速。基于以上思想，BatchCrypt 将 $b$ 个浮点数梯度值量化（quantization）为低位数带符号整数后，将其打包为一个批次（Batch），编码为一个长整数再加密。为了让在量化、打包和编码过程中维持同态加密的可加性，批加密法同时设计了基于 2-补码的编码方案，以编码带符号整数。此外，为了在量化时确定最优的量化范围，批加密法提出了分布式的分析裁剪法（dACIQ）。实验证明，在跨机构联邦学习场景中，批加密法相比于直接使用 Paillier 同态加密算法，效率可提升 23 ~ 93 倍，通信量减少 66 ~ 101 倍，且由于量化导致的模型精度损失低于 1%。感兴趣的读者可以参阅文献 [149]。

### 3. 基于差分隐私的横向联邦学习

定义 8.1 是非常强的定义，一般只能通过密码学工具（例如上文提到的同态加密、秘密共享）实现，而这些工具往往需要大量额外的时间开销。在实际应用中，为了获得更好的计算/通信效率，也可以通过差分隐私实现定义 8.1 的弱化情况。下面将对其进行介绍。

（1）数据级别的差分隐私保护。 一个直观的想法是借助本书 6.4.2 节和文献 [106] 所介绍的 DPSGD 算法，对每一条数据进行满足定义 6.4 的差分隐私保护。然而，DPSGD 需要加入的噪声往往过大，以至于会严重影响训练模型的精度（详见 3.1 节）。

（2）参与方级别的差分隐私保护。 如上文所述，实现数据级别的差分隐私保护会导致模型精度大幅下降，因此研究者也提出参与方级别的差分隐私保护，即根据定义 6.4，对一个参与方上传给聚合服务器的梯度信息 $g_i$ 进行差分隐私保护。如此实现的隐私性可以直观地理解为，任意两个参与方上传的信息（例如梯度 $g_i$）在分布上相近（参见定义 6.4），从而在概率意义上难以分辨不同参与方的梯度信息及数据，从而保护参与方级别的隐私。感兴趣的读者可以参阅文献 [150, 151]。

## 8.3 纵向联邦学习

本节介绍纵向联邦学习。如图 8-2 所示，纵向联邦学习适用于各参与方拥有相同用户，但数据特征不同的情况。例如，银行机构可以与电商平台合作，利用用户的购买记录补充其经济信息，从而更全面地建模和评估用户的信用情况。纵向联邦学习可以理解为一个数据表格沿着纵向被切分，并分散于不同的数据拥有者。下面将介绍纵向联邦学习的常用架构，并介绍常用的纵向联邦学习算法。

### 8.3.1 纵向联邦学习架构、训练与推理

不失一般性地，以两方参与的纵向联邦学习为例，说明纵向联邦学习的架构。假设有两家企业 A、B 想要利用其拥有的不同数据特征训练模型。然而，它们之间不能直接交换数据。因此，在纵向联邦学习中，往往会引入一个可信的第三方 C 来协调多方之间的合作训练。一般假设第三方 C 是诚实的，即它会准确地执行纵向联邦学习算法，且不会尝试窃取参与方 A、B 的隐私数据；对应地，一般假设参与方 A、B 都是半诚实或诚实但好奇的，即它们会尝试窃取对方的隐私数据。这一假设是合理的，因为可信第三方的角色往往可以由权威机构（例如政府机构）或者受信任的计算服务提供商扮演，而参与方 A、B 可能会出于商业利益而尝试互相窃取隐私数据。

一个常用的纵向联邦学习架构如图 8-5 所示。纵向联邦学习一般由两步构成：

- **样本对齐**，指两方在不交换数据样本的情况下，获取两方共同拥有的数据样本（例如用户）。可以使用 10.1 节介绍的秘密求交集技术[152, 153]；
- **模型训练**，指两方基于对齐后的共同样本，协同进行模型训练。

模型训练完成后，各参与方可以联合应用所训练的模型对新数据进行推理。以下将详细阐述纵向联邦学习的训练和推理过程。

1. 纵向联邦学习训练

纵向联邦学习的模型训练过程可以被分为四步：

① **分发密钥**，即可信第三方 C 生成必需的密钥并分发给参与方 A、B；

② **交换中间结果**，参与方 A、B 基于当前模型计算中间结果，加密后进行交换。中间结果将被用于计算损失函数并更新模型；

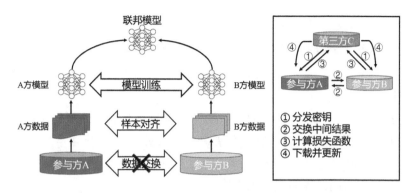

图 8-5　纵向联邦学习架构及训练过程[136]

③ **计算损失函数**，参与方 A、B 将中间结果上传给第三方 C，第三方 C 计算损失函数和更新模型所需信息（例如梯度）；

④ **下载并更新**，参与方 A、B 从第三方 C 下载更新模型所需信息并进行本地更新。

**2. 纵向联邦学习推理**

在纵向联邦学习中，由于不同参与方拥有的特征不同，所以每个参与方只拥有对应其特征的部分模型，无法独立进行推理，需要依赖其他所有参与方进行推理。基于图 8-5 的架构，纵向联邦学习的推理过程如下：

- 第三方将需要预测的数据 ID（例如用户 ID 等）发送给参与方 A 和 B；
- 参与方 A、B 分别对数据进行推理，计算中间结果；
- 参与方 A、B 将中间结果上传至第三方 C，第三方 C 聚合各方的中间结果，返回推理结果。

在该推理过程中，属于参与方 A 的数据不会被暴露给参与方 B，反之亦然。需要注意的是，在推理过程中，当所有参与方交换中间结果时，需要对交换的中间结果进行隐私保护，例如以同态加密或者秘密共享的形式进行交换[46, 145]。

## 8.3.2　纵向联邦线性回归

下面以一个常用的纵向联邦学习算法——纵向联邦线性回归[136] 为例介绍纵向联邦学习的训练和推理流程。假设参与方 A 拥有数据集 $\mathbb{D}_A = \{\boldsymbol{x}_A^{(j)}\}_{j=1}^N$，参与方 B 拥有数据集 $\mathbb{D}_B = \{\boldsymbol{x}_B^{(j)}, y^{(j)}\}_{j=1}^N$。使用 $\theta_A, \theta_B$ 表示参与方 A 和 B 的模型参数，使用 $\lambda, \eta$ 表示正则化参数和学习率，则纵向联邦线性回归的目标函数可以表示为

$$\min_{\theta_A, \theta_B} L = \sum_{j=1}^N \|\theta_A^\top \boldsymbol{x}_A^{(j)} + \theta_B^\top \boldsymbol{x}_B^{(j)} - y^{(j)}\|^2 + \frac{\lambda}{2}\left(\|\theta_A\|^2 + \|\theta_B\|^2\right). \tag{8-5}$$

**1. 纵向联邦线性回归的训练**

为了描述纵向联邦线性回归的训练过程，额外约定如下记号：

- 令 $u_A^{(j)} = \theta_A^\top \boldsymbol{x}_A$，$u_B^{(j)} = \theta_B^\top \boldsymbol{x}_B^{(j)}$ 表示样本 $\boldsymbol{x}_A^{(j)}, \boldsymbol{x}_B^{(j)}$ 由参与方 A、B 计算得出的中间结果；

- 令 $d^{(j)} = u_A^{(j)} + u_B^{(j)} - y^{(j)}$ 表示数据样本 $\boldsymbol{x}_A^{(j)}, \boldsymbol{x}_B^{(j)}, y^{(j)}$ 的预测误差；

- 令 $L_A = \sum_j (u_A^{(j)})^2 + \frac{\lambda}{2}\|\theta_A\|^2$，$L_B = \sum_j (u_B^{(j)} - y^{(j)})^2 + \frac{\lambda}{2}\|\theta_B\|^2$，$L_{AB} = 2\sum_j u_A^{(j)}(u_B^{(j)} - y^{(j)})$ 分别为参与方 A、B 独立计算的损失函数值，以及参与方 A 和 B 共同计算的损失函数值。

可以发现 $L = L_A + L_B + L_{AB}$，且可以计算损失函数 $L$ 对 $\theta_A, \theta_B$ 在数据样本 $\boldsymbol{x}_A^{(j)}, \boldsymbol{x}_B^{(j)}, y^{(j)}$ 上的梯度：

$$\frac{\partial L}{\partial \theta_A} = 2\sum_j d^{(j)} \boldsymbol{x}_A^{(j)} + \lambda\theta_A, \tag{8-6}$$

$$\frac{\partial L}{\partial \theta_B} = 2\sum_j d^{(j)} \boldsymbol{x}_B^{(j)} + \lambda\theta_B. \tag{8-7}$$

然而，$d_j$ 的计算需要参与方 A、B 在不交换数据的情况下合作完成。因此，引入可信第三方 C 通过同态加密的方式完成 $d^{(j)}$ 的计算以及损失函数、梯度的计算。

使用 $[\![\cdot]\!]$ 表示同态加密，则一种使用同态加密完成的纵向联邦线性回归训练算法如下：

- 参与方 A、B 初始化参数 $\theta_A, \theta_B$，第三方 C 创建公私钥，将公钥分发给参与方 A、B；

- 当损失函数 $L$ 值未收敛时迭代：

  (a) 参与方 A 计算 $[\![u_A^{(j)}]\!], [\![L_A]\!]$，发送给参与方 B；
  参与方 B 计算 $[\![u_B^{(j)}]\!], [\![d^{(j)}]\!] = [\![u_A^{(j)}]\!] + [\![u_B^{(j)}]\!] - [\![y^{(j)}]\!], [\![L]\!]$，将 $[\![L]\!]$ 发送给第三方 C，将 $[\![d^{(j)}]\!]$ 发送给参与方 A；

  (b) 参与方 A 计算 $[\![\frac{\partial L}{\partial \theta_A}]\!]$，参与方 B 计算 $[\![\frac{\partial L}{\partial \theta_B}]\!]$，并发送给第三方 C；

  (c) 第三方 C 解密 $\frac{\partial L}{\partial \theta_A}, \frac{\partial L}{\partial \theta_B}$ 并分别发送给参与方 A、B；同时第三方 C 解密 $[\![L]\!]$ 并决定是否继续训练；

  (d) 参与方 A、B 更新 $\theta_A, \theta_B$。

**2. 纵向联邦线性回归的推理**

在模型训练完毕后，参与方 A、B 分别拥有部分参数 $\theta_A, \theta_B$。对输入数据 $\boldsymbol{x}_A, \boldsymbol{x}_B$ 进行推理时，参与方 A、B 分别对 $\boldsymbol{x}_A, \boldsymbol{x}_B$ 计算得到 $u_A, u_B$，上传给第三方 C，第三方 C 返回 $u_A + u_B$ 为预测结果。此处，由于只有与第三方 C 的中间结果交换，而没有 A、B 参与方之间的交换，所以无须对 $u_A, u_B$ 进行加密。

### 8.3.3 纵向联邦学习的隐私安全性

文献 [145] 提出了一种两方情况下的联邦学习安全性定义。本节使用该定义讨论纵向联邦线性回归的安全性。

**定义 8.2（两方联邦学习的半诚实安全性）.** 给定半诚实参与方 A、B，且两者不共谋（即，至多有一个参与方想要推测对方隐私信息）。对于任意输入 $(I_A, I_B)$ 和协议 $P$ 使得 $(O_A, O_B) = P(I_A, I_B)$，$P$ 对半诚实参与方 A 安全当且仅当有无穷对 $(I'_B, O'_B)$ 满足 $(O_A, O'_B) = P(I_A, I'_B)$。类似地，也可以定义 $P$ 对 B 的半诚实安全性。

下面基于定义 8.2 分析纵向联邦线性回归算法的隐私安全性。

- 根据假设，由于第三方 C 为诚实的，因而无须考虑第三方 C 窃取隐私信息的可能性；如果第三方 C 为半诚实的，则可以通过加入随机掩码 $R_A, R_B$，参与方 A、B 分别上传 $[[\frac{\partial L}{\partial \theta_A}]] + [[R_A]]$ 和 $[[\frac{\partial L}{\partial \theta_B}]] + [[R_B]]$ 的方式确保第三方 C 无法窃取隐私信息；

- 以参与方 B 为例，分析该算法对半诚实参与方的隐私性。对参与方 B 而言，在每一训练轮次中，它都会得到明文的梯度 $\frac{\partial L}{\partial \theta_B} = (u_A^{(j)} + u_B^{(j)} - y^{(j)})x_B^{(j)}$（在此省略 $\lambda\theta_B$，因为该项不涉及参与方 A 的隐私）。由此，参与方 B 可以计算 $u_A^{(j)}$ 的值，然而由于 $u_A^{(j)} = \theta_A^\top x_A^{(j)}$，等号右侧的内积项均为未知数，因而无法求解任意一个。从而，该算法符合定义 8.2，对半诚实参与方都具有隐私性。

- 在推理过程中，参与方 A 只能获得 $x_A$，参与方 B 只能获得 $x_B$，也没有额外中间结果交换，无法获得对方的数据。

需要注意的是，纵向联邦学习算法，包括训练、推理和安全性的分析都会随着模型形式的不同而变化。常用的纵向联邦学习算法还包括以梯度提升树（Gradient Boosting Decision Tree，GBDT）为基础的 SecureBoost、VF2Boost[45, 46, 154] 等。此外，即使是纵向联邦线性回归算法，也可以使用秘密共享协议实现（见 2.4 节和文献 [155]）。限于篇幅，本节无法一一加以介绍，感兴趣的读者可以参阅相应参考文献。

## 8.4 联邦迁移学习

在前面的章节中，分别介绍了横向联邦学习和纵向联邦学习。这两者分别需要具备对齐的特征空间和对齐的用户/样本空间，但这在实际应用中往往是无法满足的。相反，各个参与方拥有的数据集可能具有如下特点：

- 只有很少的重叠样本和特征；

- 数据量规模差异很大；
- 数据分布差异很大，无法使用同一个模型进行建模。

为了解决以上问题，联邦学习可以与迁移学习（Transfer Learning, TL）[156, 157]结合，使其能够应用于数据特征空间不同、数据特征分布差异大、重叠样本或特征少等场景。本节将以文献 [145] 为例，简单介绍联邦学习如何结合迁移学习，并分析其训练、推理过程及其安全性。对迁移学习更详尽的讨论请参见参考相关文献[156] 和专著[157]。

### 8.4.1　迁移学习简介

机器学习往往基于独立同分布假设（Independent and Identically Distributed, I.I.D.），即训练使用数据和测试使用数据遵循相同的分布。当这一假设不满足时，机器学习模型的性能往往会大幅下降。例如，使用英语字符训练的文本识别模型可以在英语字符上取得好的性能，但是如果将其用于识别汉字，由于汉字的字符比英语字符复杂得多，模型一定无法获得好的性能。虽然英语字符和汉字字符虽然在整体上差异很大，但是它们都是由共同的基本笔画（横、竖、点等）构成的；而且，根据人类认知的经验，认识汉字的人往往也能够轻松地记忆英语字符。基于以上两点可以认为，英语字符和汉字字符之间存在共同点，可以使用英语字符辅助训练识别汉字字符的模型，反之亦然。

以上例子简单地说明了迁移学习的概念。具体地说，迁移学习的目标在于利用一个领域（简称为域，Domain）中的知识辅助学习另一个域上的任务。称前者为源域（Source Domain），后者为目标域（Target Domain）。迁移学习的重点在于从源域中识别可以利用到目标域的知识，即在源域和目标域中保持不变的知识。举一个专著[157] 中的例子，大陆和香港分别采用"左驾右行"和"右驾左行"的汽车驾驶方式，即便是一个来自大陆的有经验的驾驶员，一开始在香港驾驶汽车也会短暂地无所适从。然而，不管是哪种驾驶方式，都遵循一条规则，即驾驶员离道路中心更近。这条规则就是大陆和香港开车这两个域中保持不变的知识。

根据迁移知识的不同，迁移学习可以分为基于样本（instance）的、基于特征（feature）的和基于模型（model）的。感兴趣的读者请参阅关于迁移学习的专著[157]。

### 8.4.2　联邦迁移学习算法训练和推理

在 8.1 节中提到，联邦迁移学习不对参与方的样本空间、特征空间等做任何假设（当然，需要保证不同参与方之间存在共通的、可以迁移的知识）。这意味着在不同的应用场景下，联邦迁移学习算法可以有非常大的差异。在本节中，以文

献 [145] 为例，简要介绍一种联邦迁移算法的训练、推理过程及隐私安全性。

文献 [145] 考虑的场景如下：参与方 A 为源域，拥有数据 $\mathbb{D}_\mathrm{A} = \{\boldsymbol{x}_\mathrm{A}^{(j)}, y_\mathrm{A}^{(j)}\}_{j=1}^{N_\mathrm{A}}$，参与方 B 为目标域，拥有数据 $\mathbb{D}_\mathrm{B} = \{\boldsymbol{x}_\mathrm{B}^{(j)}\}$。首先假设参与方 A 和 B 有一个重叠的样本集合 $\mathbb{D}_\mathrm{AB} = \{\boldsymbol{x}_\mathrm{A}^{(k)}, \boldsymbol{x}_\mathrm{B}^{(k)}\}_{k=1}^{N_\mathrm{AB}}$，这一集合往往大小有限，无法支持纵向联邦学习。然后假设参与方 A 拥有参与方 B 数据的一些标签 $\mathbb{D}_c = \{\boldsymbol{x}_\mathrm{B}^{(j)}, y_\mathrm{A}^{(j)}\}_{j=1}^{N_c}$。最后假设一个二分类问题，即 $y \in \{-1, 1\}$。目标在于学习一个分类器，能够对参与方 B（即目标域）的数据进行正确的分类。

基于以上设定，文献 [145] 首先设计神经网络模型 $\mathrm{Net}_{\theta_\mathrm{A}}, \mathrm{Net}_{\theta_\mathrm{B}}$ 对参与方 A、B 的数据进行特征提取：

$$\boldsymbol{u}_\mathrm{A}^{(i)} = \mathrm{Net}_{\theta_\mathrm{A}}(\boldsymbol{x}_\mathrm{A}^{(i)}) \in \mathbb{R}^d, \tag{8-8}$$

$$\boldsymbol{u}_\mathrm{B}^{(i)} = \mathrm{Net}_{\theta_\mathrm{B}}(\boldsymbol{x}_\mathrm{B}^{(i)}) \in \mathbb{R}^d, \tag{8-9}$$

式中，$d$ 为特征维度；$\theta_\mathrm{A}, \theta_\mathrm{B}$ 为神经网络参数。此外，为了对数据进行分类，需要设计基于特征 $\boldsymbol{u}$ 的预测函数 $\varphi$。文献 [145] 设计的预测函数形式为

$$\varphi(\boldsymbol{u}_\mathrm{B}^{(i)}) = \frac{1}{N_\mathrm{A}} \sum_{j=1}^{N_\mathrm{A}} y_\mathrm{A}^{(j)} (\boldsymbol{u}_\mathrm{A}^{(j)})^\top \boldsymbol{u}_\mathrm{B}^{(i)}. \tag{8-10}$$

可以理解为，基于目标域特征 $\boldsymbol{u}_\mathrm{B}^{(i)}$ 与源域特征 $\boldsymbol{u}_\mathrm{A}^{(j)}$ 的相似度对源域标签 $y_\mathrm{A}^{(j)}$ 进行加权求和。

文献 [145] 提出如下损失函数用于训练模型：

首先，基于目标域标签集合 $\mathbb{D}_c$，最小化目标域的标签损失：

$$L_1 = \sum_{i=1}^{N_c} l_1\left(y_\mathrm{A}^{(i)}, \varphi\left(\boldsymbol{u}_\mathrm{B}^{(i)}\right)\right), \tag{8-11}$$

式中，$l_1(y, \varphi) = \log(1 + \exp(-y\varphi))$ 为二分类 Logistic 损失函数。

其次，文献 [145] 希望在源域 A 和目标域 B 之间提取出可以共享的特征，因而设计对齐损失函数为

$$L_2 = \sum_{i=1}^{N_\mathrm{AB}} l_2\left(\boldsymbol{u}_\mathrm{A}^{(i)}, \boldsymbol{u}_\mathrm{B}^{(i)}\right), \tag{8-12}$$

式中，$l_2$ 为一个衡量距离的损失函数，可以取内积距离、欧氏距离等。以欧氏距离 $l_2(\boldsymbol{x}, \boldsymbol{y}) = \frac{1}{2}\|x - y\|^2$ 为例，对神经网络参数 $\theta_\mathrm{A}, \theta_\mathrm{B}$ 加以一定正则化损失 $L_3 = \frac{1}{2}(\|\theta_\mathrm{A}\|^2 + \|\theta_\mathrm{B}\|^2)$。

最终，模型参数将通过如下目标进行优化：

$$\min_{\theta_\mathrm{A}, \theta_\mathrm{B}} L = L_1 + \gamma L_2 + \lambda L_3. \tag{8-13}$$

### 1. 联邦迁移学习模型训练

通过梯度下降法优化式 (8-13) 需要对该式求梯度，但问题在于，基于同态加密或秘密共享的隐私保护技术往往只能支持加法和乘法操作，但对 $l_1 = \log(1 + \exp(-y\varphi))$ 求导需要求指数和对数操作。文献 [145] 提出对 $l_1$ 通过泰勒多项式进行近似：

$$l_1(y,\varphi) \approx l_1(y,0) + \frac{1}{2}C(y)\varphi + \frac{1}{8}D(y)\varphi^2, \tag{8-14}$$

式中，$C(y) = -y, D(y) = y^2$。基于式 (8-14)，可以近似式 (8-13) 如下：

$$
\begin{aligned}
L = \sum_{i=1}^{N_c} &\left[ l_1\left(y_A^{(i)}, 0\right) + \frac{1}{2}C\left(y_A^{(i)}\right)\varphi\left(\boldsymbol{u}_B^{(i)}\right) \right. \\
&\left. + \frac{1}{8}D\left(y_A^{(i)}\right)\varphi\left(\boldsymbol{u}_B^{(i)}\right)^2 \right] \\
&+ \gamma L_2 + \lambda L_3.
\end{aligned}
\tag{8-15}
$$

从中容易求出 $\frac{\partial L}{\partial \theta_A}, \frac{\partial L}{\partial \theta_B}$，其中每一项都可以由矩阵乘法和加法进行计算。

基于该联邦迁移学习模型和近似方案，文献 [145] 设计了两套协议用于训练联邦迁移学习模型，一种基于同态加密，类似于 8.3.2 节中介绍的协议；另一种基于秘密共享。由于篇幅限制，本节只介绍基于同态加密的协议。感兴趣的读者可以参阅文献 [145] 了解基于秘密共享的协议。

具体地说，损失函数 $L = L_1 + \gamma L_2 + \lambda L_3$，则 $\frac{\partial L}{\partial \theta_A} = \frac{\partial L_1}{\partial \theta_A} + \gamma\frac{\partial L_2}{\partial \theta_A} + \lambda\frac{\partial L_3}{\partial \theta_A}$。其中，

- $\frac{\partial L_3}{\partial \theta_A} = \theta_A$ 可以在 A 方本地计算；
- $\frac{\partial L_2}{\partial \theta_A} = \sum_{i=1}^{N_{AB}}(\boldsymbol{u}_A^{(i)} - \boldsymbol{u}_B^{(i)})\frac{\partial \boldsymbol{u}_A^{(i)}}{\partial \theta_A}$，其中 $\boldsymbol{u}_B^{(i)}$ 需要 B 方以加密形式提供；
- 对 $L_1$ 中的 $\varphi(\boldsymbol{u}_B^{(i)}), \varphi(\boldsymbol{u}_B^{(i)})^2$ 求梯度需要来自 B 方的加密信息 $\boldsymbol{u}_B^{(i)}, \left(\boldsymbol{u}_B^{(i)}\right)^\top \boldsymbol{u}_B^{(i)}$。

参与方 B 计算梯度所需要的来自参与方 A 的信息可以类似分析，在此省略。基于以上分析，设计一个基于同态加密的联邦迁移学习训练算法：

- 参与方 A 和参与方 B 分别建立公私钥对，其加密操作分别以 $[[]]_A, [[]]_B$ 表示；
- 循环，直到损失函数 $L$ 收敛：
  - (a) A、B 方分别在本地运行神经网络 $\text{Net}_{\theta_A}, \text{Net}_{\theta_B}$，得到特征 $\boldsymbol{u}_A^{(i)}, \boldsymbol{u}_B^{(i)}$；
  - (b) A、B 方分别计算对方必需的中间结果并进行加密，发送给对方；例如，B 方需要计算并发送 $[[\boldsymbol{u}_B^{(i)}]]_B, \left[\left[\left(\boldsymbol{u}_B^{(i)}\right)^\top \boldsymbol{u}_B^{(i)}\right]\right]_B$ 给 A 方；
  - (c) A、B 方分别基于得到的密文中间结果，结合本地的明文结果计算密文梯度；例如，A 方基于 $[[\boldsymbol{u}_B^{(i)}]]_B, \left[\left[\left(\boldsymbol{u}_B^{(i)}\right)^\top \boldsymbol{u}_B^{(i)}\right]\right]_B$ 计算 $\left[\left[\frac{\partial L}{\partial \theta_A}\right]\right]_B$；

(d) A、B 方分别生成随机掩码 $m_A, m_B$，与计算得到的密文梯度相加后发送给对方；例如，A 方计算 $\left[\left[m_A + \frac{\partial L}{\partial \theta_A}\right]\right]_B$；

(e) A、B 方分别解密对方发来的带掩码密文梯度，并发回给对方；

(f) A、B 方在本地减去掩码并进行梯度下降更新。

此处，对梯度加以随机掩码的做法是为了防止基于梯度的攻击（8.2.3 节）。

### 2. 联邦迁移学习模型推理

模型训练完成后便可以对新数据进行推理。给定新数据 $x_B$，参与方 B 可以基于如下协议进行安全的推理：

- B 方计算 $u_B = \mathrm{Net}_{\theta_B}(x_B)$ 并发送 $[[u_B]]_B$ 给 A；
- A 方基于 $u_A^{(i)}, y_A^{(i)}$ 计算 $[[\varphi(u_B)]]_B$，并加上随机掩码得到 $[[\varphi(u_B) + m_A]]_B$；
- B 方解密得到 $\varphi(u_B) + m_A$，发送给 A 方；A 方减去掩码后发送给 B 方，完成推理。

### 8.4.3 联邦迁移学习的安全性

此处仍然沿用定义 8.2 的安全性，并论证只要所使用的同态加密协议是安全的，则 8.4.2 节介绍的联邦迁移学习的训练和推理协议都满足定义 8.2。

- 在训练过程中，所有收到的密文和经过随机掩码后的值（第 (a)-(e) 步）都可以认为不泄露任何隐私信息；对方的模型参数 $\theta$ 和数据都不泄露给对方；在训练过程中，以 A 方为例，其得到的明文值为本方的明文梯度 $\frac{\partial L}{\partial \theta_A}$，而该值由 $[[u_B^{(i)}]]_B,\left[\left[\left(u_B^{(i)}\right)^\top u_B^{(i)}\right]\right]_B$ 计算得到。只要决定 $u_B^{(i)} = \mathrm{Net}_{\theta_B}(x_B^{(i)})$ 的变量数量大于线性方程组的数量（A 方的模型参数数量），就无法唯一求解 $\theta_B, x_B^{(i)}$，即符合定义 8.2；

- 在推理过程中，同样可以认为所有收到的密文和经过随机掩码后的值不泄露任何隐私信息；A 方得到信息 $\varphi(u_B)$，但与训练过程的论述同理，仍然无法唯一求解 $\theta_B, x_B$，因而推理过程同样符合定义 8.2。

需要注意的是，联邦迁移学习由于几乎没有对场景的限制，所以存在很多种可能的算法[158-160]。限于本书篇幅，无法对其训练、推理和安全性进行详尽的论述。感兴趣的读者可以自行参阅对应文献。

## 8.5 联邦学习的应用场景

本节讨论联邦学习的应用场景。由于联邦学习涵盖了横向联邦学习、纵向联邦学习和迁移联邦学习等类别，因而具有非常广泛的应用场景。本节仅介绍一些具有代表性的应用，感兴趣的读者可以参阅专著[136]的第 8、10 章。

### 8.5.1 自然语言处理

深度学习,尤其是以循环神经网络(Recurrent Neural Network,RNN)为代表的序列模型广泛地被用于建模语言。与此同时,智能手机用户会通过输入法输入大量的语言。这些语言可以被用于训练自然语言处理模型,应用于情感分析、下一词预测等任务。由于用户通过智能手机输入的文本往往含有隐私信息,例如地理位置、收入状况、健康状况和种族等,因此联邦学习可以被用于对用户的输入文本进行建模,与此同时保护用户的隐私信息不被服务提供商窃取。

事实上,联邦学习最初的应用就在自然语言处理领域。谷歌作为安卓系统的开发者,通过谷歌移动服务(Google Mobile Service)为安卓智能手机提供服务,其中就包括了谷歌输入法(GBoard)。谷歌利用输入法数据,使用联邦学习训练并部署了针对大量任务的模型,例如:

(1)下一词预测(Next Word Prediction)。用于给用户可能输入的下一个词提供建议;

(2)词库外(Out-of-Vocabulary)单词学习与预测。词库外单词指的是不包含在谷歌词典中的单词,例如人名等。由于偏好的不同,不同用户常用的词库外单词也不同,且用户的词库外单词往往比词库内单词包含更多的隐私信息(例如住址、名字,甚至性别、收入水平等)。因此,词库外单词的学习与预测需要借助联邦学习。

(3)表情包(Emoji)推荐。当今人们往往会使用大量的表情包。对给定句子推荐恰当的表情包需要分析当前句子的情感,而这同样可能包含用户的隐私信息(例如健康状况、工作状况等),所以需要使用联邦学习。

对于此类应用感兴趣的读者可以参阅文献 [141, 142, 161]。

### 8.5.2 医疗

随着机器学习技术的进步,将其运用于医疗领域,例如健康检测、疾病诊断等任务是具有广阔前景的。例如,通过佩戴于用户身上的智能设备,例如手表等,可以获得用户的实时健康数据,并且可以基于神经网络模型检测用户的身体状况是否异常,并给予及时提醒。又例如,对于医学图像数据,可以使用卷积神经网络对其进行病灶识别、分割等,为医疗诊断提供帮助。

然而,在医疗数据上使用机器学习存在两大挑战。首先,获取高质量、带标注的医疗数据是困难的。例如,每幅带标签的医疗图像都需要医学专家诊断,而这是一个极度费时费力的过程。此外,医疗数据与患者隐私密切相关。如果患者的医疗数据被泄露,可能会导致患者在社交、工作等场合受到歧视。因而,医疗领域需要联邦学习，在保护患者医疗数据隐私的前提下，联合多家医疗机构获取更丰富的数据，进行高质量医学模型的训练。

来自英伟达（NVIDIA）、慕尼黑工业大学和帝国理工大学等机构的研究人员发表论文[162]，讨论了在数字医疗领域应用联邦学习的前景。文中提到，联邦学习有助于解决传统机器学习在医疗领域面临的数据孤岛（Data Silos）和隐私安全问题，有助于为将来的数字医疗提供可行的解决方案。文中同时提到，为了让联邦学习适用于医疗领域，一系列关键挑战仍急需解决，例如数据异质性（Data Heterogeneity）、隐私安全问题、可解释性和可问责性（accountability）等。目前，联邦学习在医疗领域已经被成功应用于患者病历检索[163-165]、脑部肿瘤（Brain Tumour）医学图像分割[166, 167]及预测 COVID-19 患者康复结果[168]等。感兴趣的读者可以分别参阅相关文献。

### 8.5.3　金融

金融在当下人们的生活中扮演着重要角色。例如，人们可能会广泛地进行投资以确保资产保值或升值，也可能会因为各种各样的消费而办理贷款。如何识别一个资产、一个贷款者的价值和资质，是银行等金融机构所必须解决的难题。随着当下机器学习技术的发展和数据规模的上升，机器学习技术开始被应用于金融领域，例如风控、资产定价和欺诈识别等。然而，机器学习在金融中的应用同样面临数据孤岛和隐私安全的问题。一方面，为了准确衡量一个用户的资质，金融机构需要广泛地利用各种数据，例如消费数据、工作数据和投资数据等，而这些数据往往分散在不同的机构中，例如工作单位、电商平台、社交网络和投资机构等。另一方面，对于金融机构，政府部门有着格外严格的数据安全监管，想要直接收集大量用户数据是不可行的。因此，联邦学习在金融领域同样大有可为。

微众银行作为联邦学习的领头企业，使用联邦学习开发了一系列金融领域的应用，例如反洗钱、小微企业风控和保险定价等，感兴趣的读者可以参阅文献 [169]。此外，联邦学习还被成功应用于消费反欺诈[170, 171]等金融领域应用中。最后，微众银行开源了 FATE 安全计算平台，提供了企业级安全计算、联邦学习应用的可靠解决方案，已经被广泛应用于联邦金融案例中[169]，本书 9.2 节将对其进行介绍。

## 8.6　联邦学习的未来展望

由于联邦学习是一种新兴的、针对机器学习任务的隐私计算方法，因此不可避免地存在众多值得深入探究的问题。本节将从隐私计算的角度介绍相关的研究问题和展望。如果读者对联邦学习在其他方面的挑战感兴趣，例如计算、通信效率、数据异构性、有效的激励机制等，可以参阅专著[136] 和文献 [144]。

### 8.6.1 在隐私安全保障下效率与性能的权衡

在 8.2.3 节中提到，横向联邦学习的梯度信息在未加保护的前提下，会泄露隐私训练数据的信息，因此相关中间信息（例如梯度和模型参数）需要使用隐私加密技术进行保护。在 8.3 节和 8.4 节中介绍的纵向联邦学习和联邦迁移学习算法中，也都借助于同态加密、秘密共享等技术对模型的参数和中间结果进行保护。在严格保证数据隐私的同时，带来了极大的额外计算开销。例如，文献 [149] 通过实验表明，使用同态加密保护横向联邦学习的梯度信息，虽然能够保护参数信息，但相比于明文计算，会导致付出大约 150 倍以上的计算和传输代价。即使运用该文献使用的批加密技术，相比明文计算也有 4 ~ 10 倍不等的计算和传输代价。同时，如果用减少参数传输的办法来减少传输代价和提升计算效率，那么模型的性能，如准确率、覆盖率等，也会相应地降低。

针对这一模型训练效率和模型性能之间的平衡问题，现有的研究工作尝试通过三类方法进行改进。首先，类似于文献 [149] 提出的批加密法，研究人员提出重新设计加密和秘密共享算法[172, 173] 对其加速。然而，即便有优化方案，同态加密、秘密共享等技术仍然会导致更大的计算和通信开销。其次，有研究人员提出使用差分隐私（本书第 6 章）对联邦学习隐私进行保护[150, 151, 174]。差分隐私虽然在计算和传输效率上与明文计算相同，但也带来了新的问题。例如，如果差分隐私加噪程度太小，则无法防御 8.2.3 节介绍的深度泄露算法 DLG[111]；而如果加噪程度太大，则会大为影响模型的质量和性能。最后，有研究人员尝试使用基于数据增强的经验性方法[175, 176] 保护训练数据隐私。此类方法虽然既能保证较高的计算和通信效率，也不影响模型性能，但是并未给出隐私性的严格保证。因此，基于数据增强的方法，其隐私性的未来研究工作仍然重要[177]。现在，联邦学习的研究者们正在保证安全的前提下，就如何达到效率和性能的最佳平衡这一方向进行更深入的研究，争取找到最佳平衡点。

### 8.6.2 去中心化的联邦学习

本章介绍的联邦学习算法几乎都需要可信的（至少是半诚实的）第三方用以协调联邦学习的训练过程。例如，横向联邦学习需要聚合服务器进行聚合，纵向联邦学习（例如本章介绍的纵向联邦线性回归模型）需要第三方服务器协调密钥和密态中间结果的交换。然而，在现实应用中，由于利益相关、法规限制等因素，可信第三方往往并不一定总是能够找到。此外，如果第三方不是完全诚实的，而只是半诚实的，则该第三方可能会成为潜在的隐私泄露风险，例如 8.2.3 节介绍的梯度泄露。

　　基于以上两点考虑，研究人员尝试移除联邦学习中可信第三方或中心协调者的角色，从而实现去中心化的联邦学习（Decentralized Federated Learning），有时也被称为对等（Peer-to-peer, P2P）联邦学习。例如，基于贝叶斯学习，文献 [178] 提出了一种对等联邦学习系统结构。该文献使用图来建模所有参与方之间的点对点通信模式。每个参与方都维护其模型参数的概率分布，也被称为信念（belief）。在每次迭代中，每个参与方聚合其一阶邻居的信念向量，以获得对全局模型的更精确估计。实验证明，在线性回归和多层感知机模型下，该系统相比于传统的客户-服务器架构仅有很少的性能损失。

　　文献 [179] 提出 BrainTorrent，一个对等联邦学习环境。该系统的实现基于版本控制的思想。在每一个训练轮次，一个随机的参与方会被选中进行模型更新。它会聚合所有其他参与方的、版本更新的模型，进而更新其自身模型参数和版本。基于医疗图像分割的实验表明，BrainTorrent 能够获得和客户-服务器架构相近的性能。

　　目前，实现去中心化联邦学习的最先进方法是发表于 *Nature* 的文献 [180]。该文献提出的方法称为群智学习（Swarm Learning），在白血病、肺结核、COVID-19 等疾病的诊断上都取得了非常好的效果。事实上，群智学习可以被视为使用区块链实现的对等联邦学习，因而也可以称为群智联邦学习（Swarm Federated Learning）。该方法使用区块链连接所有参与方，所有的模型更新和计算都在参与方本地进行，而参数则使用区块链技术进行加密对等交换。此外，通过智能合约（Smart Contract），该框架允许新的参与者加入群智联邦学习，实现了参与方的灵活性。

　　可以预见的是，去中心化联邦学习由于具有更佳的隐私保护性质，在未来一定会成为热门的研究问题并得到广泛应用。

# 第 9 章

# 隐私计算平台

在前面的章节中，我们介绍了各种隐私计算的技术、优缺点和应用，本章将介绍基于这些技术构建的隐私计算平台。隐私计算平台为各种隐私保护的应用提供了开发和测试工具，同时也方便各企业之间进行信息互通。本章列举几个新兴的隐私计算平台，以及它们的原理、工作流程和应用场景。

## 9.1 隐私计算平台概述

近十年来,随着隐私计算技术的发展,以及相关法律法规体系的逐渐成熟,全球范围内涌现出大量的隐私计算平台。为了让读者对隐私计算技术的应用场景有更加深刻的认知,本章将选取一些使用不同的隐私计算技术且应用在不同场景中的代表性平台进行详细介绍。

表 9-1 简要地概括了这些平台主要使用的隐私计算技术及常见应用场景。在这里,我们将隐私计算平台的主要应用场景分为联合建模和联合查询。联合建模表示多个参与方在原始数据不离开本地的条件下,联合训练机器学习模型;而联合查询表示在实现数据查询的同时,保证源数据及查询条件的数据安全。

表 9-1　代表性平台使用的隐私计算技术及常见应用场景

| 平台名称 | 主要隐私计算技术 | 常见应用场景 | 是否开源 |
| --- | --- | --- | --- |
| FATE 安全计算平台 | 同态加密、秘密共享 | 联合建模 | 是 |
| CryptDB 加密数据库系统 | 同态加密 | 联合查询 | 是 |
| PaddleFL 联邦学习框架 | 秘密共享、不经意传输、混淆电路 | 联合建模 | 是 |
| MesaTEE 安全计算平台 | 可信执行环境 | 联合建模、联合查询 | 是 |
| Conclave 查询系统 | 秘密共享、混淆电路 | 联合查询 | 是 |
| PrivPy 隐私计算平台 | 秘密共享、不经意传输 | 联合查询、联合建模 | 否 |

尽管隐私计算平台落地场景众多且商业价值不断提升,隐私计算技术所带来的效率却给安全行业的进一步拓展带来了难题。同态加密、安全多方计算等技术在提供安全保障的同时,为整个系统带来了无法避免的计算开销和通信开销,这对于众多领域,尤其是需要实时信息反馈的金融行业,是不可接受的损失。如何在现有技术条件下,尽力优化平台的工作效率,成了各方争相探讨的热门话题。本章 9.7 节将对隐私计算平台中的效率问题进行分析,并介绍一些可行的优化方案。

## 9.2 FATE 安全计算平台

### 9.2.1 平台概述

Federated AI Technology Enabler（FATE）[181] 是由微众银行于 2019 年发起的开源项目,为支持联邦学习生态系统提供了一种可靠的分布式安全计算平台。FATE 实现了秘密共享、同态加密及哈希散列等多种安全协议,使多方之间的数据合作符合相关隐私安全法规。FATE 支持逻辑回归、树类算法、深度学习和迁移学习等多种机器学习算法的联邦化实现。清晰的可视化界面及灵活的调度系统,使 FATE 易于使用,为金融等行业提供了一套便捷的数据隐私保护方案。目前,

KubeFATE 已经推出，该项目实现了基于 Docker 和 Kubernetes 的部署方式，从而支持 FATE 的容器化部署和云端部署，进一步降低了用户的使用门槛及运维难度。

FATE 技术框架如图 9-1 所示。在该框架中，FATE-Serving 负责提供高性能商用在线模型服务，可以支持高效的联邦在线推理和联邦模型管理。FATE-Network 在框架中完成联邦学习各方之间的跨域通信，通过向开发者提供 API 实现高自由度的可编程通信。FATE-Board 用于联邦学习建模可视化工具，提供了对模型训练流程的追踪和统计，向用户呈现数据传输、训练日志和模型输出等图形化信息，有极高的用户友好性。

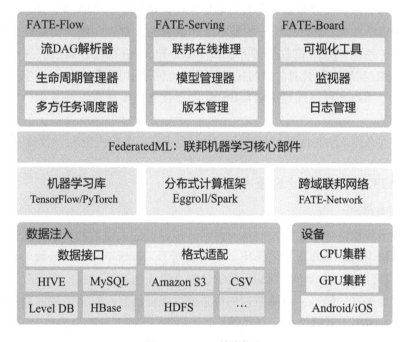

图 9-1　FATE 技术框架

FederatedML 是 FATE 框架中实现底层协议及常见联邦学习算法的组件。其所有功能均以模块化方式开发，可扩展性强。开发者不仅能够在其上轻松调用现有的联邦学习算法，也可以较简单地开发新的联邦学习算法。该组件主要包含以下组成部分：

- **联邦学习算法**：常用机器学习算法、特征工程、数据预处理算法的联邦化实现，如 Logistic Regression、SecureBoost、NN、迁移学习、热编码、特征选择和隐私交集等。

- **多方安全协议**：为了实现更加安全的多方交互计算，FATE 提供多种安全协议，包括同态加密、秘密共享、RSA 和 Diffie-Hellman 密钥交换等。

- **实用工具**：模块化联邦学习工具，如加密工具、统计模块及交互变量自动生成器等。
- **可扩展基本框架**：为便于用户开发新的联邦学习模块，FATE 提供了可复用的标准化模块，以保持用户模块的简洁性。

FATE-Flow 是联邦学习建模的任务调度系统，负责根据用户定义的 DSL 文件解析建模流程，执行联邦建模任务多方协同调度，管理任务生命周期，并实时追踪数据、参数、模型和性能等输入输出信息。值得一提的是，FATE-Flow 支持 Eggroll 和 Spark 两套分布式计算框架以实现底层的集群计算和存储。其中，Eggroll 是由微众银行自主开发的分布式计算存储通信架构，适用于众多联邦学习应用场景。

基于以上架构，FATE 任务的基本工作流程为：首先，用户向系统提交联邦学习任务；然后，系统接收任务并通过 FATE-Flow 进行任务调度，并调用底层 FederatedML 实现隐私计算。参与任务的多站点间通过 FATE-Network 实现数据通信。此外，用户还可以通过 FATE-Board 图形化界面实时查看任务运行情况并监控日志信息。

接下来介绍 FATE 底层组件 FederatedML 中使用的部分隐私计算技术。

### 9.2.2 FATE 中的隐私计算技术

#### 1. 哈希散列

哈希函数是将一个任意长信息映射到 $n$ 位位宽的大整数的算法，在数字签名及密码保护中起着非常重要的作用。哈希散列（一般指单向散列函数）具有不可逆的运算特性。经过哈希散列编码后的数据几乎无法还原，因此哈希散列并不适用于数据加解密。但是，哈希散列的抗碰撞性保证信息经哈希函数后数值唯一的性质，使其适用于数据编码和查找等场景。FATE 支持多种哈希函数，包括 MD5、SHA-1、SHA-2 及 SM3，一般默认采用 SHA-256 算法。

FATE 中常采用哈希散列实现隐私保护集合交集（Private Set Intersection，PSI）运算[182]。举例来说，在纵向联邦学习中，不同参与方的数据集之间特征相差较大，而用户维度较为相似，因此参与者希望通过对共有用户进行训练，建立联邦模型。在训练前，各方需要在不暴露原始数据的前提下计算用户交集。通过对原始用户集合执行哈希散列，并结合 RSA 加密算法引入混淆，参与训练的双方最终只能得到交集中用户的 ID，而无法得知对方其他的用户信息。

#### 2. 秘密共享

秘密共享是一种多参与者之间对重要信息进行分割存储的密码技术，拥有较强的可靠性，在密钥管理、身份认证、数据安全等场景中起着重要的作用。该技术通过执行秘密分割及秘密重构，保证只有结合多个参与方所持有的秘密信息，才能恢复原始数据。为了防止不可信参与方对信息重构的影响，以及信息被篡改，可验证秘密共享是目前常用的手段。该技术通过引入承诺和验证，保证参与方可以校验自身接收的数据是否安全准确。

FATE 采用了 Feldman 可验证秘密交换[183]。除了分割存储重要信息，该算法的加法同态使其可被用于多方数据求和运算。各参与方生成随机同态函数对数据进行加密，并计算相应的承诺信息。接收方可通过传递加密数据和承诺信息，确认数据的正确性，并使用拉格朗日插值法解密得到数据之和。基于秘密共享的求和运算可应用于多方公共特征求和等场景。

### 3. 同态加密

FATE 中应用最多的隐私计算方法莫过于同态加密。由于全同态加密的运算开销巨大，FATE 采用以 Paillier 加密[50] 为主的部分同态加密策略，对多方联合学习中需要各方交换的中间结果进行加密，并执行同态运算。例如，在联邦模型训练中，训练参与方需要计算梯度和损失以更新本地模型并判断模型是否收敛，由于参与方掌握的数据不同，因此一般需要各方先根据本地模型参数执行计算，然后再将计算结果聚合，并进一步执行计算以得到联合运算结果。为了保证中间结果不被泄露，在数据聚合前，各方需要对数据执行加密操作。使用同态加密，数据接收方无法解析密文携带的具体信息，但仍可以通过同态运算对密文执行计算操作，从而达到联合建模的目的。

## 9.2.3 平台工作流程

FATE 基于底层的隐私计算技术，设计了一套以 FATE-Flow 主导的安全计算任务工作流程。作为 FATE 平台运行的调度系统，FATE-Flow 是执行并管理任务的核心组件。本节结合 FATE-Flow 的结构介绍其工作流程。

FATE-Flow 的工作流程如图 9-2 所示。FATE-Flow 由 FATE-Flow 用户和 FATE-Flow 服务器两个独立部分组成。FATE-Flow 服务器是一个需要长期运行的服务端进程，而 FATE-Flow 用户是帮助用户向服务端提交任务所需的客户端进程。

在开始任务之前，服务端需要启动 FATE-Flow 服务器。在启动过程中，服务端对资源管理模块、任务调度模块及数据库等执行初始化操作，并创建一个支持多线程访问的 HTTP 服务器，对其端口进行持续监听。此外，服务端定义 gRPC 服务接口，并启动 gRPC 服务器，用于实现与分布式集群的数据传输。

FATE-Flow 服务器中定义了大量应用程序编程接口（Application Programming Interface，API）服务，功能包括数据上传、作业提交和模型加载等，这些接口服务通过监听服务器 HTTP 端口并路由到不同 URL 路径的方法，使客户端可以通过 HTTP 请求进行访问。当用户希望发起联邦学习作业（job）时，首先需要启动客户端 FATE-Flow，客户向服务端数据上传接口发起 HTTP POST 请求，以提交并注册数据集。之后，用户再次启动客户端，指定作业中的任务（task）构成及所需数据集，向服务端作业提交接口发送包含作业配置信息的 POST 请求。FATE-Flow 服务器接受作业后，将作业信息发送到作业队列，由 DAG 调度器执行作业调度。

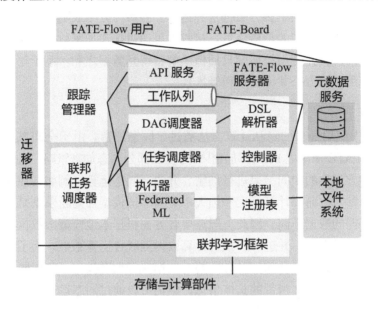

图 9-2　FATE-Flow 的工作流程

DAG 调度器负责管理作业队列，即启动、停止作业并根据进度更新各作业状态。首先，DAG 调度器提交队列中的作业，通过 DSL 解析器解析作业信息，将作业拆分为多个模块化任务（如数据读取、隐私交集、逻辑回归模型训练等），得到具体的作业流程，并将其更新为 waiting job（等待工作中）。然后，通过联邦任务调度器在各站点上远程初始化并启动任务（包括分配计算资源、获取数据集信息等），将作业状态更新为 running job（运行工作中），并把作业流程发送给任务调度器进行调度。当监测到作业结束后，DAG 调度器调用联邦任务调度器远程保存训练结果，结束训练。

任务调度器是对单个作业中各任务进行调度的模块，负责结合作业流程，在指定的作业步骤中启动相应的任务，并实时监控各任务的运行进度，向 DAG 调度器返回整体进度。在初始状态下，全部站点中的所有任务状态均为 waiting task（任务等待中）。任务调度器通过联邦任务调度器同步各站点任务的运行进度，对每一个 waiting task，检查其依赖的前置任务是否全部完成，如果是，则将任务状态更新为 running task（任务执行中），再次调用联邦任务调度器向对应站点同步任务状态并启动站点上的任务。

联邦任务调度器是远程任务调度模块，它提供若干远程作业或任务调度接口（如创建作业、开始作业、开始任务和停止任务等），DAG 调度器和任务调度器通过调用对应的接口实现跨站点任务管理。联邦任务调度器从其他模块接收到指令后，构建 gRPC 数据包并创建 gRPC 客户端，发起单项远程过程调用（Remote Procedure Call，RPC），将数据送往本站点通信组件。根据分布式计算框架的不同，跨站点通信也存在区别。若选用 Eggroll 支持分布式计算，则跨站点通信组件为 Roll Site；若选用 Spark 作为分布式计算框架，则跨站点通信组件为 Nginx。数据包通过不同站点之间通信组件的转发，最终由目标站点的 FATE-Flow 服务端接收，实现跨域通信。

远程发送的数据包经过路由，被接收方的控制器（作业控制器或任务控制器）获取。作业控制器是负责执行本站点作业调度的模块，可以根据远程指令执行作业创建、启动与停止，以及训练结果的保存。任务控制器则用于管理本站点任务。一方面，它可以由作业控制器调用以创建任务；另一方面，它根据远程指令要求启动或停止本站点的任务。任务控制器通过创建子进程的方式调用执行器来启动任务。在任务结束后，任务控制器更新任务状态，并调用联邦任务调度器，将任务状态发送给作业最初的发起方。

执行器是 FATE-Flow 中最底层的执行器，它调用 FederatedML 中的功能模块完成对应的读写操作或计算操作。执行器通过命令行的方式从任务控制器获取任务相关参数，从中提取出包括任务类型、运算数据等在内的任务配置信息。FederatedML 中的所有功能模块均继承自 ModelBase 类。执行器通过调用 ModelBase 执行特定的功能（如纵向逻辑回归、横向 SecureBoost 等）。ModelBase 根据任务信息，确认需要完成对应功能下的哪些运算（如拟合、交叉验证、加载模型和预测等），构建运算列表，并依次执行列表中的底层运算。

上述是对 FATE 中基于 FATE-Flow 实现从用户提交任务到系统启动底层运算的作业流程介绍。在这套流程的支撑下，FATE 平台的上手较为便捷。结合官方文档的指导，用户可以轻易地实现联邦学习。因此，FATE 在众多行业中已经得到了应用。接下来讨论 FATE 平台的落地场景。

## 9.2.4 应用场景

### 1. 联邦车险定价

在传统车险定价方式中，常以车辆本身质量作为定价的标准，然而车主的驾驶环境、驾驶习惯等人为因素，对车险的定价也应起到至关重要的作用。不同于"以车定价"的简单可行，"以人定价"需要大量用户相关信息辅助进行决策，而用户信息，包括驾驶记录、车辆维修记录和过往保险记录等数据掌握在不同的公司、政府部门手中，很难实现直接信息共享。通过联邦学习，多个数据拥有方则可在数据不出库的前提下，联合建模，打破数据壁垒，共同构建更精确的用户评估体系，提高车险定价的精准度，降低企业风险。

### 2. 联邦信贷风控

在小型微型企业借贷场景中，银行等金融机构需要对企业进行信贷审查。由于缺乏足够的消费记录、企业信用情况和公司运营状况等有效信息，并且企业信用资质良莠不齐，造成信贷审核成本较高，给信贷评估带来很大困难。对于小微企业，漫长的信审过程也同样带来融资慢、融资难等问题。联邦学习使金融计划可以合法地通过多源数据判断企业的信用情况，通过融合多源数据，获取多维度信用资质信息，共同构建特征丰富的联邦模型，有效完善企业信用画像，帮助金融机构快速完成信贷审查。

### 3. 联邦辅助诊断

医疗作为民生大计，是经久不衰的热点话题。随着当今医疗信息电子化的逐渐推进，基于大数据的辅助医疗手段成为可能。然而，作为患者的隐私信息，诊断数据等医疗信息无法实现直接分享。规模较小、医疗实力欠缺的中小型医疗机构由于缺乏足够的诊断数据，对患者乃至优秀医疗人才的吸引程度较低，容易增加医疗机构的实力差距，同时也会逐渐加剧患者看病难的问题。通过引入联邦学习，可以让不同的医疗机构之间对病例进行联合建模，参与机构均可借助人工智能医疗手段，提高诊断正确率，获取更多的治疗手段。尤其是对于规模较小的医疗机构，可以借此有效提高医疗水平，让更多的患者在本地即可享受优质的医疗服务。

## 9.3 CryptDB 加密数据库系统

### 9.3.1 系统概述

随着云计算技术的快速发展，安全问题也逐渐受到重视。在实际场景中，由于攻击方可以利用软件漏洞获得私人数据，而且好奇或恶意的数据库管理员也可能会捕获或泄露数据，造成在线应用程序中的敏感信息很容易被窃取。为了解决这个问题，使用加密存储是保证数据安全较为有效的方法，即在数据被存储到云服务器之前，使用对称加密算法或非对称加密算法对数据进行加密。经过近二十年的发展，学术界和工业界提出了大量的解决方案，其中较为典型的是麻省理工学院计算机科学与人工智能实验室（CSAIL）于 2011 年推出了开源密文数据库系统 CryptDB[184]。CryptDB 系统使用 MySQL 作为其后端数据库管理系统，存储加密后的数据。该系统在数据库上实现了同态加密技术，从而允许 DBMS 服务器使用类似明文查询的 SQL 语句执行密文查询。

　　CryptDB 的系统框架如图 9-3 所示，该系统由可信的客户端、应用服务器、代理服务器和不可信的 DBMS 服务器组成。用户为数据的拥有者，并将数据存储在数据库服务器中。代理服务器（proxy server）是 CryptDB 中的中间件，当用户对存储在数据库中的密文数据进行查询或者更新时，代理服务器需要对原始的查询语句进行改写，使其能够直接在密文数据中执行。当数据库返回查询结果给用户时，代理服务器需要对密文结果进行解密，最后将解密后的结果发送至用户。数据库管理系统服务器（DBMS server）作为数据库服务的提供者，负责帮助用户存储和管理私有数据。但对于用户来说，它是不可信的，可能对用户数据进行窥探。

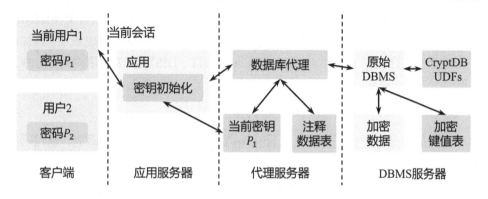

图 9-3　CryptDB 的系统框架

　　基于该系统框架，一个典型的 CryptDB 数据查询流程如下所示。

- **步骤 1**：用户发起一个查询请求，应用服务器发出一个查询，代理服务器拦截请求并改写，对每个表和列的名称进行匿名化处理，并根据操作需求，使用对应加密方案对查询中的每个常数进行加密。
- **步骤 2**：代理服务器检查 DBMS 服务器执行查询操作是否需要密钥。如果需要，则代理服务器在 DBMS 服务器上发起一个 UPDATE 请求，调用用户定义函数（User Defined Function，UDF），将数据调整到相应的加密层级。
- **步骤 3**：代理服务器将加密的查询转发给 DBMS 服务器，DBMS 服务器使用标准的 SQL 语句执行。
- **步骤 4**：DBMS 服务器返回查询结果，代理服务器对密文结果进行解密并返回给用户。

### 9.3.2 隐私计算技术在 CryptDB 中的实现：基于 SQL 感知的加密策略

为了在密文上直接执行标准 SQL 语句，CryptDB 使用了如下列举的多种加密系统。

#### 1. Random（RND）

RND 加密具有最高的安全性，它可以抵抗自适应的选择明文攻击。RND 的加密结果是概率性的，意味着相同的数值经过两次独立的加密，结果可能完全不同。但是，RND 不支持任何基于密文的高效计算。RND 的构建通常使用密文分组链接模式（Cipher Block Chaining，CBC）下的 AES 或 Blowfish 块加密算法实现。

#### 2. Deterministic（DET）

对于相同的明文，DET 保证加密结果完全一致。因此，DET 的安全性比 RND 低。基于此性质，DET 加密可用于比较两个数的数值是否相同。这也表明，该加密模式可用于执行包含 JOIN、GROUP BY、COUNT、DISTINCT 等谓词的 SELECT 语句。

#### 3. Order-Preserving Encryption（OPE）

OPE 加密是一种保序加密，保证在不泄露数值本身信息的前提下，通过密文获知明文数值之间的大小关系，即无论密钥 $K$ 是什么，均保证只要 $x < y$，则 $\text{OPE}_K(x) < \text{OPE}_K(y)$。因此，若某列数据使用 OPE 加密，则可以对这些密文执行 ORDER BY、MIN、MAX、SORT，以及范围搜索等涉及大小比较的操作。但是由于泄露了数据大小关系，OPE 加密的安全性相较于 DET 更低。因此，代理服务器只在用户发起顺序相关请求时，才会向 DBMS 服务器暴露 OPE 加密结果。

#### 4. Homomorphic Encryption（HOM）

HOM 加密即同态加密（详细介绍见第 3 章）。同态加密的使用使得 DBMS 服务器可以对密文直接执行运算。但是同态乘法运算较为复杂，效率过低。因此 CryptDB 不支持相应运算。而基于 Paillier 加密的同态加法运算效率较高，因此在 CryptDB 中得到了实现。当代理服务器接收到加法运算请求时，它会将原请求改写为执行 Paillier 同态加法的 UDF。基于加法同态性质，同态加密可用于实现 SUM、求解平均值等操作。

#### 5. Join（JOIN and OPE-JOIN）

Join 加密可以分别与 DET 加密和 OPE 加密结合，实现密态下 Equality Join 和 Range Join 的功能。显然，需要执行 Join 的两列数据应该由同一密钥进行加密，否则密文间无法形成有效的大小关系。为了解决该问题，CryptDB 引入 JOIN-ADJ 加密策略，使得 DBMS 服务器可以在运行中对密钥进行调整。当使用相同密钥时，JOIN-ADJ 对明文的加密结果是确定的，并且保证几乎不可能出现不同明文加密得到相同密文的情况。在初始状态下，各列数据使用不同的密钥执行 JOIN-ADJ 加密，使任意两列数据间均无法进行 Join 操作。当代理服务器接收到 Join 请求时，它向 DBMS 服务器发送一个新的密钥，以调整某一列或多列的加密数值，从而使它们的 JOIN-ADJ 密钥和另一列数据的密钥相同。完成调整后，持有相同密钥的数据列之间可以执行 Join 操作。

**6. Word Search（SEARCH）**

为了实现关键字搜索功能（LIKE），CryptDB 使用了文献 [185] 中的加密策略。SEARCH 的加密安全性和 RND 加密相同，不会向 DBMS 服务器泄露某个关键字是否在数据库中多次出现。但是，查询的关键字数量会被 DMBS 服务器得知。DBMS 服务器可以通过比较 SEARCH 和 RND 密文的数据量关系推测出不同或重复的关键字数量。

### 9.3.3　基于密文的查询方法

**1. 多洋葱模型：基于查询的可调节加密**

CryptDB 的核心设计为可调节加密模块，该模块可以动态地决定暴露给服务器的加密层级。9.3.2 节介绍了 CryptDB 中使用的多种加密算法。这些加密算法均可以独立地完成一些密态运算，如大小比较、加法运算等。如果需要同时实现多种密态运算，势必需要结合以上加密算法。然而，系统无法预知接下来的运算操作。因此，需要寻找一种能够动态调整数据加密层级的方案。CryptDB 使用的方法是如图 9-4 所示的多洋葱模型（onions of encryption），对于同一列数据，结合不同的算法加密后得到不同的加密结果，需要实现何种运算，就选择算法对应加密洋葱下的数据列进行处理。

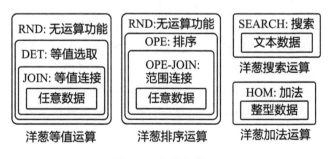

图 9-4　多洋葱模型

多洋葱模型中的多层次结构是为了保证数据的安全性，并同时保证对密态运算的支持。在该模型中，每一种加密方案都是一个洋葱，洋葱的每一层都对其内层数据执行相应的加密算法。每一层的加密都有不同的作用：最外层加密算法几乎不存在信息泄露，安全性最高；内层加密算法相对安全，但是支持更多同态运算。除了对数据加密，CryptDB 也会对表和列名称进行匿名化。表 9-2 为一个数据库明文和 CryptDB 系统加密案例。其中 $C1$ 和 $C2$ 的相关数值分别代表 ID 和 Name 的不同加密结果。在每个洋葱的相同加密层中，CryptDB 使用相同的密钥对同一列的数据进行加密，不同数据列、不同加密层、不同洋葱均使用不同密钥。这样可以保证代理服务器对同一列数据进行操作时，不需要反复更换密钥，从而在提高效率的同时防止 DBMS 服务器从数据中推断出额外信息。

表 9-2 数据库明文和 CryptDB 系统加密案例

| Employees | | 系统 Table1 | | | | | | | |
| --- | --- | --- | --- | --- | --- | --- | --- | --- | --- |
| ID | Name | $C1$-IV | $C1$-Eq | $C1$-Ord | $C1$-Add | $C2$-IV | $C2$-Eq | $C2$-Ord | $C2$-Search |
| 23 | Alice | x27c3 | x2b82 | xcb94 | xc2e4 | x8a13 | xd1e3 | x7eb1 | x29b0 |

### 2. 密态数据查询实例

当代理服务器接收到用户请求时，洋葱密钥管理（Onion Key Manager, OKM）模块判断是否要对某些洋葱进行解密，降低到内部加密层来满足计算需求。这个过程被称为"剥洋葱"。剥洋葱的过程不会泄露明文数据，因此可以直接由 DBMS 服务器完成。若需要剥去相应的加密层，则 OKM 模块会将该加密层对应的解密密钥发送给 DBMS 服务器，并调用 UDF 在 DBMS 服务器上实现解密操作。

当 DBMS 服务器中的洋葱层达到了执行查询所需的加密层数时，代理服务器即可以将查询转换为对洋葱的操作。特别地，代理服务器会将查询中的列名替换为该列对应操作的洋葱名（匿名化）。例如，对于表 9-2 所示的模式，对 Name 列数值大小的比较操作将被替换为对 $C2$-Eq 列的引用。

代理服务器还根据需要执行的运算，将查询中的每个常量加密为相应的密文。例如，若查询中包含 WHERE Name='Alice'，则代理服务器将根据列 $C2$-Eq 中所包含的所有加密层对"Alice"进行逐层加密。最后，服务器用基于 UDF 的等价密态运算替换查询中的原始运算。例如，将求和运算转换为基于 HOM 的同态加法运算。查询转换完成后，代理服务器将转换完成的查询发送到 DBMS 服务器，并在运算完成后使用相应的密钥对结果进行解密，将最终结果返回给用户。

下面介绍一个完整的查询指令的执行流程，依然基于表 9-2 所示的例子。最初，表中的每一列数据都如图 9-4 所示包含了所有洋葱的加密结果。除了列数、行数和数据量，DBMS 服务器无法了解数据的任何情况。

假设当前存在这样的查询：SELECT ID FROM Employees WHERE Name = 'Alice'，这需要将 Name 的加密程度降低到 DET 层。为了执行这个查询，代理首先发布查询：UPDATE Table1 SET $C2$-Eq = DECRYPT_RND($K_{T1,C2,\mathrm{Eq,RND}}$, $C2$-Eq, $C2$-IV)，其中 $C2$ 列对应的是 Name 属性。然后代理发出指令：SELECT $C1$-Eq, $C1$-IV FROM Table1 WHERE $C2$-Eq = x7..d，其中 $C1$ 列对应 ID 属性，x7..d 是 "Alice" 的 Eq onion 加密结果，密钥为 $K_{T1,C2,\mathrm{Eq,JOIN}}$ 和 $K_{T1,C2,\mathrm{Eq,DET}}$。最后，代理使用密钥 $K_{T1,C1,\mathrm{Eq,RND}}$、$K_{T1,C1,\mathrm{Eq,DET}}$ 和 $K_{T1,C1,\mathrm{Eq,JOIN}}$ 解密 DBMS 服务器的运算结果，获得明文结果，并将其返回给应用程序。

如果下一个查询是：SELECT COUNT(*) FROM Employees WHERE Name = 'Bob'，则不需要 DBMS 服务器端解密，代理服务器直接发出查询：SELECT COUNT(*) FROM Table1 WHERE $C2$-Eq = xbb..4a，其中，xbb..4a 是使用 $K_{T1,C2,\mathrm{Eq,JOIN}}$ 和 $K_{T1,C2,\mathrm{Eq,DET}}$ 的 Eq onion 加密的 "Bob"。

与数据读取查询类似，为了支持 INSERT、DELETE 和 UPDATE 查询，代理服务器对 WHERE 语句执行相同的转换。DELETE 查询不需要额外的处理。对于所有将列的值设置为常数的 INSERT 和 UPDATE 查询，代理根据每个插入的列中尚未被剥离的所有洋葱层将其值依次进行加密。

剩下的一种数据库读写操作是 UPDATE，它对现有列数据执行更新，如 salary = salary+1。这样的更新必须使用 HOM 同态加密来执行。然而，在这样的处理之后，OPE 和 DET 洋葱层中的值并不会随之更新，成为无效的旧值。事实上，任何同时允许加法和直接比较密文的加密方案都是不安全的：如果一个不可信的 DBMS 服务器能够得知不同数值之间的大小关系，并可以将数值增加 1，则服务器可以重复地对较小的数值执行同态加 1 的操作，直到它变成等于同一列中的其他值。这将允许服务器计算出数据库中任何两个值之间的差异，几乎等同于知道它们的实际数值。若一个列数值在被更新后再被用于数值比较，其解决方案是使用两个查询代替 UPDATE 查询：一个对于需要更新的旧值的 SELECT 查询，代理服务器对其进行相应的增量和加密操作，接着是一个设置新值的 UPDATE 查询。这个策略对于仅针对较少行数据的更新十分有效。

### 9.3.4 应用场景

#### 1. 开源论坛软件管理

在常见的论坛软件（如 phpBB）中，系统需要根据用户的权限来满足或拒绝用户的浏览请求。例如，系统希望保证一个用户发给另一个用户的私人信息不被其他人看到，一个论坛中的帖子只能被有权限访问该论坛的组中的用户访问，一个论坛的名字只能显示给属于允许查看该论坛的组的用户。CryptDB 可以提供这些保证，并降低系统在受到攻击时造成的损失。首先，CryptDB 要求论坛开发人员注释他们的数据库模式，以指定用户角色和每个角色可以访问的数据，从而使得

CryptDB 实现在 SQL 查询的层面上捕获应用程序对共享数据的访问控制。此外，当遭遇攻击时，CryptDB 将被破坏的应用程序或代理服务器造成的泄露限制在只有在被破坏期间登录的用户可以访问的数据。特别地，攻击者不能访问在入侵期间没有登录的用户的数据。但是，泄露活跃用户的数据是不可避免的：鉴于对加密数据进行任意计算是不现实的，活跃用户的一些数据必须由应用程序解密。在 CryptDB 中，每个用户都有一个密钥，使其能够访问自身的数据。CryptDB 用不同的密钥对不同的数据项进行加密，并使用从用户密码开始到 SQL 数据项的加密密钥的密钥链来实现访问控制。当用户登录时，其向代理服务器提供自己的密码。代理服务器使用这个密码来获得洋葱密钥，以处理对加密数据的查询，并解密结果。根据访问控制，代理服务器只能解密用户可以访问的数据。代理将解密后的数据交给应用程序，后者再对其进行计算。当用户注销时，代理服务器也会删除用户的密钥。

### 2. 会议管理软件审稿监督

在诸多国际会议中，会议管理软件被用于保障论文提交、审稿等过程的安全可靠性，如 HotCRP。审稿的一个关键原则是：审稿委员不能看到谁审查了他们自己的（或有关联的作者的）论文。然而，一些管理软件无法阻止委员会主席登录数据库服务器并看到谁参与了和他有关论文的审稿。因此，会议经常设立第二个服务器来审查主席的论文，或者使用不便捷的 OOB 电子邮件。当系统部署在 CryptDB 之后，即使主席入侵应用程序或数据库，因为没有解密密钥，他无法得知谁审阅了他的论文。CryptDB 会检查某一位审稿委员是否与一篇论文有关，并防止代理服务器在密钥链中向委员会主席提供访问权限。

### 3. 招生系统权限管理

在一个常见的大学招生系统中，申请人提交的信息及学校反馈等内容均需要根据访问权限进行管理。CryptDB 允许一个申请人的文件夹只能被相应的申请人和审查员访问。申请人可以看到他所在文件夹中除推荐信以外的其他数据。除此之外的其他访问请求均会被 CryptDB 拒绝。

## 9.4 MesaTEE 安全计算平台 Teaclave

### 9.4.1 飞桨深度学习平台与安全计算

飞桨（PaddlePaddle）[186] 是由百度推出的产业级开源深度学习平台，拥有分布广泛的产品链，并且支持在飞腾、鲲鹏、兆芯、申威、龙芯和昆仑等国产 CPU 上的部署使用。随着日益增长的数据安全需求，百度基于飞桨生态系统构建出了两套安全计算解决方案：一套是基于安全多方计算的 PaddleFL 软件解决方案，另一套是基于可信执行环境的 MesaTEE 硬件解决方案。本节后续部分将对 PaddleFL 进行简单的介绍，并详细介绍 MesaTEE。

### 9.4.2 PaddleFL 联邦学习框架

PaddleFL[187] 是基于飞桨的开源联邦学习框架，支持大量主流机器学习算法及其在联邦学习场景的实现，包括传统机器学习策略、机器视觉算法、自然语言处理算法、推荐算法和迁移学习等，如图 9-5 所示。本节简要介绍该框架使用的隐私计算技术。

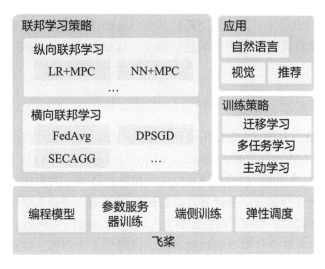

**图 9-5 PaddleFL 框架的结构**

PaddleFL 使用 ABY3[52] 安全计算架构实现神经网络的多方训练，使用 PrivC[188] 架构实现联邦逻辑回归训练。PrivC 架构是一种用 C++ 实现的双方安全计算架构，基于秘密共享、1-out-of-2 不经意传输和混淆电路等安全协议。PrivC 架构的安全计算原理基本沿用 ABY[189] 秘密共享框架。该架构使用算术共享（Arithmetic Sharing）和混淆共享（Gabled Sharing）两种秘密共享方案。

#### 1. 算术共享

PrivC 中生成算术共享的方法较为常规：Party $A$ 生成随机数 $r$，计算 $x_a = x - r$，并将 $r$ 发送给 Party $B$，Party $B$ 设置 $x_b = r$；当需要恢复源数据 $x$ 时，Party $A$ 和 Party $B$ 分别将手中所持秘密共享发送给对方，即 $x = x_a + x_b$。显然，在这样的一套系统中，实现两个秘密的加法运算并不困难。为了实现乘法运算，PrivC 使用不经意传输生成乘法三元组，该算法的具体介绍见 4.3 节。

### 2. 混淆共享

在第 5 章，我们介绍了混淆电路的相关知识，特别在 5.2.4 节，我们描述了两种混淆电路的优化方案，即密文随机排序与单次解密，以及无代价异或电路。基于这些原理，PrivC 中应用了基于混淆电路的秘密共享方案，方案具体实现见第 5 章。基于混淆电路的秘密共享策略可以高效地完成按位异或及按位与运算，因此 PrivPy 使用混淆共享实现安全位运算，包括与、或、非等，以及部分字运算，包括加减乘除等。

### 3. 共享转换

在 PrivPy 的设计中，为了利用算数共享较高的性能及混淆共享优秀的运算表达能力，需要执行两种共享之间的数值转换，这里 PrivPy 依旧采用 ABY 框架的方案。

## 9.4.3 MesaTEE 平台概述

MesaTEE 是由百度于 2018 年和英特尔共同推出的安全计算开源平台，全称为 Memory Safe（Mesa）Trusted Execution Environment。该平台基于内存安全编程语言 Rust 开发，使用 Intel SGX 技术构建可信执行环境，为数据隐私提供了有力的保护。该系统支持多方联合计算，对打破数据孤岛，提升数据价值也有重要的意义。MesaTEE 向用户提供"功能即服务"（Functions as a Service，FaaS），内置大量包括机器学习、联合计算等领域的函数，以降低入手门槛，简化计算流程。同时，MesaTEE 拥有极高的灵活性，开发者可以通过开发工具包构建全新 SGX 应用。2019 年底，该平台进入 Apache 基金会孵化器，并于 2020 年推出开源社区版本 Teaclave[190]。

图 9-6 展示了 MesaTEE 平台的框架结构，该系统主要包括 MesaTEE 底层可信执行环境、FaaS 服务及执行器 MesaPy。下面重点从三个层面对 MesaTEE 平台进行详细的介绍。

## 9.4.4 MesaTEE 底层可信执行环境

MesaTEE 后端支持对多种可信执行环境系统的调用，包括 Intel SGX、AMD SEV 和 ARM TrustZone 等。接下来，以 Intel SGX 为例，介绍 MesaTEE 平台的底层可执行环境框架。

作为对常见 x86 架构的软件扩展，Intel SGX 帮助用户实现应用程序在飞地中的运行，同时用可信执行环境保护隐私数据。Intel SGX SDK 可以帮助程序员不依赖任何底层系统软件直接控制应用程序的安全性。7.2.2 节对 Intel SGX 进行了介绍。但是 Intel SGX 本身通过 C/C++ 实现，可能存在内存损坏问题，抵抗内存攻击能力不足。使用内存安全语言 Rust 可以消除内存问题，保证内存安全。然而，如果完全摒弃 Intel SGX，仅仅使用 Rust，又会造成大量功能缺失，导致实用性显著下降。因此，结合 Rust 和 Intel SGX 成为一种更好的解决方案。

图 9-6　MesaTEE 平台的框架结构

Rust SGX[191] 是 MesaTEE 底层使用 Rust 对 Intel SGX 接口进行的封装，与 Intel SGX SDK 对接的同时，向上层提供了一套基于 Rust 的应用接口。利用 Rust 的内存安全特性，Rust SGX 确保任何与 Intel SGX SDK 之间的交互操作都是内存安全的。测试表明，该系统的引入并没有造成明显的性能下降。目前，该系统更名为 Teaclave SGX SDK，其框架结构如图 9-7 所示。

该系统结构主要分为三层：底层为 Intel SGX 可信库，中间层为 Rust 和 C/C++ 的语言交互接口，最上层为 Rust SGX 可信库。其中，核心部分为实现两种语言安全连接的中间层，即图 9-7 中的安全绑定。中间层的核心思想是通过安全的内存管理方案和支持安全指针操作的高级类型系统来规范非安全 C/C++ 代码的行为。安全的内存管理方案主要包括：封装由 C/C++ 创建并暴露给 Rust 的数据类型，以及保证通过 Rust 调用 C/C++ 生成的堆对象只能由 Rust 在程序生命周期结束时自动释放。这样，基于 Rust 稳定的内存管理保证了内存安全。高级类型系统实现 C/C++ 中复杂数据类型在 Rust 中的表示（比如封装 C/C++ 数据类型的地址和数据长度信息），通过配以相应的结构定义和初始化函数，使用户可以通过 Rust SGX 可信 API 构建复杂的 C/C++ 数据类型，并调用 Intel SGX 可信库。

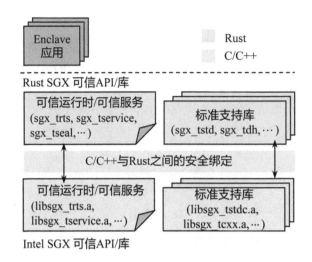

图 9-7　Rust SGX 的框架结构

### 9.4.5 FaaS 服务

MesaTEE 作为一个 FaaS 平台，向用户提供 API，接收用户发起的远程过程调用请求（Remote Procedure Call，RPC）并提供相应的工作服务，其处理流程如图 9-8 所示。

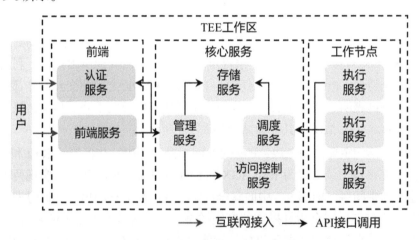

图 9-8　MesaTEE 服务处理流程

FaaS 平台提供若干在可信执行环境内运行的服务，包括：

**认证服务**：基于 JSON Web Token（JWT）标准实现的用户认证机制。用户需要获得有效的令牌，从而与平台交互。

**前端服务**：所有用户请求的入口，前端验证用户的身份或令牌并将请求转发给相应的服务。

　　**管理服务**：管理服务是 FaaS 平台的中心服务。它处理几乎所有的请求，如注册函数或数据，创建或调用任务和访问控制等。

　　**存储服务**：存储服务负责存储函数、执行数据和任务信息等数据。该数据库存储系统基于 LevelDB 实现，在可信执行环境中对数据进行持久性保护。

　　**访问控制服务**：根据多方联合计算的过程中各方对数据的访问权限，灵活管理控制数据的访问。

　　**调度服务**：将准备就绪的任务分配给拥有相应计算能力的工作节点执行。

　　**执行服务**：与调度器交互，接收任务后，调用执行器完成工作。在单个云端设备上，也可能同时存在多个具备不同计算能力的执行服务节点。

　　MesaTEE 中的服务基本包括不可信应用和可信飞地两部分操作。可信应用部分负责管理服务，并启动和终止飞地部分操作；而可信飞地部分通过可信通道为用户的 RPC 请求提供安全服务，并在可信执行环境中执行数据处理。

### 9.4.6　执行器 MesaPy

　　执行器是 FaaS 平台的核心组件之一，负责运行处理用户请求中需要调用的内置函数。在 MesaTEE 中，执行器需要保证敏感数据在计算过程中的保密性，同时也支持上层使用不同的编程语言对执行器进行调用。此外，内存安全等性质也是执行器的工作目标。MesaTEE 中设计了两种执行器。

　　（1）内置执行器。在 MesaTEE 中，有许多功能丰富的内置函数已被静态编译。为了保证内存安全，这些内置函数基于 Rust 实现。内置执行器是将函数调用请求分派给相应的内置函数实现。

　　（2）MesaPy 执行器。MesaPy 执行器相当于一个 Python 解释器。用户定义的 Python 函数可以在 MesaPy 执行器中执行。该执行器还提供了通过运行时获取和存储数据的接口。接下来简要介绍该执行器。

　　在当今机器学习等应用中，Python 是不可或缺的组成部分。但是，由于其封装了大量 C 语言代码，Python 存在不少安全隐患，无法保证隐私计算中数据系统的安全。尽管已经有较为成熟的 PyPy 解释器，基于 RPython 重写了 Python 解释器和部分库，但依然存在部分由 C 语言编写的编译器库和第三方库。为了解决该问题，百度同步推出了 MesaPy[192] 解释器。该解释器基于 PyPy，并修复部分安全问题，包括使用 Rust 语言重写第三方库，加入数组访问越界检查等措施。对于解释器中无法避免的 C 语言代码依赖，MesaPy 使形式化验证工具对其进行内存安全检查，包括缓冲区溢出、空指针解引用及内存泄露问题。同时，MesaPy 支持使用 Intel SGX 完成 Python 代码的解释，从而便于开发者使用 Python 实现运行在可信执行环境中的安全操作。图 9-9 给出 MesaPy 的框架结构。

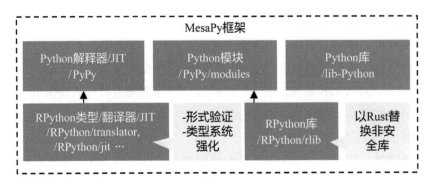

图 9-9 MesaPy 的框架结构

### 9.4.7 应用场景——MesaTEE 与飞桨

随着 Teaclave 开源社区的发展，众多基于 MesaTEE 实现的系统逐渐涌现。同时，也出现了一些结合 MesaTEE 和其他平台的实例。MesaTEE 与飞桨的结合就是其中一个典型的例子。

MesaTEE 支持多方协同任务处理，可以调度多方运算中的工作流程。当多个参与方执行联合运算时，MesaTEE 将完整的工作流程转移到 TEE 中，包括数据上传、任务计算和结果获取，从而保证数据的安全性。因而，在安全多方计算等场景中，飞桨可以使用 MesaTEE 实现隐私计算。MesaTEE 和飞桨的交互如图 9-10 所示。在该系统中，MesaTEE 作为多方协作的调度者，将飞桨视为执行环境，通过 RPC 远程调用，将任务发送到飞桨的可信执行环境中执行。文件全部使用密文进行存储，在可信执行环境之外，无法通过任何途径窥探运算内容，从而保证整体安全性。为了在不改变飞桨使用方式的前提下在可信执行环境中访问密文执行运算，系统采用了一套特殊的文件管理系统，并对飞桨底层运行库进行了改造。

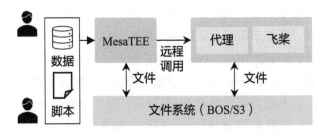

图 9-10 MesaTEE 和飞桨的交互

与基于安全多方计算的解决方案相比，基于 MesaTEE 的硬件数据安全保护无须依赖多方间的大量远程数据交换，从而降低了网络故障等远程交互问题造成系统崩溃的风险，极大地提升了工作效率。飞桨和其他隐私计算平台（9.2.4 节）相似，结合 MesaTEE 的隐私解决方案可以应用于金融、医疗等领域，打破数据孤岛，实现数据价值的最大利用。

## 9.5　Conclave 查询系统

### 9.5.1　系统概述

安全多方计算常用于多方之间的安全联合计算，对数据和计算中间结果进行保护。随着大数据时代的来临，安全多方计算也不可避免地遭遇了大数据量任务下的性能和可行性挑战。由于安全机制带来的开销，常见的安全多方计算系统在数据量较大的场景下，任务的运行时间极为漫长。实现基于安全多方计算的多方数据查询的最大困难是如何提高性能。缺乏全新密码学机制的支撑，能够优化安全多方计算系统的方案，唯有在整体运算中尽量避免对安全计算的使用。当然，系统的安全性仍需要得到保证。另外，为了实现高效的安全多方计算操作，用户需要对安全计算相关知识有足够的了解。这对于大多数数据分析师来说是不现实的，需要有一套系统帮助他们实现数据库指令到安全多方计算操作的转换。

为了解决这些问题，波士顿大学 SAIL 实验室于 2018 年主导开发了 Conclave[193] 开源查询编译系统。该系统通过结合数据并行、明文计算和安全多方计算指令，对基于安全多方计算的数据安全查询实现加速。Conclave 集成了包含 Python 和 Spark[194] 的明文计算后端，并支持 Sharemind[195] 和 Obliv-C[196] 两种安全多方计算后端。Conclave 的设计基于三个思想：

- Conclave 对查询请求进行分析，分析哪些指令必须在安全多方计算的保护下执行，哪些指令可以脱离安全多方计算实现快速运算。在不损害安全保障的前提下，Conclave 对查询执行转换。虽然部分参与方的工作量可能因此增加，但是任务整体得到了优化，减少了指令的运行时间。

- 基于对查询的分析，Conclave 对输入关系添加概述性的标注，结合明文处理和安全多方计算操作，对一些安全多方计算处理较慢的指令执行加速，如 Join 和 Aggregation。

- 通过生成代码，Conclave 将扩展性良好但无安全保护的数据处理系统（如 Spark）与安全但计算低效的安全多方计算系统（如 Sharemind 或 Obliv-C）相结合。

Conclave 尽可能减少安全多方计算下的运算量，用轻量化的计算流程实现对大规模数据的安全多方计算处理。Conclave 同时保证，即使部分计算在安全多方计算之外执行，端到端的安全仍然可以得到保证。举例来说，如果某些步骤的运算仅使用本地数据或者公开数据，则这部分运算可以直接以明文形式执行。由于 Conclave 的后端使用现有的安全多方计算系统，Conclave 所提供的安全保证与常见安全多方计算相同。例如，隐藏处理中所有的私人数据，以及数值的出现频率。同时，Conclave 提供了一种结合明文计算和安全多方计算的混合计算方法（hybrid protocols）。参与方可以选择舍弃一些安全性，换取更优的性能。当且仅当参与方明确在输入中加入了相应的标注，且 Conclave 可以获取权限时，系统才会选择性地将部分数据以明文的形式进行处理。

与其他的大数据查询编译器类似，Conclave 通过将关系查询转换为由基本关系操作组成的有向无环图（Directed Acyclic Graph，DAG），并在一个或多个后端上执行 DAG。Conclave 假设各参与方之间满足在一定条件下参与联合计算。首先，各参与方所持有的数据符合查询所期望的模式；其次，每一方都需要运行一个 Conclave 代理与其他各方进行通信，并管理本地的所有计算工作。同时，各方还应运行一个安全多方计算终端（如 Obliv-C 或 Sharemind 节点）。此外，参与方可以选择一个并行数据处理系统（如 Spark）执行明文运算。如果缺少这样的系统，则 Conclave 使用 Python 执行串行计算。

Conclave 对基本查询指令的支持使基于 Conclave 的查询操作与基于单一可信数据库的普通查询几乎相同。唯一的区别是，用户需要通过输入关系标注指明数据的所有者信息，以帮助 Conclave 定位数据位置，并确认查询操作需要结合哪些参与方的数据。用户甚至可以创建跨参与方的关系模型，并作为操作数执行查询指令。除此之外，用户还可以通过输出关系标注指定输出的接收方。Conclave 在识别相关指令后，将明文形式的查询结果发送到指定参与方。

前面提到，Conclave 允许用户通过舍弃部分安全性以换取性能，且该行为通过添加信任标注实现。用户通过这些注释指定哪些参与方，有权访问数据的特定列。举例来说，某公司持有自己的子公司的相关信息，数据中的某些列可能包含营业额等私有信息。但是，公司可能愿意向特定的信任方（selectively-trusted party）透露这些信息，如政府监管机构。因此，双方通过协商让政府机构成为某公司的子公司关系中营业额列的信任方。通过使用类似的方法对数据加上特殊标注，Conclave 能够避免非必要的安全多方计算操作，从而大幅提升性能。

为了管理这样的信任关系，Conclave 为每一列都定义了一个包含若干参与方的信任集，信任集中的任意参与方均可以访问该列的明文数据，并对该列数据和其他可以访问的数据列在本地执行明文运算。显然，数据的拥有者一定在数据的信任集中。

## 9.5.2  Conclave 隐私安全技术介绍

如 9.5.1 节所述，Conclave 支持 Sharemind 和 Obliv-c 两种后端。为了了解 Conclave 中隐私计算技术的应用方法，下面以 Sharemind 为例对平台中隐私计算技术的使用进行介绍。

Sharemind[195] 是由爱沙尼亚公司 Cybernetica 推出的基于同态加密、秘密共享和可信执行环境等隐私计算技术的安全计算框架。目前，Sharemind 包含 Sharemind MPC 和 Sharemind HI 两项产品。Sharemind MPC 平台通过秘密共享实现隐私保护，并支持多种安全多方计算方案。其中，最主要的一种方案是基于加法秘密共享（Additive Secret Sharing）的 3-out-of-3 秘密共享方案，即将一个隐私数值 $s$ 拆分为 $s_1 = \text{random}(), s_2 = \text{random}(), s_3 = s - s_1 - s_2$。根据处理的数据类型的不同，该方案下的所有运算均需要进行相应的取模操作。例如，对于 64 位整数，所有运算结果均需对 $2^{64}$ 取模。Sharemind 解决方案可以接受三个参与方中存在一方半可信，但是如果出现两方联合破坏的情况，信息泄露仍无法避免。

在第 2 章对 Shamir 秘密共享方案的介绍中提到，基于加法秘密共享的方案满足加法同态性，即存在两个秘密 $u$ 和 $v$，被拆分为 $u_1, u_2, \cdots, u_n$ 和 $v_1, v_2, \cdots, v_n$，并被发送到不同的参与方手中。若各参与方对本地持有的秘密 $u_i$ 和 $v_i$ 执行加法运算，则所有参与方的计算结果之和仍然等于 $u + v$。但是乘法同态性的实现并非如此直接。Sharemind 基于 Du-Atallah 协议[197] 构建了新的共享策略。在该策略中，秘密 $u$ 和 $v$ 被拆分到三个参与方手中，$\mathscr{P}_1$ 持有 $u_1$ 和 $v_1$，$\mathscr{P}_2$ 持有 $u_2$ 和 $v_2$，$\mathscr{P}_3$ 持有 $u_3$ 和 $v_3$。根据 $u = \sum_{i=1}^3 u_i, v = \sum_{i=1}^3 v_i$，可以得到 $uv = \sum_{i=1}^3 \sum_{j=1}^3 u_i v_j = \sum_{i=1}^3 u_i v_i + \sum_{i \neq j} u_i v_j$。为了实现这样的运算，需要执行以下步骤：

首先，$\mathscr{P}_1$ 本地计算乘法 $u_1 v_1$，$\mathscr{P}_2$ 本地计算乘法 $u_2 v_2$，$\mathscr{P}_3$ 本地计算乘法 $u_3 v_3$。

然后，两两之间互不相等且满足 $i, j, k \in \{1, 2, 3\}$ 的 $\{i, j, k\}$ 一共有六组。为了计算 $\sum_{i \neq j} u_i v_j$，对每一组 $\{i, j, k\}$ 分别执行如下操作：

- $\mathscr{P}_k$ 生成随机数 $\alpha_i$ 和 $\alpha_j$，并将 $\alpha_i$ 发送至 $\mathscr{P}_i$，将 $\alpha_j$ 发送至 $\mathscr{P}_j$。
- $\mathscr{P}_i$ 计算 $u_i + \alpha_i$，并将其发送至 $\mathscr{P}_j$；相反，$\mathscr{P}_j$ 计算 $v_j + \alpha_j$，并将其发送至 $\mathscr{P}_i$。
- $\mathscr{P}_i$ 计算本地秘密共享 $w_i = -(u_i + \alpha_i)(v_j + \alpha_j) + u_i(v_j + \alpha_j)$；$\mathscr{P}_j$ 计算本地秘密共享 $w_j = -(u_i + \alpha_i)v_j$；$\mathscr{P}_k$ 计算本地秘密共享 $w_k = \alpha_i \alpha_j$。可以看出 $w_1 + w_2 + w_3 = u_i v_j$。

最后，将以上步骤的计算结果集中至可信第三方执行加法运算，可以得到乘法结果 $uv$。再对该结果进行拆分与共享，即完成了秘密共享下的同态乘法运算。

基于以上介绍的同态加法和同态乘法运算，可以实现绝大多数的安全计算。

### 9.5.3　Conclave 查询编译

以 9.5.2 节介绍的隐私计算技术为基础，Conclave 需要根据查询指令，实现多方安全查询，查询编译就是将查询指令转换为具体安全计算的过程。如 9.5.1 节所述，Conclave 的关键性优化在于通过减少不必要的安全计算，加速系统性能。

结合输入输出关系中的标注，Conclave 可以自动地确定查询中哪些部分必须在安全多方计算下运行，为了达到尽可能减少安全多方计算操作，同时维持安全保障的目的，Conclave 结合了静态分析和查询重写转换。图 9-11 展示了 Conclave 如何实现安全多方计算的最小化。总体来说，Conclave 通过以下四步完成查询编译：

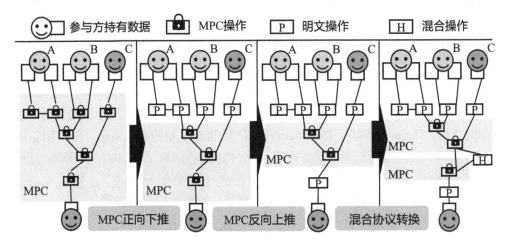

图 9-11　Conclave 查询编译流程

- 在初始状态时，所有的运算均落在安全多方计算下。首先，Conclave 将输入关系中的所有者标注向中间关系传递，将输出关系的所有者标注向中间关系反向传递，从而确定数据跨越多方的运算所在的位置。然后，利用这些信息，Conclave 将查询重写成一个安全多方计算较少的等价查询。这样产生的 DAG 包含一系列安全多方计算操作，并且在根节点和叶子节点附近存在高效的明文运算。

- Conclave 顺着 DAG 传递输入关系中的信任标注，并将它们结合起来，以确定哪部分操作可以脱离安全多方计算运行。随后，Conclave 根据从信任标注中得到的信息，使用混合运算替代可以脱离安全多方计算的操作，将单一的安全多方计算操作分割成若干较小的安全多方计算操作和本地操作。

- 为了进一步减少安全计算（如排序等）的巨大开销，Conclave 将这些操作移到本地处理或尽可能用更轻量的等效运算进行替换。

- 最后，Conclave 在本地运算和安全多方计算操作的转换处对 DAG 进行切分，生成子 DAG，从而达到分割查询的目的。Conclave 为产生的子 DAG 生成代码，并在后端执行。

接下来说明这些步骤的具体实现。

### 1. 标注传递

输入和输出关系中的标注包括数据所有者标注和信任标注，向 Conclave 提供了 DAG 的根节点和叶子节点的相关信息。Conclave 顺着 DAG 对这些信息执行两次传递。

第一次传递为所有者信息的传递。Conclave 按照拓扑排序遍历 DAG 的顺序，向下传递输入关系（根节点）的所有者信息，并按照反向拓扑排序遍历 DAG 的顺序传递，将最终的输出关系（叶子节点）所有者信息向上传递。对于每一个中间运算，输出关系的所有者取决于输入关系的所有者。如果它的所有输入关系均来自同一个参与方，则认为它的输出关系也属于该参与方。如果运算的输入关系来自多个参与方，则认为运算的输出关系没有所有者。而输出关系缺乏所有者的运算操作必须在安全多方计算之下进行。

第二次传递为信任标注信息的传递。由于每个输入列的信任集已经由信任标注定义，Conclave 将这些信任标注按拓扑顺序在 DAG 上传递。相似地，Conclave 为每个中间关系的列定义信任集。如果对于某个中间关系列，有参与方位于对该列计算结果有影响的所有输入关系列的信任集之中（即有权限访问这些数据列的明文数据），则其就被这个中间关系列所信任。传递信任信息使 Conclave 能够使用混合运算来计算中间关系，以确保除用户标注的可公开信息之外，没有其他信息被泄露。

通过对标注信息的传递，Conclave 在减少安全多方计算的同时，严格保证了参与方只能获取其有权访问的输入关系，以及由这类关系推导得到的中间关系。

### 2. 确定安全多方计算边界

根据标注传递策略，Conclave 基本确认了哪些操作可以被转换到明文中进行计算。紧接着，它将使用本地明文数据执行的操作符从安全多方计算中剥离出来，并将其他运算拆分为本地预处理操作和安全多方计算操作。通过这些转换，本地运算逐渐增加，安全多方计算和本地明文运算的边界逐渐向最初单一安全多方计算的内部移动。

**（1）安全多方计算上边界下移。** 从每一个输入关系（根节点）开始，Conclave 在保持正确性和安全性的前提下，尽可能地将安全多方计算上边界向下推动。Conclave 顺着 DAG 执行遍历，将操作从安全多方计算中剥离出来，直至遇到输出关系没有所有者的中间操作，由标注传递步骤的讨论可知，此类操作必须使用安全多方计算执行。

（2）安全多方计算下边界上移。有一些运算是可以通过计算结果反推出输入数据的。这样的运算被称为可逆运算。可逆运算的输出一定会泄露其输入信息。因此，即使输入关系所有者和结果的持有方不相同，可逆运算也没有使用安全多方计算的必要，可以直接转移到明文下执行。此时，Conclave 可以从输出关系开始，依靠可逆运算将安全多方计算下边界向上推动。

（3）安全隐患。由于对操作的改写可能将数据相关信息暴露到操作的具体步骤上，Conclave 的上边界下移给系统的安全性带来了一定的影响。举例来说，假设一个 Aggregation 操作根据键（Key）对不同的关系进行分组聚合，Conclave 可以首先在不同参与方分别执行基于本地数据的预聚合，再提取各参与方的预聚合结果执行安全多方计算操作，实现完整的聚合运算。但是这种做法会使各个参与方被分到不同组的列的数量泄露给所有人。以上操作被称为数据依赖性转换。Conclave 需要得到所有参与方的同意才可以执行此类转换操作。若被参与方拒绝，则 Conclave 仍然执行较为缓慢的安全多方计算。

### 3. 混合运算

在对运算执行改写重构的过程中，Conclave 使用包含明文运算和安全多方计算的混合运算替代原先计算复杂度较高的安全多方计算。当用户通过添加输入关系信任标注，赋予信任方数据访问权限后，信任方可以实现部分运算的本地明文化。Conclave 支持混合连接（Hybrid Join）、公共连接（Public Join）和混合聚合（Hybrid Aggregation）三种混合运算。此三种运算的实施均基于某一参与方同时被运算的所有输入数据列信任（即该参与方位于所有输入数据的信任集中）的前提。首先，在安全多方计算中完成数据的打乱和提取等预处理操作，将相关信息从安全多方计算提取出来并暴露给信任方，信任方根据输入数据，在明文下执行复杂度较高的连接和聚合等操作。然后，将计算结果（一般为计算结果在原始数据中对应的索引信息）通过秘密共享的方式返回给安全多方计算中的各参与方。最后，Conclave 通过若干 select 选择及打乱操作，将明文计算得到的连接或聚合结果整合回安全多方计算框架中。

### 4. 减少不经意运算

在安全多方计算中，由于需要维持控制流的不可知性，排序等不经意运算（Oblivious Operations）的耗时相当巨大。为了降低此类开销，Conclave 采用了两种方法进行优化。

（1）追踪并减少冗余排序运算。Conclave 遍历 DAG，以追踪是否已经存在相关操作使中间结果的数据列有序，并依此删除多余排序运算。同时，Conclave 检查是否存在打乱数据有序性的操作，并将相应操作的结果标注为"无序"。

（2）将排序运算尽可能地转移到明文下执行。和移动安全多方计算边界时的操作类似，如果某参与方是可以访问排序运算的所有源数据，则可以将该操作转移到明文实现。特别地，假设对若干有序的数据执行连接操作，并需要对连接结果执行排序操作。尽管连接操作并不能够保存连接发起的顺序，但 Conclave 可以通过在该操作之后引入合并操作实现排序。与对所有的数据执行不经意排序相比，对多个有序的部分执行不经意合并的开销要低很多。此类优化的基本思想是：引入更多的明文运算以减少安全多方计算量，从而大幅提升整体性能。

### 9.5.4 应用场景

#### 1. 信用卡监管

在一个常见的信贷场景中，政府持有所有居民的身份证号码及住址信息。居民中可能包含信用卡持卡人，而征信机构持有信用卡持卡人的居民身份证号码，以及信贷额度、信用评级等信息。政府部门可能希望根据行政地区划分来统计不同地区居民的信用评分以进行有效的监管。但是，政府不能泄露居民住址信息，而征信机构也不能泄露用户信用信息。在这样的场景中，用户量（即居民人数）相当庞大。在全国范围内，该数据规模以亿计算。因此，可以利用基于 Conclave 的查询手段，使政府在双方私有信息不泄露及查询效率可以被接受的条件下，获取不同地区居民中信用卡持卡人的征信情况。

#### 2. 行业集中度

为了防止垄断，政府需要对各企业所占市场份额进行调查。一般来说，赫芬达尔-赫希曼指数（某特定市场上所有企业的市场份额的平方和）可以用于衡量行业集中度，监测市场份额的变化。虽然计算赫芬达尔-赫希曼指数时只需要各家公司的市场规模数据，但为了获得市场规模，需要结合各公司的大量成交记录进行计算。这样的数据规模对计算性能有较高的要求。另外，政府很难获取私有企业的市场规模信息，且私有企业也不希望将数据暴露给其他人。因此，可以在政府和企业之间引入 Conclave 查询系统，让政府部门在不暴露企业营销具体数据的情况下完成行业监管。

## 9.6 PrivPy 隐私计算平台

### 9.6.1 PrivPy 平台概述

PrivPy[198] 是由华控清交研发的多方计算平台，具备通用可扩展性、高性能并行算力及明密文混合计算能力。PrivPy 整合了安全多方计算、联邦学习和差分隐私等隐私计算技术，在参与计算节点为半诚实的安全假设下，满足数据隐私安全和计算结果的正确性。PrivPy 同时支持联合查询和联合建模，通过提供简洁易用的前端接口，降低了隐私计算技术的实现难度及上手门槛。

PrivPy 平台的框架结构如图 9-12 所示，其框架由提供编程接口和代码检查优化的语言前端和提供算力加速和隐私保护的后端构成。

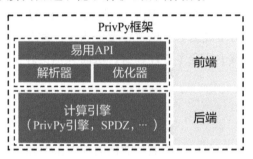

图 9-12　PrivPy 平台的框架结构

为了便于用户使用，前端通过集成简洁的 Python 编程接口向用户提供常用的隐私计算操作。这些编程接口支持 ndarray 数据类型的处理及广播操作，基本能够满足机器学习对于 Numpy 工具包的需求。接口提供的所有操作均支持标量、向量和矩阵运算。这使得用户可以轻松地将机器学习工程迁移到 PrivPy 中，以实现隐私计算功能。此外，前端还可以对用户代码执行自动检测和优化重写，以避免由于用户的非常规操作导致的性能损失。该功能主要通过提取公因子、循环向量化、表达式向量化等运算简化或数据批量化操作实现。同时，前端还可以根据实际应用场景需求同时对海量数据进行处理。例如，对 $1,000,000 \times 5,048$ 的矩阵执行计算操作等。

PrivPy 的后端集成了约 400 个密文计算函数库，包括各种逻辑函数和联邦学习等基本操作。后端的实现基于 2-out-of-4 秘密共享协议，通过对算子进行分层化管理，并利用底层秘密共享实现丰富的计算功能。9.6.2 节将对后端进行详细的描述。

PrivPy 在前端和后端之间引入了通用私有操作层，以实现前端和后端的解耦。为了降低前后端的交互开销，每一台服务器上的后端都以库的形式与前端进行连接。在架构设计中，Python 被默认为大数据相关行业较为普遍的编程选择。因此，前段接口统一使用 Python 实现。为了保证工作效率，PrivPy 的后端使用 C++ 实现。但是，用户可以通过对性能的评估和优化，使用同一个前端编程接口连接不同的计算后端。目前，PrivPy 支持三种计算后端：SPDZ 后端、ABY[3] 后端和 PrivPy 后端。其中，PrivPy 后端是本书的关注对象。接下来介绍 PrivPy 后端中隐私计算技术的具体实现方法。

### 9.6.2 平台后端安全计算介绍

#### 1. 2-out-of-4 秘密共享协议

2-out-of-4 秘密共享协议结合了 SecureML[199] 和 ABY3[52] 两种安全三方计算架构。PrivPy 通过使用四个半诚实的服务器 $S_1$、$S_2$、$S_a$ 和 $S_b$ 构建了一个可信计算系统，如图 9-13 所示。

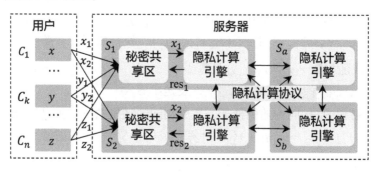

**图 9-13　PrivPy 后端计算框架结构**

假设该系统工作在 $\mathbb{Z}_{2^n}$ 集合内，即运算中所有数字位宽均小于或等于 $n$，且用户 $C_1$ 希望共享数字 $x$，则数据共享的过程如下：

- $C_1$ 生成数字 $x_1$ 和 $x_2$。其中，$x_1$ 为 $\mathbb{Z}_{2^n}$ 范围内的随机数，$x_2 = x - x_1$。$C_1$ 将 $x_1$ 和 $x_2$ 分别发送至服务器 $S_1$ 和 $S_2$。
- $S_1$ 将 $x_1$ 转发至 $S_b$，$S_2$ 将 $x_2$ 转发至 $S_a$。
- $S_1$ 和 $S_2$ 使用相同的随机种子生成同一随机数 $r$，并分别计算出 $x'_1 = x_1 - r$，$x'_2 = x_2 + r$。$S_1$ 将 $x'_1$ 发送至 $S_a$，$S_2$ 将 $x'_2$ 发送至 $S_b$。
- 此时，$S_1$ 和 $S_2$ 分别持有 $\{x_1, x'_1\}$ 和 $\{x_2, x'_2\}$；$S_a$ 持有 $\{x_2, x'_1\}$，记作 $\{x_a, x'_a\}$；$S_b$ 持有 $\{x_1, x'_2\}$，记作 $\{x_b, x'_b\}$。

共享完成后，原始数据 $x$ 被编码为 $[[x]] = (x_1, x'_1, x_2, x'_2, x_a, x'_a, x_b, x'_b)$。四台服务器分别持有两个在 $\mathbb{Z}_{2^n}$ 内随机分布的数字。没有任何一台可以独自还原出原始数据 $x$。显然，这种共享方式是满足加法同态性的，即 $[[x]] + [[y]] = [[x + y]]$。在实际使用中，由于原始数据通常为十进制浮点数，需要对原始数据在二进制补码下进行简单的移位截取操作，从而映射为 $\mathbb{Z}_{2^n}$ 下的大整数，$\tilde{x} = \lfloor 2^d x \rfloor$。当忽略精度损失时，运算仍满足加法同态性。

与 ABY3 相比，2-out-of-4 秘密共享协议通过引入第四台服务器节省了数据预计算的开销，保持了原有的通信复杂度。其安全性与正确性的证明仍沿用 SecureML 和 ABY3 的相关证明。

## 2. 定点数乘法

上一节说明了 2-out-of-4 秘密共享协议的加法同态性。本节介绍该协议中乘法的实现方式。PrivPy 中定点数乘法的处理方式仍然借鉴了 SecureML 和 ABY[3] 的内容，但与 SecureML 和 ABY[3] 相比，PrivPy 的处理省略了预计算的过程。

假设有两个定点数 $x$ 和 $y$ 已经按照 2-out-of-4 秘密共享协议共享存储在服务器 $S_1$、$S_2$、$S_a$ 和 $S_b$ 上。其中，$S_1$ 持有 $\{x_1, x_1', y_1, y_1'\}$，$S_2$ 持有 $\{x_2, x_2', y_2, y_2'\}$，$S_a$ 持有 $\{x_a, x_a', y_a, y_a'\}$，$S_b$ 持有 $\{x_b, x_b', y_b, y_b'\}$。执行如下计算操作：

- $S_1$ 生成随机数 $r_{12}$ 和 $r_{12}'$，并计算 $t_1 = x_1 y_1' - r_{12}$ 和 $t_1' = x_1' y_1 - r_{12}'$。计算完成后，$S_1$ 将 $t_1$ 发送给 $S_b$，将 $t_1'$ 发送给 $S_a$。
- $S_2$ 使用和 $S_1$ 相同的随机种子，生成相同的随机数 $r_{12}$ 和 $r_{12}'$，并计算 $t_2 = x_2 y_2' + r_{12}$ 和 $t_2' = x_2' y_2 + r_{12}'$。计算完成后，$S_2$ 将 $t_2$ 发送给 $S_a$，将 $t_2'$ 发送给 $S_b$。
- $S_a$ 生成随机数 $r_{ab}$ 和 $r_{ab}'$，并计算 $t_a = x_a y_a' - r_{ab}$ 和 $t_a' = x_a' y_a - r_{ab}'$。计算完成后，$S_a$ 将 $t_a$ 发送给 $S_2$，将 $t_a'$ 发送给 $S_1$。
- $S_b$ 使用和 $S_a$ 相同的随机种子，生成相同的随机数 $r_{ab}$ 和 $r_{ab}'$，并计算 $t_b = x_b y_b' + r_{ab}$ 和 $t_b' = x_b' y_b + r_{ab}'$。计算完成后，$S_b$ 将 $t_b$ 发送给 $S_1$，将 $t_b'$ 发送给 $S_2$。
- $S_1$ 存储 $z_1 = (t_1 + t_b)/2^d$ 和 $z_1' = (t_1' + t_a')/2^d$；$S_2$ 存储 $z_2 = (t_2 + t_a)/2^d$ 和 $z_2' = (t_2' + t_b')/2^d$；$S_a$ 存储 $z_a = (t_a + t_2)/2^d$ 和 $z_a' = (t_a' + t_1')/2^d$；$S_b$ 存储 $z_b = (t_b + t_1)/2^d$ 和 $z_b' = (t_b' + t_2')/2^d$。

计算结束后，对各方最终存储的数值进行检查，以 $z_1$ 和 $z_2$ 为例，

$$
\begin{aligned}
2^d(z_1 + z_2) &= t_1 + t_b + t_2 + t_a \\
&= x_1 y_1' - r_{12} + x_b y_b' + r_{ab} + x_2 y_2' + r_{12} + x_a y_a' - r_{ab} \\
&= x_1 y_1' + x_b y_b' + x_2 y_2' + x_a y_a' \\
&= x_1 y_1' + x_1 y_2' + x_2 y_2' + x_2 y_1' \\
&= (x_1 + x_2)(y_1' + y_2')
\end{aligned} \tag{9-1}
$$

可以知道，存储在 $S_1$ 和 $S_2$ 上的 $z_1$ 和 $z_2$ 是 $xy/2^d$ 的一组秘密共享。该方法对最终存储结果除以 $2^d$ 的操作，本质是通过移位保证数据位宽在完成乘法运算后维持不变，以防止过多乘法运算造成数据溢出。同样，可以证明，$z_1'$ 和 $z_2'$ 也是 $xy/2^d$ 的一组秘密共享。由 $z_1 = z_b, z_2 = z_a, z_1' = z_a', z_2' = z_b'$ 可知，整个系统仍然满足 2-out-of-4 秘密共享协议，从而证明该方法实现了安全乘法运算。

### 9.6.3　用户编程接口

在 9.6.1 节 PrivPy 平台的整体概述中，我们提到 PrivPy 提供了一套 Python 编程接口，开发者可以直接在 Python 中导入 PrivPy 库，实现安全计算。从代码上看，基于 PrivPy 的安全计算与 Python 中的普通计算差异很小，开发者仅需要在计算之前声明隐私变量，并在计算完成后对结果调用 reveal 方法，将明文从秘密共享中恢复。这样简易的编程方式隐藏了复杂的安全多方计算流程，开发者无须了解密码学知识也能够实现隐私计算。以下是一个基于 PrivPy 实现的矩阵分解样例程序。

```python
import privpy as pp
x = ... # read data using ss()
factor, gamma, lamb, iter_cnt = initPublicParameters()
n, d = x.shape
P = pp.random.random((n, factor))
Q = pp.random.random((d, factor))
for _ in range(iter_cnt):
    e = x - pp.dot(P, pp.transpose(Q))
    P1 = pp.reshape(pp.repeat(P, d, axis = 0),
                    P.shape[:-1] + (d, P.shape[-1]))
    e1 = pp.reshape(pp.repeat(e, factor, axis = 1),
                    e.shape + (factor, ))
    Q1 = pp.reshape(pp.tile(Q, (n, 1)), (n, d, factor))
    Q += pp.sum(gamma * (e1 * P1 - lamb * Q1), axis = 0) / n
    Q1 = pp.reshape(pp.tile(Q, (n, 1)), (n, d, factor))
    P += pp.sum(gamma * (e1 * Q1 - lamb * P1), axis = 1) / d
P.reveal()
Q.reveal()
```

总体来说，PrivPy 的用户接口设计基本与 Numpy 工具包相似，并支持 ndarray 类型数据结构的各种操作，包括向量运算和广播操作等。因此，在进行机器学习训练时，用户可以简单地用 PrivPy 替换 ndarray，以保证标量和向量型数据的计算安全。在接收到输入数据后，PrivPy 自动识别数据类型，将标量型数据转换为自定义隐私数据类型 SNum，并将向量型数据转换为隐私数据类型 SArr。对于这两种特定的数据类型，PrivPy 对常用运算符 +、、、>、= 等进行了重载。当对隐私数据类型执行运算时，重载运算符基于数据类型执行相应的隐私计算方法，以实现安全计算操作与普通运算的有效区分。

### 9.6.4 应用场景

#### 1. 政府监管

随着市场经济的不断发展，政府对企业进行有效的监管是保障市场秩序和社会稳定的重要前提。为了完成企业监管，必须以大规模数据量为基础，如企业运营状况等，执行高效的数据分析。但是，企业数据中通常包含大量的隐私信息，作为利益方的企业不愿轻易共享核心机密。另外，在大规模数据传输和存储的过程中，也难免出现恶意第三方拦截和窃取数据的现象。为了在保障数据安全的前提下完成政府监管工作，通过 PrivPy 使用秘密共享等隐私计算技术，可以在不泄露明文的前提下对数据执行计算，保护企业数据的安全。

#### 2. 联合挖掘

为了明确行业定位、优化战略决策，企业希望可以与相关产业的合作方共享数据信息，挖掘潜在数据价值。然而，受数据泄露风险的影响，厚重的安全壁垒将各方分割为独立的数据持有者，极大地降低了数据融合的可能性。如果能够在保证数据安全的同时实现数据共享，将带来无限的合作机会。PrivPy 中安全数据的可操作性使联合数据挖掘成为可能。各方无须因为缺乏可靠的信用评估体系而对数据合作望而却步。这对推动产业一体化、优化行业结构有着重要意义。

#### 3. AI 安全预测

受到计算能力有限等因素的制约，部分企业无力在本地对自身数据进行训练和预测，而租借云端服务器执行计算任务又不可避免地引入暴露本地数据的问题。通过 PrivPy 提供安全的云端计算，企业可以在保证数据安全的前提下将秘密数据发送至云端执行运算。同时，考虑到多方计算的可行性，通过联合合作方数据进行训练，可以为海量的数据带来保障，并提升训练结果的精确度，从而使参与企业在训练中获得更高的收益。

## 9.7 隐私计算平台效率问题和加速策略

目前，隐私计算平台广泛用到了多种安全技术，包括同态加密、秘密共享、差分隐私、可信执行环境，以及其他一些安全多方计算技术。虽然这些安全技术的应用很好地保证了数据价值的安全共享，但同时也带来了计算和通信效率的大幅下降。在对安全和效率的双重探索中，星云 Clustar 的研究人员基于理论分析和实践应用，提供了一系列安全加速方案。文献 [200] 对联邦学习模型训练中存在的性能问题进行了全面的探讨，基于这些问题，文献 [201–203] 提出了多样的解决方案。接下来，我们对隐私计算的效率问题及相应的解决方法进行详细的介绍。

### 9.7.1 隐私计算技术中的效率问题

#### 1. 同态加密

对数据进行同态加解密需要进行一些数学运算。这些运算的计算复杂度既与所采用的同态加密算法相关，也与选取的密钥长度相关。通常来说，密钥越长，同态加密的安全性越高。为了保证数据加密有足够好的安全性，目前普遍采用 1024 或更多比特的密钥长度。除了同态加解密运算本身带来的计算开销，加密后的密文在密态下的计算也会带来很大的计算开销。以 Paillier 同态加密为例，数据经过同态加密后，会从 32 比特或 64 比特的小数变成与密钥长度等长的大数（比如 1024 比特或 2048 比特长度的大数），使得通信的开销也大大增加。此外，这些大数在密态下进行加法或乘法运算也不再是简单地将数据相加或相乘，而需要通过复杂的模乘或模幂运算来完成相应的密态下运算。

#### 2. 秘密共享

在秘密共享中，秘密的分发和恢复都会导致效率的下降。在秘密分发过程中，需要通过一定的数学计算将秘密分割成 $n$ 份，然后分发给 $n$ 个参与方。在秘密的恢复过程中，需要收集 $k$ 份（$k \leqslant n$）分割后的不同秘密碎片，然后通过算法规定的数学计算将秘密恢复。例如，Shamir 算法需要通过解一个同余方程组来恢复秘密。不难发现，秘密分发和恢复都需要进行额外的计算和通信操作，因此不可避免地会导致效率的下降。

#### 3. 差分隐私

差分隐私需要给每一个查询结果加入一定的噪声，如通过 Laplace 机制或指数机制来添加噪声，从而在查询结果中引入足够保证用户隐私的随机性。向查询结果中添加噪声需要进行一定的额外数学计算，从而不可避免地导致效率的下降。

#### 4. 不经意传输

为了保证发送者无法知道接收者到底接收了多条可选消息中的哪一条，不经意传输一方面需要使用加密算法（如 RSA 算法）对消息数据及随机数进行加密，另一方面还需要在发送者和接收者之间进行多次数据传输，包括传输所选用的加密算法的公私钥。因此，不经意传输会同时导致计算与传输两方面的效率下降。

#### 5. 混淆电路

与不经意传输类似，能完成某一算法计算的混淆电路也涉及大量的加解密运算，以及对密态数的各类数学变换操作。此外，所有参与方之间要做许多额外的数据传输，因此计算与传输的效率都会大大下降。

对于隐私计算技术导致的计算效率问题，可以通过异构计算解决。而传输效率的问题，则可以通过设计网络优化技术解决。

### 9.7.2 异构加速隐私计算

#### 1. 异构计算定义

异构计算是指用不同类型的指令集和体系架构的计算单元组成系统的计算方式。常见的处理器包括 CPU（X86、ARM、RISC-V 等）、GPU、FPGA 和 ASIC。下面对四类异构计算系统中常见的芯片做简要介绍。

#### 2. 中央处理器

中央处理器（Central Processing Unit，CPU）是计算机系统的核心部件之一，其主要功能是读取指令，对指令译码并执行。CPU 的主要组成部分包括运算器（ALU）、控制单元（CU）、寄存器（Register）、高速缓存器（Cache），以及保持它们之间互相通信的数据、控制及状态的总线。我们可以根据所支持的指令集对 CPU 进行分类。指令集主要包括精简指令集（RISC）和复杂指令集（CISC）。一般来说，RISC 指令的长度和执行时间相对固定，而 CISC 里不同指令长度和执行时间存在差异。RISC 指令的并行的执行程度更好，并且编译器的效率也较高。CISC 指令则对不同的任务有针对性的优化，代价是电路复杂且较难提高并行度。典型的 CISC 指令集是 x86，典型的 RISC 指令集包括 ARM 和 MIPS。

#### 3. 图形处理器

图形处理器（Graphics Processing Unit，GPU）最早是一种专门用在个人电脑、服务器、游戏机和移动设备上做图像或图形处理相关运算的一种微处理器。近年来，由于 GPU 在浮点计算和并行计算上拥有极其出色的性能，已经被广泛应用于大数据处理、大规模科学研究计算、人工智能等需要大量算力的场景中。从架构上来看，GPU 包含数十至数百个小型处理器。相比于 CPU，GPU 单独来看性能都比较弱，但它们能很高效地进行并行运算。在对批量大数据进行相同的处理时，就会表现出相当高的执行效率。因为具有在架构上做并行计算的天然优势，GPU 近年来在通用计算领域获得了迅猛的发展。使用 GPU 做批量数据的并行计算已经变得越来越普遍。

#### 4. 现场可编程门阵列

现场可编程门阵列（Field Programmable Gate Array，FPGA）是在 PAL、GAL、EPLD 等可编程器件的基础上进一步发展而来的产物。FPGA 采用了逻辑单元阵列（Logic Cell Array，LCA）的概念，内部包括可配置逻辑模块（Configurable Logic Block，CLB）、输入输出模块（Input Output Block，IOB）和内部连线（Interconnect）三个部分。FPGA 是可编程器件，与 PAL、GAL 及 CPLD 器件等传统逻辑电路和门阵列相比，FPGA 具有不同的结构。FPGA 利用小型查找表实现组合逻辑，每个查找表连接到一个 D 触发器的输入端，触发器再驱动其他逻辑电路或驱动 I/O，由此构成了既可实现组合逻辑功能又可实现时序逻辑功能的基本逻辑单元模块，这些模块间利用金属连线互相连接或连接到 I/O 模块。FPGA 的逻辑是通过向内部静态存储单元加载编程数据实现的。存储在存储器单元中的值决定了逻辑单元的逻辑功能，以及各模块之间或模块与 I/O 间的连接方式，并最终决定了 FPGA 所能实现的功能。FPGA 允许无限次地编程，作为一种半定制电路，既解决了定制电路的不足，又克服了原有可编程器件门电路数有限的缺点。

### 5. 专用集成电路

专用集成电路（Application-Specific Integrated Circuit，ASIC）是为了某种特定的需求而专门设计、制造的集成电路的统称。集成电路（Itegrated Circuit）是一种微型电子器件或部件。采用一定的工艺，把一个电路中所需的晶体管、电阻、电容和电感等元件及布线互连在一起，制作在一块或几小块半导体晶片或介质基片上，然后封装在一个管壳内，成为具有所需电路功能的微型结构。集成电路规模越大，组建系统时就越难以针对特殊要求加以改变。为解决这些问题。出现了以用户参加设计为特征的专用集成电路（ASIC）。ASIC 分为全定制和半定制。全定制设计需要设计者完成所有电路的设计，因此需要大量人力物力，灵活性好但开发效率低下。半定制使用标准逻辑单元，设计时可以从标准逻辑单元库中选择需要的逻辑单元甚至乘法器、微控制器等系统级模块和 IP 核。这些逻辑单元已经布局完毕，而且设计得较为可靠。设计者可以较方便地完成系统设计。ASIC 的特点是面向特定用户的需求，品种多、批量少，要求设计和生产周期短。作为集成电路技术与特定用户的整机或系统技术紧密结合的产物，与通用集成电路相比，ASIC 具有体积更小、质量更轻、功耗更低、可靠性更高、性能更好、保密性更强、成本更低等优点。

通过异构计算来解决隐私计算所面临的算力挑战已经成为当前学术界和工业界的一个热门研究方向。下面以联邦学习 FATE 平台为例介绍如何通过异构计算加速隐私计算。联邦学习 FATE 平台中的隐私计算算力瓶颈主要以通过 Paillier 同态加密算法对数据进行加解密和数据在加密状态下进行计算为主。

### 6. 可行性分析

- 在联邦学习的数据加解密及密态计算中，不同数据的计算互不影响，也就是说计算是高度并行的。异构计算正好适合加速能高度并行的计算任务。
- 联邦学习涉及的计算公式本身不复杂，但重复执行次数巨大，属于重复的轻量级计算。异构计算正好适合加速重复的轻量级计算。
- 在联邦学习中，数据 I/O 时间不到计算时间的 0.1%，因此属于计算密集型任务。异构计算很适合加速计算密集型任务。
- 联邦学习中数据以批量形式产生，并且数据量巨大，满足批量大数据的特征，因此适合使用异构计算来加速。

综合以上四点分析，联邦学习非常适合使用异构计算来进行加速。

### 7. 异构加速挑战

虽然联邦学习有很多适合异构加速的特点，但也面临以下挑战：

- 联邦学习计算需要做 2048 位大整数运算，但异构芯片不能直接支持大整数运算。
- 联邦学习计算涉及大量的模幂运算，但异构芯片做模幂运算的代价非常大。
- 联邦学习计算需要缓存大量的中间计算结果，但由于成本和能耗的限制，异构芯片的存储空间非常有限。

### 8. 加速方案

（1）基于分治思想做元素级并行。若将 $N$ 比特位长的大整数 $a$ 和 $b$ 分解成高位和低位两部分，则大整数间的加法和乘法运算就可以通过不断递归分解成很多可并行计算的小整数运算。这样，异构计算芯片就能高效地完成大整数的复杂计算。

（2）平方乘算法和蒙哥马利算法组合优化。FATE 平台中使用的 Paillier 加密算法和密态下运算都大量使用模幂运算（ $a^b \bmod c$ ）。如何通过异构计算高效地计算模幂运算是提高计算效率的核心。首先，可以通过平方乘算法进行计算复杂度优化。平方乘算法主要基于这样一个观察：要计算 $a^k$ 的值，并不一定需要将 $a$ 自乘 $k$ 次，而是可以先计算出 $a^{k/2}$ 的值，然后求平方。通过不断地对结果求平方，只需要 $\log k$ 次的乘法运算就可以得到 $a^k$ 的值。根据这种思想，可以将 $b$ 表示为二进制数，然后通过 $\mathcal{O}(N)$ 次乘法及取模运算得到计算结果。平方乘算法的优点是能够将复杂度降低到 $\mathcal{O}(N)$ ，且中间计算结果的大小不超过 $c$ 。缺点是需要做 $2N$ 次取模运算。对 GPU 来说，做取模运算的时间代价很高。为了克服这个问题，FATE 引入了蒙哥马利模乘算法来高效地完成模乘计算。蒙哥马利算法的优点是计算模乘的过程中不需要进行取模的运算，从而大大加快取模的运算速度。

（3）中国剩余定理减小中间计算结果。从 Paillier 解密计算公式

$$m = \frac{L(c^\lambda \bmod n^2)}{L(g^\lambda \bmod n^2)}, n = pq, L(x) = \frac{x-1}{n}, \tag{9-2}$$

中不难发现，式 (9-2) 的最终计算结果长度为 $N$ 比特，但是中间计算结果长度为 $2N$ 比特，因此需要 2 倍显存进行存储。由于异构计算芯片的存储非常稀缺，因此计算性能受到很大影响。

$$m_p = \frac{L(c^{p-1} \bmod p^2)}{L(g^{p-1} \bmod p^2)} \bmod p, \tag{9-3}$$

$$m_q = \frac{L(c^{q-1} \bmod q^2)}{L(g^{q-1} \bmod q^2)} \bmod q, \tag{9-4}$$

$$\begin{cases} x \equiv m_p(\bmod p) \\ x \equiv m_q(\bmod q) \end{cases}. \tag{9-5}$$

通过中国剩余定理可以分解解密计算，从而减小中间计算结果。首先，定义 $m_p$ 和 $m_q$ 两个子项，见式 (9-3) 和式 (9-4)，并依据它们构造一个满足中国剩余定理的同余方程组，见式 (9-5)。用 $\mathrm{CRT}(m_p, m_q)$ 表示这个同余方程组的解。可以证明，解密计算公式等价于 $\mathrm{CRT}(m_p, m_q) \bmod pq$，所以，可以通过计算这个新的表达式来求解 $m$ 的值。观察这三个计算表达式，我们有两个发现：首先，三部分的中间计算结果都不超过 $N$ 比特，因此减小了中间计算结果的规模；其次，计算公式从 $2N$ 比特数的模幂运算简化成 $N$ 比特数的模幂运算，计算量大幅度减小。

根据实际实验结果，采用上述三种加速方案的优化后，使用异构加速技术可以将联邦学习的计算效率提升 50～70 倍。

### 9.7.3 网络优化解决数据传输问题

常见的网络优化方案主要包括：升级网络基础设施；传输层协议优化；网络流量调度；搭建专用网络；应用层优化。

#### 1. 升级网络基础设施

通过升级网络硬件设备，可以大幅度提升网络数据传输的效率。对于数据中心网络场景（所有隐私计算的参与方之间的通信都发生在一个服务器集群内部），可以通过升级网络带宽，例如从 10Gb/s 网络升级到 100Gb/s 网络，来提高网络数据传输的效率。这需要为数据中心采购支持更高带宽的交换机或路由器、网卡和网线。另外，还可以通过采购支持远程直接数据存取（Remote Direct Memory Access，RDMA）高性能网络技术的网络设备来大幅度降低网络基础延迟，从而减小一轮数据传输需要的时间。对于跨数据中心通信场景，可以通过采购更高带宽的网卡和网线，以及向电信运营商购买更高的网络带宽来提高网络数据传输的效率。

#### 2. 传输层协议优化

为了提高数据传输的性能，研究人员一直致力于设计高效的网络传输层协议。这方面的优化主要分为两类。第一类是对现在被广泛采用的 TCP 进行若干优化，例如：TCP Cubic 用一个 cubic 函数替换了 TCP 原本的拥塞控制窗口变化增长逻辑，窗口的增长依赖两次丢包的时间，因此窗口的增长独立于 RTT，具有 RTT 公平性特征；数据中心 TCP（Data Center TCP，DCTCP）结合数据中心网络交换机普遍支持显式拥塞通知（Explicit Congestion Notification，ECN）这一特点，根据一个往返延时内发送的数据包被打为 ECN 的比例来决定拥塞控制窗口的增减；TCP BBR 利用估算的带宽和延迟直接推测拥塞程度从而计算滑动窗口，而不再像传统 TCP 算法那样基于丢包（拥塞）信息反馈来计算滑动窗口。第二类是设计新的传输层协议取代 TCP。例如，谷歌提出的快速 UDP 网络连接（Quick UDP Internet Connections，QUIC）协议通过 5 个方面的创新设计，包括利用缓存显著减少连接建立时间、改善拥塞控制从内核空间到用户空间、没有 head of line 阻塞的多路复用、前向纠错来减少重传和连接平滑迁移等，大幅提升了网络数据传输的性能。

### 3. 网络流量调度

近年来，网络流量调度已经成为网络领域的热门话题。网络流量调度主要指决定何时以及以多大速率传输网络中的每条数据流，对网络数据传输性能具有十分重要的影响。通过制定调度目标并设计相应的流量调度算法，能很好地规划数据如何在网络中传输，进而大幅减少网络传输时间。常见的调度目标包括为计算任务的数据传输提供带宽保障、为计算任务的数据传输提供截止时间保障、最小化所有数据传输任务的平均完成时间、最小化属于同一个计算任务的一组网络流量的整体完成时间、最小化流量传输成本和公平共享带宽等。常见的调度管理方式主要分为分布式调度、集中式调度和混合式调度。根据不同的通信场景，现有方案又可分为面向数据中心内部的流量调度、面向数据中心间的流量调度和面向个人终端和数据中心间的流量调度。在调度的粒度方面，主要分为基于流组的调度、基于单条流的调度、基于流切片的调度和基于单个数据包的调度四种。通过网络流量调度来提升隐私计算数据传输效率的关键是明确通信场景和调度目标，选择合适的调度管理方式和调度粒度，设计有效的调度算法。

### 4. 搭建专用网络

对于跨数据中心的网络数据传输，可以通过搭建或购买专用网络的办法避免与其他用户的网络流量争抢带宽，从而优化网络数据传输所需要的时间。相比公网传输，专用网络主要具有两大优势：

（1）延迟较小。因为跨数据中心专用网络一般用于跨省数据中心之间的通信，距离远。如果通过公网传输，经过的跳转节点较多，在传输速度上相对延迟较大。例如，北京数据中心到上海数据中心之间的跨地域通信在使用公网传输的延迟最优的情况下可以达到 1000ms，但如果换成跨数据中心专线（或叫作长途传输），在速度上就会提升不少，可以把延迟缩短至 50ms 以内。

（2）稳定性强。由于异地传输通过公网会受到各种骨干网节点传输的影响，造成极大的不稳定。而建立专用网络以后，能实现两个或多个异地数据中心的直接互通，从而避免单点故障造成的网络不通及丢包，最大限度地保证传输的稳定性，不受公网故障点的影响。

### 5. 应用层优化

应用层也可以有多种方式进行网络传输优化，一是 DNS 优化，使用 HTTP DNS 替代 Local DNS。大部分标准 DNS 都是基于 UDP 与 DNS 服务器交互的，HTTP DNS 则是利用 HTTP 与 DNS 服务器交互，从而绕开了运营商的 Local DNS 服务，有效防止了域名劫持，并提高域名解析效率。二是连接重用，避免重复握手。对于需要频繁通信的两台服务器，可以保持长连接，从而避免重新建立网络连接的时间开销。三是数据压缩与加密，发送与接收的优化可以通过减少传输的数据量实现。

第一种方式是进行数据压缩，目前已经有很多成熟的算法可以对传输数据进行压缩，如 Gzip、谷歌的 Brotli 和 FaceBook 的 Z-standard 等。第二种方式是结合应用的特点只传输部分的数据。比如在有些分布式 AI 模型训练中，并不需要 100% 同步不同服务器上的计算数据。在这种情况下，可以选择只传输一部分数据。

实验结果显示，基于以上五种网络优化方案，高性能网络加速技术可以显著强化分布式集群的通信效率，降低网络延迟 75%，提升性能 200%，极致性能可达至 450%，大幅提高隐私计算的数据传输效率。

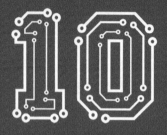

第 10 章
CHAPTER 10

# 隐私计算案例解析

近些年来，由于社会大众对隐私保护要求的提高和相关隐私保护相关法律法规的出台，隐私计算技术受到了社会和业界的大量关注。业界对隐私计算的落地也进行了大量的尝试。本章将介绍几个典型的落地案例，以及目前隐私计算在多方数据合作中的应用现状。

## 10.1 隐私计算在金融营销与风控中的应用

### 1. 场景介绍

营销和风控是金融领域中两个最重要的任务，也是机器学习落地最多的两个场景。对于银行来说，一个典型的场景是对客户进行贷款、信用卡等产品的销售，即营销任务。当客户进行相关金融业务申请时，银行则需要进行资格审核，过滤"不合格"客户，进行风险控制，即风控任务。机器学习在营销场景中的应用可以帮助从企业的存量客户中更好地筛选出营销目标客户，其目标是在保证营销效果不受明显影响的前提下节约营销资源、减少对低兴趣客户的干扰。机器学习在风控领域的应用可以帮助企业更好地进行用户检测，其目标是找到贷款审批人群中不具备还款能力的申请者，降低银行的坏账率。

在传统的金融领域营销和风控建模中，由于本地数据特征不足，银行需要借助外部数据源来提升建模效果。而数据使用方式一般是数据提供商携带数据进入银行，即直接的数据交易。随着隐私数据保护要求的提高和相关法律法规的出台，并且过去的数据交易方式存在很大的隐私问题，传统金融企业在逐渐失去外部数据源的链接。在这种场景下，如何在满足数据隐私的同时，利用外部数据提升风控和营销建模的效果，成为现阶段金融领域亟待解决的问题。

### 2. 案例解析

在以银行为代表的金融企业与外部数据源（如电商企业等互联网公司）进行联合风控和联合营销的数据合作中，外部数据源为银行提供更加精细的用户画像，提升了其对用户群体的营销和风控建模的表现。

银行与外部数据源的数据合作具有以下两个特点：

- 数据为分布式存储：银行和外部数据源各自持有数据，为了保护隐私数据的安全，整个过程不能产生数据的直接交换。
- 计算任务较为复杂：数据合作的目标是风控、营销建模，属于机器学习任务，在安全多方计算中属于较为复杂的计算任务。

图 10-1 展示了一家银行和互联网公司进行联合风控的架构图。该案例使用的隐私保护技术为基于同态加密技术的纵向联邦学习。表 10-1 展示了一个具体的联合风控数据样例，互联网公司持有用户的基本属性（职业 $x_1$、出生地 $x_2$、工作地 $x_3$）和手机软件使用偏好（借贷软件安装量 $x_4$ 和投资软件安装量 $x_5$），银行本地持有特征月收入 $x_6$ 和标签是否违约 $y$。银行仅依靠本地特征 $x_6$ 无法完成对标签 $y$ 的准确建模，所以需要借助互联网公司的用户行为数据（即更加丰富的用户画像）协助构建本地的风控模型。

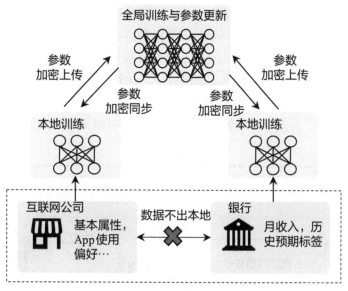

用户信用评分模型训练

图 10-1　隐私保护联合风控的架构图

表 10-1　隐私保护联合风控数据样例

| | 互联网公司数据特征 | | | | | 银行本地特征与标签 | | |
| --- | --- | --- | --- | --- | --- | --- | --- | --- |
| ID | 职业 | 出生地 | 工作地 | 借贷软件 | 投资软件 | ID | 月收入 | 是否违约 |
| | $x_1$ | $x_2$ | $x_3$ | 安装量 $x_4$ | 安装量 $x_5$ | | $x_6$ | $y$ |
| $u_1$ | IT 职员 | 北京 | 北京 | 4 | 4 | $u_1$ | 6000 | 1 |
| $u_2$ | 公务员 | 北京 | 上海 | 2 | 3 | $u_2$ | 8000 | 0 |
| $u_3$ | 出租车司机 | 上海 | 上海 | 4 | 3 | $u_3$ | 6000 | 0 |
| $u_4$ | 教师 | 广州 | 北京 | 2 | 1 | $u_4$ | 7000 | 0 |
| $u_5$ | 银行职员 | 深圳 | 北京 | 5 | 7 | $u_7$ | 9000 | 0 |
| $u_6$ | IT 职员 | 深圳 | 深圳 | 5 | 6 | $u_8$ | 9000 | 1 |

整个联合风控分成以下三个大步骤：

- 隐私求交：由于纵向联邦建模只能在共有客户上进行，银行和数据提供方首先需要进行隐私求交、找到共有客户。
- 模型训练：在此案例中，我们要对用户是否有违约行为进行预测，属于二分类任务，双方联合训练逻辑斯蒂模型。
- 模型推理：在完成模型训练之后，双方将模型上线，银行使用模型进行新用户的推理。

下面我们针对联合风控的每个阶段进行详细的说明。

（1）隐私求交。如表 10-1 所示，不同机构持有的用户列表不完全相同，例如互联网公司持有用户 $u_5$ 和 $u_6$，但这两位用户在银行无数据记录，所以双方需要找到共有的客户才能进行后续建模。在研究中，找到共有客户的过程叫作隐私求交（Private Set Intersection, PSI），在此我们介绍一种基于散列和 RSA 加密算法结合的隐私求交方案。为了方便理解，我们提供了隐私保护交集计算流程，如图 10-2 所示。

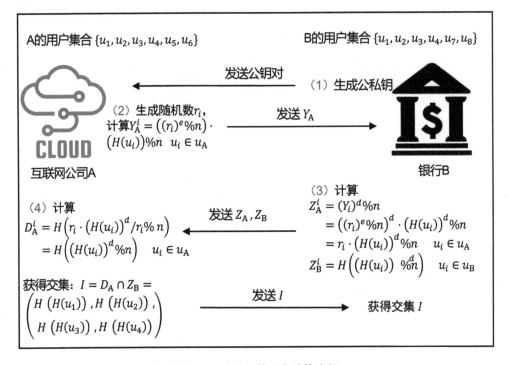

**图 10-2　隐私保护交集计算流程**

如表 10-1 所示，假设互联网公司 A 持有的用户集合为 $u_A = \{u_1, u_2, u_3, u_4, u_5, u_6\}$，银行 B 持有的用户集合为 $u_B = \{u_1, u_2, u_3, u_4, u_7, u_8\}$。

步骤一：银行 B 利用 RSA 算法生成公钥对 $(n, e)$ 和私钥对 $(n, d)$，并将公钥发送给互联网公司 A。

步骤二：互联网公司 A 对本地用户集合 $u_A$ 中的每个元素生成一个随机数 $r_i$，并利用公钥对随机数 $r_i$ 进行加密。随后，互联网公司 A 将用户集合 $u_A$ 中的每个元素带入散列函数 $H$，并将散列函数结果与随机数密文相乘作为中间结果 $Y_A$，$Y_A$ 的表达式为

$$Y_A^i = ((r_i)^e \% n) \cdot (H(u_i)) \% n, \quad u_i \in u_A. \tag{10-1}$$

值得注意的是，$u_i$、$r_i$ 和 $Y_A^i$ 是具有一一对应关系的，互联网公司 A 拥有此映射关系。在完成 $Y_A$ 计算后，互联网公司 A 将其发送给银行 B。

步骤三：银行 B 使用私钥对 $Y_A$ 进行解密，得到加密结果 $Z_A$：

$$Z_A^i = (Y_i)^d \% n = ((r_i)^e \% n)^d \cdot (H(u_i))^d \% n = r_i \cdot (H(u_i))^d \% n, \ u_i \in u_A. \tag{10-2}$$

随后，银行 B 将本地用户集合 $u_B$ 中的每个元素带入相同的散列函数 $H$，得到 $H(u_B)$，再利用私钥对 $H(u_B)$ 进行加密，并将密文再次输入到散列函数 $H$，得到 $Z_B$：

$$Z_B^i = H((H(u_i))^d \% n), \ u_i \in u_B. \tag{10-3}$$

银行 B 将 $Z_A$ 和 $Z_B$ 同时发送给互联网公司 A。

步骤四：互联网公司 A 对每个 $Z_A$ 除以对应的随机数，以消除随机数的影响，并将除法结果带入散列函数得到 $D_A$：

$$D_A^i = H\left(r_i \cdot \frac{(H(u_i))^d}{r_i \% n}\right) = H((H(u_i))^d \% n), \ u_i \in u_A. \tag{10-4}$$

互联网公司 A 将 $D_A$ 与 $Z_B$ 执行求交运算，得到加密和散列组合状态下的 ID 交集 $I$：

$$I = D_A \cap Z_B = (H(H(u_1)), H(H(u_2)), H(H(u_3)), H(H(u_4))). \tag{10-5}$$

随后，互联网公司 A 将交集结果 $I$ 返回给银行 B，至此，双方均拿到了交集结果。

**（2）模型训练。** 在互联网公司 A 和银行 B 获取到共有用户名单后，下一步即为在这部分共有数据上进行模型训练。在整个训练过程中，双方之间没有明文数据的交换，而是以交换同态加密保护下的中间结果的形式完成联合训练。整个训练过程可以看作一个精心设计过的安全计算协议，下面我们介绍一种在第三方协助下的双方线性回归建模的计算协议[16]。为了方便理解，我们在图 10-3 提供了纵向线性回归建模流程。

步骤一：第三方生成同态加密的公私钥，并将公钥发送给互联网公司 A 和银行 B。

步骤二：互联网公司 A 本地计算以下中间结果：

$$u_i^A = \theta_A x_i^A,$$
$$L^A = \sum_{i \in I} (u_i^A)^2 + \frac{\lambda}{2} \theta_A^2. \tag{10-6}$$

式中，$x_i^A$ 是 A 的本地特征（如表 10-1 所示）；$\theta_A$ 是 A 的模型参数；$I$ 是交集集合；$\sum_{i \in I}$ 表示对交集中的每条用户数据进行计算求和；$u_i^A$ 和 $L^A$ 是模型计算的中间结果。

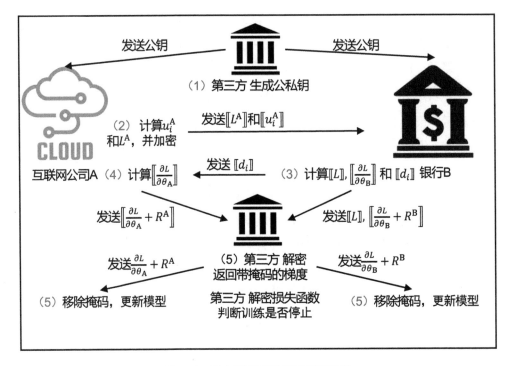

**图 10-3　纵向联邦线性回归训练流程**

在完成以上计算后，互联网公司 A 将 $u_i^A$ 和 $L^A$ 使用同态加密密钥加密并发送给银行 B。我们使用 $[\![.]\!]$ 表示同态加密后的密文。

步骤三：银行 B 本地在同态加密下计算完整的损失函数值 $[\![L]\!]$ 及自身梯度 $[\![\frac{\partial L}{\partial \theta_B}]\!]$。

$$u_i^B = \theta_B x_i^B,$$

$$[\![d_i]\!] = [\![u_i^A]\!] + [\![u_i^B - y_i]\!],$$

$$[\![L]\!] = [\![L^A]\!] + [\![\sum_{i \in I}(u_i^B - y_i)^2 + \frac{\lambda}{2}\theta_B^2]\!] + 2\sum_{i \in I}[\![u_i^A]\!](u_i^B - y_i),$$

$$[\![\frac{\partial L}{\partial \theta_B}]\!] = \sum_{i \in I}[\![d_i]\!]x_i^B + [\![\lambda\theta_B]\!]. \tag{10-7}$$

随后，银行 B 将自身梯度 $[\![\frac{\partial L}{\partial \theta_B}]\!]$ 加入随机数掩码 $R^B$，得到 $[\![\frac{\partial L}{\partial \theta_B} + R^B]\!]$，连同加密的损失函数值 $[\![L]\!]$ 发送给第三方解密；同时 $[\![d_i]\!]$ 是一个重要的中间结果，需要提供给互联网公司 A 计算本地模型梯度，银行 B 直接将加密的 $[\![d_i]\!]$ 发送给互联网公司 A。

步骤四：互联网公司 A 计算本地梯度，计算方法为

$$\llbracket\frac{\partial L}{\partial\theta_A}\rrbracket = \sum_{i\in I}\llbracket d_i\rrbracket x_i^A. \tag{10-8}$$

随后，互联网公司 A 将本地梯度加随机掩码 $R^A$，得到 $\llbracket\frac{\partial L}{\partial\theta_A}+R^A\rrbracket$，并发送给第三方解密。

步骤五：第三方将带掩码的梯度进行解密并传回，即把 $\frac{\partial L}{\partial\theta_A}+R^A$ 发送给 A，把 $\frac{\partial L}{\partial\theta_B}+R^B$ 发送给 B。互联网公司 A 和银行 B 收到带掩码的明文梯度后，在本地移除掩码，进行模型更新。第三方解密得到损失函数值 $L$ 并判断训练是否终止。

重复步骤二到步骤五：互联网公司 A 和银行 B 将在第三方的协助下，重复步骤二到步骤五，直到模型收敛。

需要注意的是，我们在本章介绍的是纵向联邦线性回归计算协议，而纵向联邦逻辑斯蒂计算协议则略有不同，差异点是损失函数及梯度求解需要用到泰勒展开，因为同态加密下无法进行指数运算，具体可参考文献 [204] 了解详细计算流程。

（3）模型推理。在互联网公司 A 和银行 B 完成模型训练后，双方将一起把模型上线，提供给银行 B 进行在线调用。为了方便理解，我们在图 10-2 中提供了纵向联邦线性回归推理流程。

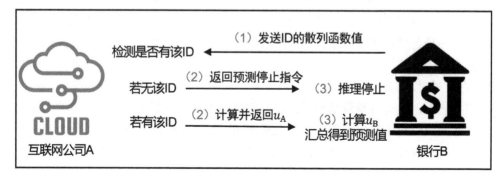

图 10-4　纵向联邦线性回归推理流程

模型推理可以分为以下几个步骤。

步骤一：银行 B 将 ID 值带入散列函数 $H$，将函数输出发送给互联网公司 A。

步骤二：互联网公司 A 本地检测是否有该 ID 值，如果没有检测到该 ID 值，则直接返回预测停止指令；如检测到有该 ID 值，则计算以下中间结果：

$$u^A = \theta_A x^A, \tag{10-9}$$

式中，$x^A$ 为该 ID 对应的特征数据；$\theta_A$ 为收敛后的模型。

在计算完成后，互联网公司 A 将 $u^A$ 发送给银行 B。

步骤三：银行 B 检查互联网公司 A 的返回值，如果是停止指令，则预测终止；如果不是停止指令，则进行以下计算完成预测：

$$\hat{y} = u^A + \theta_B x^B, \tag{10-10}$$

式中，$x^B$ 为该 ID 对应的特征数据；$\theta_B$ 为收敛后的模型；$\hat{y}$ 即为当前 ID 的预测结果。

**实际应用效果**：在实际落地中，以 AUC（Area Under the Curve）为评估指标，经过联邦建模后，银行的风控建模 AUC 可以提升 10% ~ 20%。

**使用隐私计算平台进行案例落地**：隐私计算在金融领域落地中具有两个特点：数据不出域（分布式）、计算任务为机器学习建模。目前的落地案例使用较多的为 FATE 联邦学习平台。多方在建模前预先本地安装 FATE，然后利用 FATE 平台完成联合建模（更多关于 FATE 的信息请参考 9.2 节）。

3. 案例思考

在本小节中，我们介绍了一种金融行业借助外部用户画像进行联合营销、联合风控的场景。在 2020 年 11 月中国人民银行发布的《安全多方计算金融应用技术规范》（后文简称规范）中，详细介绍了一种安全多方计算在联合风控中的应用，本落地案例的场景即对应规范中的应用流程。该规范中的应用主要有两个特点：一是金融企业与数据提供商的数据明文均不出本地。二是多方之间通过传递加密状态下的模型训练中间结果完成建模。在我们介绍的案例中，数据使用者（银行）通过联邦学习利用数据提供者（互联网公司）的特征提升自身的用户画像描述能力，提高自身营销和风控任务的建模表现。该案例是一个典型的数据分布式存储的纵向联邦建模场景，借助基于同态加密保护的联邦学习方法，实现了数据的所有权和使用权的分离，使互联网公司的海量用户数据在隐私不泄露的前提下赋能金融企业，提升金融场景的机器学习建模效果。

## 10.2 隐私计算在广告计费中的应用

1. 场景介绍

在广告投放中，广告主往往都希望能够知道来自不同渠道的广告点击访问分别有多少，以便追踪观察自己的营销和广告投放策略。一种简单而又广泛使用的做法是，在点击广告后跳转页面的 URL 地址后添加点击源信息，如 "Source=weibo" 表示这条点击来自微博。用这样的方式，即使不同平台投放的广告指向的是同一个页面，广告主也能简单、清晰、准确地了解每次点击的来源，并使用一些常见的流量统计分析工具得到统计结果，了解广告在不同平台的投放效果。这样的统计方式也正对应一种在线广告的常见广告收费方式——"按点击收费"（Cost Per Click, CPC）。广告在不同平台上的点击量既是广告主自己关心的直接业务指标，也是向广告平台付费的核心依据。

在线广告还有另一种收费模式——按照广告的曝光收费（Cost Per Mile, CPM）。CPM 也已经成为一种主流的广告收费模式。一方面，因为人（即观看广告的潜在客户）的行为是复杂的，客户有可能观看多次广告以后被打动，产生了购买行为，但他并不是点击广告购买的，因此无法被点击量和点击来源统计覆盖；另一方面，因为广告是复杂的，有相当比例的广告并不直接推销产品，而更看重宣扬品牌形象、建立消费者认知。同时，此类广告也不追求观看者的直接点击购买，因此很难用点击指标为广告定价。

对在线广告平台而言，按照曝光收费是更合理的，毕竟广告平台有能力较准确地控制广告的曝光次数，而点击乃至购买行为在很大程度上受到广告自身的影响。不过，广告平台也希望能够协助广告主了解广告曝光之后的效果，即从广告曝光到广告点击乃至商品购买的转化率如何，或反过来，购买了某个商品的消费者中有多少曾经看到过平台上曝光的广告。

在按照曝光收费的广告计费流程中，需要知道广告主在平台上投放的广告有多少被用户看到，并且需要根据看过广告的用户的购买情况（即客户转化情况）决定向广告主的收费情况。以某品牌的商品 A 为例，消费者购买商品的网购平台记录了商品 A 的所有订单信息，准确地知道谁买过商品。广告平台也掌握着广告曝光数据，知道有哪些用户看到了平台提供的商品 A 的广告。理论上，只要网购平台和广告平台都把数据拿出来核对，找到同时出现在两个平台数据中的用户，就可以准确追溯哪些购买了商品的用户看过广告平台上的广告，计算广告曝光效果。如果设看过广告的用户集合为 $U_1$，设广告主的新增客户集合为 $U_2$，则需要计算：

$$P = U_1 \cap U_2.$$

根据 $P$ 的信息决定需要向广告主收取多少广告费。例如，广告平台可以按照 $P$ 的元素个数收费，这反映了新增客户中有多少人看过这个广告；广告平台也可以按照 $P$ 的元素在 $U_2$ 中的占比收费，这反映了该广告在新客户中的覆盖比例。

然而，上述过程需要广告主和广告平台拿出对应的数据进行交集运算。这样的运算会泄露用户查看广告的活动信息，以及广告主的客户清单。这样的隐私泄露对于用户和广告主都是无法接受的，在法律规则下也会受到限制。这不仅因为网购平台和广告平台经常不是同一家企业，仅仅出于保护商业机密就不可能向对方直接透露信息，更由于这些信息都是消费者的个人隐私数据，是不可以泄露的，也不可以用来识别消费者的身份。因此，我们需要一种不泄露隐私的广告投放收费算法。

2. 案例解析

如何在双方数据都保持保密的前提下计算双方数据的重合部分，也就是寻找数据交集呢？这个问题在研究领域中叫作隐私求交。一种实现思路是借助加密方法，双方同时把数据集中的每一条数据用某种加密函数加密。对方无法解密或读取加密后的数据。假设网购平台方、广告平台方的加密函数分别为 $f(x)$ 和 $g(y)$。为了能实现加密条件下的数据交集计算，经过特定的设计让 $f(x)$ 和 $g(y)$ 满足交换加密。即：当数据库中的数据条目 $x = y$ 时，有

$$f(g(y)) = g(f(x))$$

这样，双方只需要把自己的数据库逐条加密再发送给对方。双方接收到对方发送的加密后的数据库后再进行一次加密，得到两种不同加密顺序后的结果。加密的结果不会泄露原始数据，可以用于直接对比，从而知道双方数据库的交集大小，完成了广告曝光效果溯源。

例如，假设现在广告主有 6 个客户 $U_2 = \{u_1, u_2, u_3, u_4, u_5, u_6\}$，而广告平台记录下的看过广告的用户有 8 个，记作集合 $U_1 = \{u_1, u_2, u_3, u_7, u_8, u_9, u_{10}, u_{11}\}$。注意，这里我们通过记号已经能够看出交集为 $\{u_1, u_2, u_3\}$，这是为了方便演示做的记号，在实际运行中不会将集合的具体内容展示给任何一个参与方。按照我们前面给出的特殊加密函数 $f$ 和 $g$。广告主有加密的集合如下：

$$E(U_2) = \{f(u_1), f(u_2), f(u_3), f(u_4), f(u_5), f(u_6)\},$$

式中，$f$ 是广告主采用的加密方案，这里用函数表示。对应的，广告平台进行加密后的集合为：

$$E(U_1) = \{g(u_1), g(u_2), g(u_3), g(u_7), g(u_8), g(u_9), g(u_{10}), g(u_{11})\}.$$

现在，双方将各自的集合内的元素随机排列，交换加密后的集合，进行另一层加密。在这个例子中，在广告主一侧，计算：

$$E(E(U_1)) = \{f(g(u_1)), f(g(u_2)), f(g(u_3)), f(g(u_7)), f(g(u_8)),$$
$$f(g(u_9)), f(g(u_{10})), f(g(u_{11}))\}.$$

注意在这里，这些密文的顺序被打乱，广告主一侧无法通过密文顺序判断用户信息。同样地，在平台一侧，有：

$$E(E(U_2)) = \{g(f(u_1)), g(f(u_2)), g(f(u_3)), g(f(u_4)), g(f(u_5)), g(f(u_6))\}.$$

接下来，双方约定好将二次加密的密文集合在其中一方进行比较。不妨设在广告平台上进行比较，即比较 $E(E(U_2))$ 和 $E(E(U_1))$。按照 $f$ 和 $g$ 的性质，我们有：

$$f(g(u_1)) = g(f(u_1)),$$
$$f(g(u_2)) = g(f(u_2)),$$
$$f(g(u_3)) = g(f(u_3)).$$

比较出的密文相同的个数即为交集中的元素个数。这里我们得到了 3 个交集元素，然而由于进行了随机排序及迭代加密，我们无法根据现有信息确定交集用户。

### 3. 案例思考

在本案例中，我们介绍了一种广告投放平台和广告主借助隐私技术（即隐私求交）进行广告精确计费的案例。在隐私计算的应用中，隐私求交有大量的应用，例如所有纵向联邦学习中第一步就是隐私交集、多方需要找到共有的用户。本节中介绍的广告计费是隐私求交的一个很巧妙的应用，广告主和广告投放平台在隐私保护的前提下完成了广告投放的精确计费。除了该应用场景，隐私求交还有大量的其他应用案例，例如在证券公司的产品营销中，销售部门需要确定业务部门中新增的用户是否是由销售部门的营销带来的，应用方式同样为使用隐私交集确定双方客户中哪些是由广告营销带来的。

## 10.3 隐私计算在广告推荐中的应用

### 1. 背景介绍

互联网广告是现代媒体营销的一个重要组成部分，其以网站、应用程序等为媒介，通过文字、图片、音频和视频等形式，推销各种品牌的商品。随着互联网的蓬勃发展，互联网广告触达了人们生活的方方面面，传统广告也逐渐被取代。互联网广告体系的主流模式是 RTA（Real-Time API），用户、品牌和媒体是其中三个主要的参与角色。如图 10-5（a）所示，当用户侧有广告位空缺时，媒体侧的广告平台通过 API 询问品牌是否参与竞争投放，然后结合品牌侧返回的决策进行下一步广告的优选投放，从而提升品牌商品广告的投放效果。这就要求品牌侧有是否要投放广告的判断能力，部分品牌存在广告投放历史或者用户画像数据的积累，但是现实中，大多数品牌不具有数据收集、分析和建模的能力，且单个品牌对用户的刻画不够全面，这就会导致广告投放效果变差、广告花费变多。

在传统的 RTA 广告投放模式中，品牌侧会从第三方数据提供商购买大量的用户数据，帮助决策模型的训练。但是随着社会对数据隐私问题的日益关注和相关法律法规的逐渐完善，品牌侧的第三方数据购买行为变得十分困难，严重损害了品牌的利益。因此，隐私计算赋能传统互联网广告也慢慢得到研究人员和广告从业人员的关注。

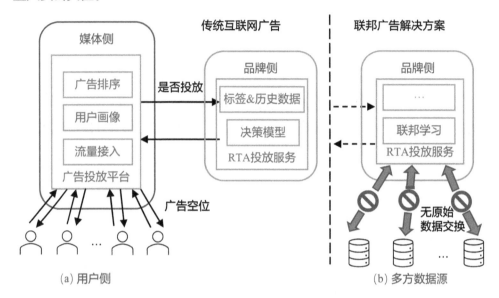

图 10-5　联邦广告解决方案示意图

### 2. 案例解析

作为隐私计算的具体形式之一，联邦广告解决方案是隐私计算赋能传统互联网广告的一个落地案例。如图 10-5（b）所示，联邦广告解决方案使用联邦学习的技术，在无原始数据交换的前提下，融合多个数据源的知识，帮助 RTA 投放服务中决策模型的训练。在品牌侧原有购买标签和积累的历史数据的基础上，合规合法地引入了更多的数据。其原因是在联邦学习中，各个参与方间只有中间计算结果被交换，并且中间计算结果是加密之后再做传输。联邦广告解决方案将"数据不动，模型动"的思想应用到传统互联网广告领域，解决了品牌侧数据匮乏的问题，从而降低广告成本，增加企业效益。

一方面，联邦广告解决方案可以利用横向联邦学习增加品牌方的样本数量，使得媒体可以获得未知用户的兴趣点，进而拉取新用户。比如，多个品牌方的购买用户群体不同，联邦广告解决方案利用横向联邦学习，在多个品牌方的数据上联合训练 RTA 决策模型，整合不同用户群体的兴趣点。这样，单个品牌方就可以完成对新用户的广告投放。

另一方面，联邦广告解决方案可以利用纵向联邦学习丰富对现有用户的刻画，完成存量促活。比如，在某个数据提供公司中，对品牌现有用户有更多维度的刻画，联邦广告解决方案通过纵向联邦学习，同时在品牌积累的历史数据和数据源方更加丰富的用户特征上，联合训练决策模型，丰富对现有用户的兴趣描述。这样，单个品牌方就可以完成对存量用户的促活。

### 3. 案例思考

互联网广告是互联网公司的主要收入来源之一，并且其在各国 GDP 中的占比逐年上升，其取代传统广告的趋势也愈发明显。数据隐私问题是目前互联网广告发展的一个新的阻碍，随着相关法律法规的完善，想要投放广告的品牌越来越难以完成精准获客，获客成本越来越高。联邦广告解决方案给了我们一个很好的启发，隐私计算赋能互联网广告行业慢慢变得切实可行。除了联邦学习，其他的隐私保护技术也会在未来逐渐被应用在该领域。

## 10.4　隐私计算在数据查询中的应用

### 1. 场景介绍

在隐私计算落地案例中，除了机器学习建模，另一个应用领域就是联合查询。与联邦学习相比，联合查询的特点是逻辑简单、不涉及模型训练等复杂的计算。以"三要素查询"为例，客户到银行开卡时需要提供姓名、手机号、身份证号，银行需要到运营商查询该客户提供的手机号、身份证号是否一致，如果一致，则进行下一步的信息审批，否则就需要客户进行信息更正。在此过程中，涉及的信息存储在多方且均有较高的隐私性，并且计算较为简单，不涉及较多的复杂计算（例如训练模型等），我们将这类应用归类为联合查询。

在现有的大多数查询服务中，如果查询请求涉及多个数据库中的表，例如身份证号-姓名表和身份证号-手机号码表之间进行联合查询，则需要先根据数据库表中的外键进行表的合并操作，然后再执行查询操作。在我们给出的例子中，则需要根据身份证号合并这两个表，然后再进行姓名-手机号码的查询和匹配操作。然而，如果这两个表分别属于不同的公司或机构，表的合并操作就会暴露用户的姓名-手机号码之间的关系。这样的隐私泄露可能造成用户的手机号码被恶意机构窃取。我们希望完成用户的信息查询和匹配操作，同时又不想造成上述的隐私泄露风险，因此需要一种基于隐私计算的联合查询方案。

在更一般性的联合查询定义中，假设有查询方 A 和数据持有方 B。A 有查询条件 $f$，B 有数据 $D$。在完成联合查询后，A 想要获得查询结果 $f(D)$。在查询过程中，要保证 A 的查询条件不被 B 获知，同时 A 也无法获得任何查询结果之外关于 B 的数据信息。下面描述查询过程中计算类型、算子的差异，介绍三种不同的联邦查询场景：IV 值查询（统计）；三要素（或四要素）核验（匹配）；安全人脸匹配（模型推理）。

（1）IV 值查询。在基于隐私计算的数据合作中，由于隐私保护的要求，使用方无法看到提供方的数据特征与分布，这给隐私保护下的联合建模带来了较大的挑战，例如：使用方如何评估提供方用哪些特征进行建模。当提供方特征较多时，这个问题尤为显著。在实际应用中，可以使用联合查询的方式，在隐私保护的前提下，使用标签持有方（即数据应用方）的标签值在数据提供方的特征下查询每个特征的 IV 值，进而依据 IV 值对特征进行重要性排序，只选择对标签值区分能力强的特征参与建模。

（2）三要素/四要素核验。在银行或支付机构中，经常需要审核客户提供的个人信息是否匹配，例如：姓名、身份证号、手机号和银行卡号等。这些信息往往存储在多方，单方无法自身完成信息核验。例如，银行 A 可能需要到运营商 B 查询手机号与身份证号是否匹配。在此过程中，需要保证运营商 B 无法获知银行 A 的查询信息与查询结果，而银行 A 仅可以获得"匹配"或者"不匹配"两个结果。与此同时，双方需要商定好查询协议并进行审计存证，以保护数据源方的隐私安全。例如，银行 A 不能针对某一个身份证号反复查询超过 10 次，否则将被认定为作弊。通过这种方式，可以防止银行 A 窃取信息。

（3）安全人脸匹配。在线下商铺中，当客户进入店铺后，使用摄像头进行人脸识别获取客户身份信息，可以更好地向客户提供服务。但一般店铺没有搭建人脸识别系统的能力，需要外部机构提供模型与人脸特征库构建的帮助。客户被采集到的人脸属于隐私信息，显然无法直接上传到云端进行模型推理或与人脸特征库中的样本进行比对。因此，在该场景中，隐私计算技术被用来保护用户的图像信息。一种解决方案是采用同态加密技术，将采集到的用户图像上传到云端进行密态下计算，并将结果返回。线下使用私钥进行解密得到用户信息。

### 2. 案例解析

继续回到用户的姓名-手机号验证业务上，我们希望在不泄露用户隐私的前提下完成对一位用户提交信息的验证，即身份证号-姓名-手机号验证。用户提供加密后的信息，服务方最终只拿到一个匹配成功或失败的结果，而不会看到用户的身份证号或手机号的明文。

这里，本书提供一种和隐私求交技术非常相似的解决方案。假设银行、运营商的加密函数分别为 $f(x)$ 和 $g(y)$，且经过特定的设计，让 $f(x)$ 和 $g(y)$ 满足交换加密，即当数据库中的数据条目 $x = y$ 时，$f(g(y)) = g(f(x))$。

假设用户提交的身份证号、姓名、手机号三元组为（id, name, phone）。则经过加密后得到：

$$(f(\text{id}), f(\text{name}), f(\text{phone}))$$

银行将该信息发送给运营商，运营商使用加密函数 $g$ 计算：

$$(g(f(\text{id})), g(f(\text{name})), g(f(\text{phone})))$$

然后，运营商将该两次加密后的数据发送回银行。在银行处，将这条密文与银行已经预先计算好的运营商的加密数据库进行密文比对，如果比对成功，即存在相应的用户，表示用户提交的是真实有效的信息，反之则表示用户提交的信息有误。在此过程中，银行始终不知道用户提交的身份证号、姓名或手机号的明文，而是只需知道相应的密文即可完成比较。

### 3. 案例思考

在本小节中，我们介绍了隐私查询的例子，相比于联邦学习的模型训练场景，隐私查询的特点是计算任务简单，通常是基于统计方法来完成的。在隐私计算的落地中，我们往往关注的是机器学习模型训练等较为复杂的计算场景，但在传统的数据合作中，如三要素核验等，大量的计算任务属于相对简单的查询任务、实现难度较低，而其应用场景和应用范围又比较广，对隐私保护的需求也大。处理好此类联合查询问题非常重要，对隐私计算未来的发展与落地将有很大的帮助。从隐私安全的角度，联合查询应用的一个主要问题是需要保证攻击者无法利用多次查询结果反推隐私信息，例如第一次查询 $A+B+C$ 的数值，第二次查询 $A+B+C+D$ 的数值，利用两次查询结果就可以反推 $D$ 的数值。一个直接的解决方案是利用差分隐私对数据加入噪声，但噪声对查询结果有一定影响。

## 10.5　隐私计算在医疗领域的应用：基因研究

### 1. 场景介绍

随着基因检测技术的发展，基因测序的成本越来越低，这给我们积累了大量的 DNA、RNA、基因表现型等数据。利用好这些数据可以给社会带来诸多好处，例如使用基因检测提前发现潜在的疾病、基因制药给很多患者带来了新的希望。在基因数据的研究与应用里，数据合作是必不可少的，要从统计学意义上稳定有效地预测一个复杂性状的基因遗传倾向需要上百万个数据样本。然而，基因领域的数据隐私性极强。通过对个体的基因组及其家族的基因组序列进行分析，可以对个体进行各种各样的疾病风险评估。基因数据的泄露和滥用，会导致个人隐私信息泄露，引发在保险、雇佣、教育等社会的各个领域的基因歧视问题。因此，通过隐私保护技术在不同的机构之间进行基因数据的安全共享与分析，成为实现不同机构之间合作开展基因技术研究的基石。

## 2. 案例解析

此处，我们以在基因研究领域常用的一种分析手段——全基因组关联分析（Genome-Wide Association Study，GWAS）为例，讨论利用隐私计算进行安全可靠的基因数据的整合和分析的实践方法。

基因组是指生物体内包括 DNA 和 RNA 在内所有的遗传物质。DNA 分子是由一系列核苷酸所构成的大分子聚合物，DNA 核苷酸序列由四种核苷酸组成：腺嘌呤、胞嘧啶、鸟嘌呤和胸腺嘧啶，分别记为 A、C、G、T。这些核苷酸在 DNA 中所组成的序列，是遗传信息的主要载体。通过 DNA 转录和翻译，生物体内细胞能够根据特定 DNA 序列生成相应的蛋白质，从而表现出不同的个体性状。我们将控制生物性状的基本遗传单位称为基因。通过 DNA 的复制机制，基因能够从一个细胞传递给另一个新的细胞，并将自身所携带的遗传信息遗传给下一个个体。因此，我们常常能够看见亲子之间表现类似的性状，比如肤色、发色和双眼皮等。寻找基因和表达性状之间的关系，能够帮助我们根据基因序列对其性状进行预测，并且在不远的未来，通过对基因编辑技术对某些遗传相关疾病进行治疗。

全基因组关联分析（GWAS）是指在全基因组层面上开展多中心、大样本、反复验证的基因与疾病的关联研究。GWAS 分析通过对大规模的群体 DNA 样本进行全基因组高密度遗传标记分型，以寻找与复杂疾病相关的遗传因素的研究方法，全面揭示疾病发生、发展与治疗相关的遗传基因。由于遗传的变异，不同的人类个体呈现出不同的基因型和表型。其中，最常见的一种可遗传变异为单核苷酸多态性（Single Nucleotide Polymorphisms，SNP），主要是指由单个核苷酸的变异所引起的 DNA 序列的多态性，占所有已知多态性的 90% 以上。GWAS 通过分析单核苷酸多态性和表型之间的统计学关联，可以挖掘各个基因位点对表达性状的影响。举例来说，GWAS 可以通过分析大量数据样本发现，某位点的 SNP 从腺嘌呤 A 转换成鸟嘌呤 G 后，某疾病的发生概率大大上升，从而建立起该 SNP 和该疾病发生之间的关联。

一个典型的 GWAS 分析可以分成两步：首先，使用主成分分析（Principal Components Analysis，PCA）矫正群体分层；然后，将 PCA 的主成分作为协变量，使用线性回归、逻辑回归等模型计算 SNPs 与基因表现型之间的关系，对每个 SNP 位点的参数进行假设验证（即求解 P-Value），最终取出 P-Value 较小的 SNPs 作为分析结果，即验证目标基因表现型与哪些 SNPs 相关性最强。GWAS 分析有两个要点：一是数据的群体分层不能太明显（即需要减少无关 SNPs 的影响）；二是为了挖掘遗传基因与表现型在统计学意义上有效的关联，全基因组关联分析需要基于大量基因数据进行计算，以保证研究的表现型具有足够的基因型样本。目前，很多场景都需要十万个乃至百万个规模的样本。

基因数据是个体重要的隐私数据，由基因数据所展现的疾病风险，可能会引起各个领域的基因歧视问题。使用简单的匿名化手段，没有办法完全抵抗针对基因数据特点进行的攻击。基因领域中几种常用的攻击方法如下：

- 使用 Meta 数据进行攻击：基因数据除了包含 DNA、RNA 数据，一般会附带身高、体重等性状信息，以方便开展研究。这些信息称为 Meta 数据。现有研究表明，使用性别、省编号、年龄和姓氏等信息可以将某一段 DNA 数据对应到线下的个体，造成基因数据泄露。
- 使用 Y 染色体进行攻击：男性个体可以使用 Y 染色体来进行家族追踪，构建家族树，从而将匿名 DNA 数据对应到某个个体。
- 使用基因表现型进行攻击：攻击者获取到 DNA 数据后，可以预测个体的身高、面部特征等信息，将 DNA 数据链接到某个个体。
- 使用 SNPs 进行攻击：已有研究表明，获取到 75~100 个 SNPs 即可唯一确定一个人。

因此，使用基因数据时必须谨慎评估其隐私泄露的风险，并且提出解决方案。研究者们试图利用隐私计算技术在隐私保护的前提下，进行基因数据的主成分分析，完成多方的线性建模、求解 P-Value，从而进行安全的 GWAS 分析。解决以上问题面临下面两个挑战：

一是效率问题，基因数据采样点维度高，往往在 100 万维以上。因此隐私计算的效率成为极大的挑战。如何在可接受的时间内完成 PCA 与线性建模成为一大难点。

二是安全问题，基因数据安全性要求较高，如何设计方案保证基因数据的绝对安全？

在实际落地中，研究者常常需要考量效率问题和安全问题之间的平衡。目前，能够实现安全可靠的 GWAS 分析的主要隐私计算技术有安全多方计算和同态加密。安全多方计算基于混淆网络，要求持有各自基因数据的多方服务器在分析的过程中持续通信，因此难以投入实际使用。同态加密技术允许各方将各自的基因数据进行加密之后进行集中分析和处理，同时不会泄露各方的基因数据隐私。然而，其密文计算效率较低，需要针对 GWAS 分析的特定计算需求和特点进行优化。为了解决挖掘同态加密技术在 GWAS 分析任务上的潜力，2018 年，由加利福尼亚大学圣迭戈分校、得克萨斯大学休斯敦健康科学中心与印第安纳大学伯明顿分校共同举办第五届 iDASH 安全基因分析比赛，提出使用同态加密技术进行高效、安全的 GWAS 分析的比赛项目。其中，来自加利福尼亚大学圣迭戈分校和 Duality 科技公司的研究团队共同获得了第一名。此处简略介绍 Duality 的研究团队使用同态加密进行 GWAS 分析的落地方案[205, 206]。

基于同态加密的 GWAS 分析的落地方案框架如图 10-6 所示。首先，各研究的参与方从 GWAS 协调方处获取同态加密算法的公钥。各参与方使用公钥加密各自所持有的基因数据，并将加密的数据发送到加密基因数据银行。加密基因数据银行存储来自各个研究参与者的所有加密的个人基因数据。当研究者有新的 GWAS 分析需求时，由 GWAS 协调方发起，加密数据银行中的加密基因数据被发送到同态加密计算云上，进行同态加密下的 GWAS 分析计算。由于同态加密的非交互性特点，整个计算过程不再需要与各研究的参与方进行反复通信。同态加密计算云完成计算后，将密文形式的计算结果发送给 GWAS 协调方。GWAS 协调方进行解密，并且将 GWAS 的分析结果发送给研究者。

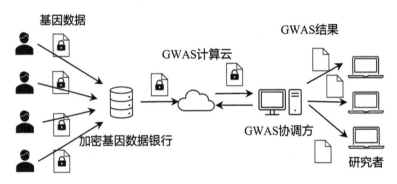

图 10-6　基于同态加密的 GWAS 分析的落地方案框架

现有的全同态加密算法效率较低，无法支持基因上大数据的计算。为了解决同态加密技术计算效率低的问题，Duality 的研究团队从 GWAS 的分析算法和同态加密算法两方面进行了改进。在 GWAS 的分析算法方面，Duality 的研究团队尝试在不影响结果准确率的前提下，对整个算法的各个部分进行了近似简化。其中主要优化有：

- 使用相对简单的梯度下降法对逻辑回归模型的模型参数进行拟合，研究者发现，只进行一步下降即可将相关 SNP 提取出来，并且能保证足够的准确率；
- 使用只包含加法和乘法的简单多项式函数（$0.5 + 0.15625x$）来近似带有指数运算的逻辑斯蒂函数，从而在保证准确率的前提下，尽可能地减少同态加密计算的复杂性，大大提升其运算效率；
- 将进行假设验证的 $P$ 值计算延迟到用户端进行，从而将复杂的计算延迟到了明文计算部分，大大减轻了同态加密计算云在密文状态下的计算负担。

在同态加密算法方面，Duality 团队基于 CKKS 同态加密方案进行进一步优化。其中主要优化有：

- 利用同态加密密文能够储存和计算向量的特点，设计整个 GWAS 计算过程以最大化并行处理；

- 设计了特定的编码和明文优化算法，并重新设计了 CKKS 中使用的余数系统以加速运算。

更多的优化与算法细节可参照文献 [205]。

### 3. 案例思考

上述基因分析案例为典型多方持有数据（分布式）进行联邦建模计算的场景。更进一步的优化方案有：一是采用安全性较高的已有加密算法，使用硬件方案对密态运算进行加速，例如目前业界的星云 Clustar 公司给 FATE 联邦学习框架设计了 FPGA 和 GPU 的异构加速方案，使得同态密文下的计算速度大大提升。二是设计新的密态计算算法，例如对已有的同态加密算法进行改进，但由于其数学理论较为复杂，往往难度较高。三是使用可信执行环境（TEE）对数据进行保护，但其安全性由硬件保证，在某些安全性要求的场景中难以直接应用。

在本小节中，我们介绍了一种联邦基因数据的应用技术。虽然基因数据的合理利用给我们带来诸多好处，但基因数据分析往往需要大量的数据，对单一机构来说采集大量的基因数据都很困难，所以基因数据的合作共享是非常重要的。与此同时，基因数据的隐私性极高，必须要在严格保护隐私的情况下进行数据合作。基因领域的隐私数据合作存在诸多挑战，主要集中在效率与隐私问题，通常来说这两个问题是无法同时达到最优的，因为最佳的隐私保护往往是最耗时的，例如全同态加密技术。解决好效率与隐私的问题将为基因数据合作与研究拉开新的序幕。

## 10.6　隐私计算在医疗领域的应用：医药研究

### 1. 场景介绍

在探索设计新药物的过程中，对大量化合物的特性进行预测和优先排序是药物发现早期阶段必不可少的一步。在这一阶段，可以使用机器学习的手段来对大量实验数据进行处理，从而加速对化合物性质的分析过程，如分析化合物对靶标的亲和力，以及化合物吸收、分布、代谢和排泄（ADME）等性质。一般来说，实验数据越丰富、数据质量越高，机器学习的性能越好。而在药物工程中，提高数据总量意味着需要更多的实验时间和耗材。并且多家医药机构不能在药物正式进入市场前公布相关的实验数据。于是，如何解决医药机构间的数据孤岛问题成了一个研究重点。

### 2. 案例解析

定量构效模型（Quantitative Structure-Activity Relationship，QSAR）是药物设计领域的经典模型，可用于对于药物分子结构和分子活性之间关系的建模和预测。

生命科学领域存在若干工作尝试通过经典的加密计算手段来进行生物和药物数据的共享和建模。然而，随着世界各国提出了一系列法律法规（如欧盟的 GDPR、美国的 CCPA）来保护数据的私密性和安全性，要求数据不能出本地或跨域，传统数据共享方法将面临新的法律法规的挑战。

横向联邦学习为 QSAR 过程提供了隐私计算版的解决方案[207]，使得多个医药机构间能够在不泄露任何信息的前提下完成模型的训练。常用的 QSAR 为二维定量构效关系，其将分子整体的结构性质作为参数，对分子生理活性进行回归分析，建立化学结构与生理活性相关性模型。构成定量构效关系需要两大要素，分别为活性参数和结构参数，通常使用线性回归模型以建立二者间的数学关系。假定在多医药机构的场景中，每家医药机构都持有包含不同活性参数和结构参数的数据集，他们希望可以联合完成线性回归模型的构建以降低延时成本。通过横向联邦学习可以很轻松地实现这一过程，其步骤如下：

- 每家医药机构使用其自身数据进行模型训练，训练结束后通过安全多方计算技术对模型参数进行加密，并将加密结果发送至服务方。
- 服务方对参数进行安全聚合，这一过程不会获取到医药机构的任何信息。
- 服务方将聚合结果返回给各医药机构。
- 医药机构对聚合结果进行解密，并更新本地模型。

对使用横向联邦学习完成 QSAR 过程的实验结果表明：多用户通过 FL-QSAR进行协同 QSAR 建模，将显著优于单用户仅使用其私有数据进行 QSAR 建模；通过特定的模型优化，FL-QSAR 可以在保护药物小分子结构隐私的前提条件下，获得与直接整合多用户小分子数据进行 QSAR 建模相同或者类似的模型预测效果。

### 3. 案例思考

隐私计算技术的引入打破了不同医药机构之间的数据无法直接共享的壁垒，提供了一种有效的药物协同发现的解决方案，这有助于在隐私保护的前提条件下进行协同药物发现，并适合于推广和应用到生物医学隐私计算的其他相关领域。

## 10.7 隐私计算在语音识别领域的应用

### 1. 场景介绍

语音识别技术是现代科技发展的一项重要成果，它的出现使计算机可以识别人类的语言并将其转换为文字。语音识别技术通常也被称为自动语音识别（Automatic Speech Recognition，ASR）、计算机语音识别或语音转文本（Speech-to-Text，STT）等。在技术层面，随着深度学习和大数据技术的快速发展，语音识别的技术手段开始逐步从传统的滤波、编码等信号处理过程转移到神经网络、深度学习等机器学习过程。在模型的训练过程中，不得不引入大量用户语音数据，以保证模型训练的准确性。在商用语音识别场景中，为了保证语音识别的准确性，用户需要提供用户语音数据来得到定制化的语音识别模型。

然而，语音数据是一种极为重要的个人隐私数据。与人脸信息相似，语音同样具有不可更改、不可冒充的性质。这意味着个人语音信息的泄露将是一种永久性的、不可逆的信息泄露。因此，一些数据保护法律，如欧盟通用数据保护条例（GDPR），规定数据不能出本地或跨域。这意味着不能再使用传统方法（集中式）训练语音识别模型。因此，如何合法地使用用户语音数据来实现 ASR 是一个十分重要的课题。隐私计算为这一课题提供了解决方案。

2. 案例解析

ASR 系统通常包含两个重要组件：声学模型（Acoustic Model，AM）和语言模型（Language Model，LM）。AM 负责将语音信号与音素建立一一对应的关系，LM 给出搜索符合语法的词语序列的方法。在 ASR 服务中，服务提供商向用户提供一个通用的 ASR 系统。若用户需定制化 ASR 系统以提高识别的准确度，则需要向服务提供商提供新的语音数据，服务提供商再根据新数据重新训练 AM 和 LM。这是一种典型的"集中式"训练模型，即用户需要将数据交付给服务提供商以重新训练模型。显然，这一过程中用户的语音数据被服务提供商获取，存在数据泄露的风险。

TFE 系统提供了一种安全的 ASR 解决方案[208]，其系统框图如图 10-7 所示。服务提供商维护一套全局的 ASR 模型，用户可以通过本地数据和迁移学习技术，将全局 ASR 模型转变为符合用户需求的定制化 ASR 模型。这样，用户数据仅存储在本地，不会被服务提供商获取，从而保护了用户的隐私。

为了使服务提供商可以持续不断地更新全局 ASR 模型，TFE 系统引入了联邦学习和进化学习技术。当用户计算出定制化 AM 后，对其进行同态加密并传递至服务提供商，由其构建一个定制化 AM 池。服务提供商可以使用联邦学习的技术对加密后的 AM 进行处理，再通过进化学习更新全局 AM。最后，用户得到了定制化的 ASR 模型，服务提供商也对全局模型完成了一次优化迭代，实现了"双赢"。

3. 案例思考

现阶段人脸信息、语音信息、指纹信息等个人生物信息存在不可改变的性质，这意味着针对生物信息的处理需要在技术层面保证信息安全。在语音识别领域中，隐私计算提供了一种既保护个人语音数据，又未对语音识别性能造成较大损耗的技术手段，同时向合法、安全使用数据的目标迈出了关键的一步。

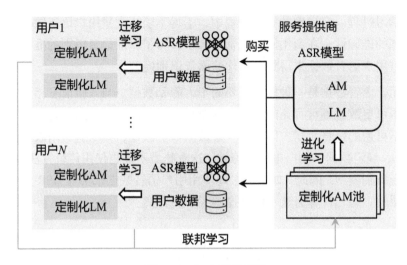

图 10-7　TFE 系统框图

## 10.8 隐私计算在政务部门的应用

政府部门作为天然掌握大量敏感数据的部门，也是隐私计算技术的重要使用者之一。在隐私保护日趋严格的今天，数据在不同地域之间的流动会愈发受到限制，在保障数据隐私的前提下，保障政府部门业务的正常运行是一个重要议题。政府数据共享能够有助于政府部门打破数据壁垒，提高数据利用率，发挥数据价值，提高政府的服务效率。为了进一步提高政府部门间协作效率，提高政府服务能力，推动政府部门做出行而有效的决策，国家出台了一系列政策。国务院于 2016 年 9 月发布了《政务信息资源共享管理暂行办法》，于 2017 年 5 月发布了《政务信息系统整合共享实施方案》，其中明确提出要制定及完善与个人隐私保护相关的法律法规，保障个人的隐私不被泄露、侵犯。

### 1. 案例描述

政府部门拥有的数据不仅体量大，而且具有种类多、潜在利用价值高涉及大量隐私信息等特点。而政府部门众多且各司其职，数据往来和使用受限，因此利用隐私计算技术可以构建政府部门间安全数据共享平台，在确保隐私数据安全的情况下，实现隐私数据多方应用，提高政府部门的工作效率。

在现实工作中，存在一个部门（A）可能需要另一个部门（B）的数据信息的情况，如房管部门（A）拥有公民的房产信息、基本信息，如姓名、年龄和房产情况等。而税务部门（B）可能需要房管部门拥有的部分统计信息，如房产情况等，来进行税务的监测管理，防止偷漏税款现象发生。显然，房管部门的数据中存在敏感隐私信息。若直接将房产信息发送给税务部门，传输和应用过程中可能存在原始信息泄露的风险。还存在不同级别的政务部门之间数据部分共享的情况，如县级教育局拥有本县所有教职工人员信息，如教育经历、个人收入及家庭信息等。这些信息用于县级教育局审核评价教职工人员。而这部分信息对于市教育局、省教育局应该是完全透明公开的，但对于同级的其他部门又是受限制的。如图 10-8 所示，展示了类似的数据样例。

```
人才档案：
  身份ID：          姓名：
  性别：            国籍：
  出生日期：        籍贯：
  单位名称：        单位性质：
  单位地址：        邮编：
  职务：            职务级别：
  学历：            移动电话：
  办公电话：        电子邮箱：
  证件类型：        证件号码：
  开户行名称：      开户行账号：
  紧急联系人：      紧急联系电话：
  毕业院校：        政治面貌：
```

图 10-8　政务教育部门教职工人才档案样例数据示意图

为此，利用前文提及的隐私计算技术，解决跨部门或者跨地域政务部门之间数据共享等一系列问题成为当前的一种新趋势。

**2. 基于隐私计算技术的政务数据共享系统建模**

本案例需要解决的是在政务数据共享平台中需要在不同部门之间进行政务数据传递问题。这些政务数据在传递的过程中可能会面临着数据隐私泄露的风险。为了能够更好地实现跨部门业务协同，需要根据平台的实际架构定制隐私保护方案。假设政务数据共享平台是多级平台多层次共享的体系。多级平台包括国家级、省级、市县级的共享平台，多层次共享包括国家级部门、省级部门、市县级部门，如图 10-9 所示。

根据上述政务数据共享体系，介绍两种利用不同隐私计算技术的方案。

**（1）基于本地化差分隐私的政务数据共享方案。** 图 10-10 展示了使用本地化差分隐私算法[209]实现数据共享的过程。

1）对于数据提供方来说，其具体步骤如下：

- 使用布隆过滤器将每一条共享数据记录中的敏感属性 $a$ 的值表示成长度为 $m$ 的比特向量，将所有记录的敏感属性值经过这样的处理后，生成一个比特矩阵 $B$。

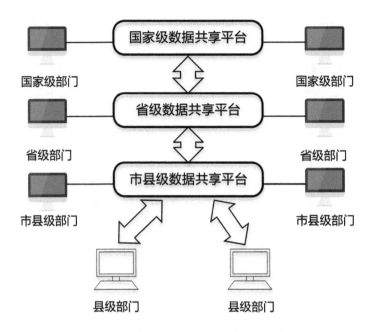

图 10-9　政务大数据开放共享平台的共享结构图

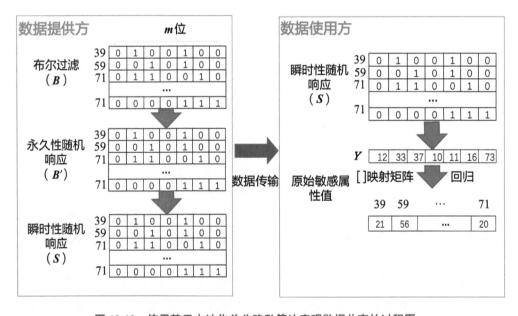

图 10-10　使用基于本地化差分隐私算法实现数据共享的过程图

- 新的比特矩阵 $\boldsymbol{B'}$ 是由 $\boldsymbol{B}$ 中的每个比特位 $\boldsymbol{B}_{ij}$　$(0 \leqslant j \leqslant m)$ 进行随机翻转得到的，其翻转规则满足如下公式：

$$\boldsymbol{B}'_{ij} = \begin{cases} 1, & \text{with probability } \frac{1}{2}f \\ 0, & \text{with probability } \frac{1}{2}f \quad (f \in [0,1]) \\ \boldsymbol{B}_{ij}, & \text{with probability } \frac{1}{2}f \end{cases} \tag{10-11}$$

- 若数组 $S$ 的大小为 $n \times m$，$n$ 为数据集中记录条数，每条记录对应一个长度为 $m$ 的比特向量，将每个比特位初始化为 0，然后根据 $\boldsymbol{B}'_{ij}$ 的值按照下式的翻转规则，对 $S$ 进行翻转，得到一个新的 $S$ 作为隐私处理结果数据集。

$$P(S_{ij} = 1) = \begin{cases} p, & \boldsymbol{B}'_{ij} = 0 \\ q, & \boldsymbol{B}'_{ij} = 1 \end{cases} \quad p, q \in [0,1] \tag{10-12}$$

- 将得到的 $S$、在布隆过滤器中使用的哈希函数个数 $k$、敏感属性值经过布隆过滤器处理后所得结果的比特位数 $m$ 和由敏感属性的所有可能值的集合所形成的候选集 $F$ 的值发送给数据使用部门。

2）对于数据使用方，其具体步骤如下：

- 估计 $S$ 中取值为 "1" 的个数，并将其保存为向量 $\boldsymbol{Y}$。
- 以候选集 $F$ 和参数 $k$、$m$ 为输入，利用布隆过滤器和 MD5 摘要算法计算生成映射关系矩阵 $\boldsymbol{X}$。
- 以 $\boldsymbol{X}$、$\boldsymbol{Y}$ 为输入，采用线性回归方法（如 Lasso 算法），对 $a$ 属性值进行频数统计。
- 输出各个统计值。

由于数据提供方的隐私化处理过程是具有随机性的，并且充分考虑任意攻击者的知识背景，不仅可以抵御具有任意背景的攻击者，而且潜在的攻击者也无法得知攻击目标敏感属性的准确信息，从而保护了公民的隐私信息。

（2）基于多级密钥体系的政务数据共享方案。在某些政务平台中，在数据共享时需要同时满足以下几点要求：

- 隶属同一级别的不同部门之间的数据支持部分共享。
- 隶属不同级别的相同部门之间的共享，需要满足：上级可以访问下级的所有数据，上级和下级之间的数据支持部分共享。
- 隶属不同级别的不同部门之间的数据支持部分共享。

也就是说，在多个部门之间需要安全地进行数据传输，并且每个部门对数据的访问权限有所不同。为此，需要另外设计一套安全性高的密钥体系以满足上述要求。图 10-11 展示了一个多级密钥数据共享体系[210]。

通过设置部门级密钥，能够满足不同部门之间部分共享和同一部门之间上下级共享数据的要求。平台级密钥主要用于不同级别的部门之间进行数据共享的情况。针对一些特殊情况，如隶属不同级别的不同类型的部门之间的数据共享，可以混合使用这两种类型密钥来满足需求。此外，多级密钥共享体系遵循平台级密钥在该平台的部门之间横向共享、部门级密钥在该部门间自底向上纵向共享两大原则。同时，在该多级密钥共享体系结构上，选择 RSA 和 AES 两种加密算法相结合的方式来作为该方案的核心加密算法，能够在满足上述数据共享需求的同时，有效解决仅使用 RSA 算法进行加密带来的加解密耗时长的问题。数据加密的过程主要分为两大部分：生成有效数据和加入密钥信息。以一条人才信息记录为例，比如开户账号等敏感属性信息会经历 3 轮加密，通用属性信息需要进行 2 轮加密。数据加密流程如图 10-12 所示。

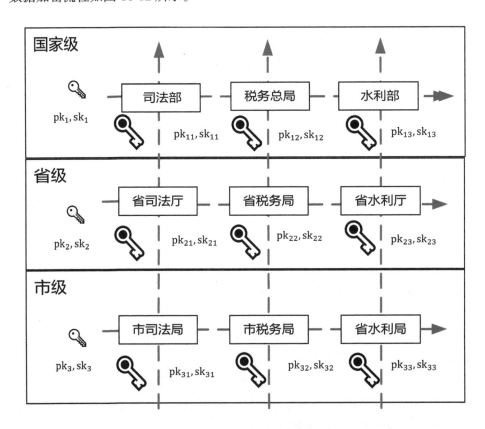

**图 10-11  多级密钥数据共享体系**

- **步骤 1**：为了达到只有市教育局能够访问到敏感信息的要求，市教育局需要先对敏感信息使用自己的 AES 密钥进行加密。县级平台的其余部门由于没有市教育局对应的私钥，所以无法访问到敏感信息。
- **步骤 2**：将全部数据信息使用县级平台的 AES 密钥进行加密，县级平台的其

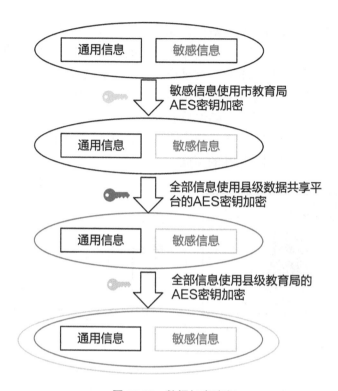

图 10-12　数据加密流程

余部门可以通过对应的平台级密钥解密，获取通用属性的信息。

- **步骤 3**：将全部数据信息使用县教育局的 AES 密钥进行加密。
- **步骤 4**：加入密钥信息部分，包括使用对应 RSA 公钥加密后的市教育局、县级平台的 AES 密钥，使用县教育局的 RSA 密钥加密后的县教育局使用的 AES 密钥，以及数据解密时使用的密钥顺序。加密数据结构如图 10-13 所示。

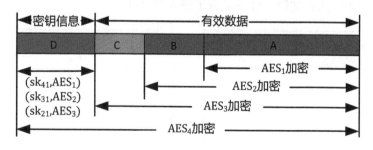

图 10-13　加密数据结构

### 3. 方案效果

（1）差分隐私方案。由图 10-14 可知，由于采用本地差分隐私对数据进行隐私保护，原始数据与处理过后的数据存在一定差异，但两种数据在总体变化趋势上是基本一致的。因此，当一个部门需要这类统计数据作公共服务决策过程的参考依据，或者为了履行监管职责了解某类趋势变化信息时，可采用本地化差分隐私技术处理，处理后的数据不具有精确信息但又拥有可用性。同时，该方案对数据规模敏感。由图 10-15 可知，随着数据规模的扩大，经过对敏感信息进行隐私保护处理后的数据整体相对误差呈现逐渐降低的趋势，表明在本地化差分隐私中，数据量的大小决定了数据可用性的高低。

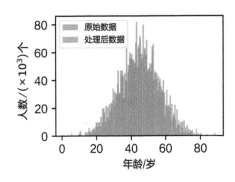

图 10-14　本地差分隐私数据与原始数据统计分布图

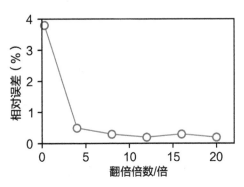

图 10-15　统计量整体相对误差在不同数据规模上的变化示意图

（2）多级密钥方案。专注于政务数据共享体系中的高效性问题，如图 10-16 和图 10-17 所示，将采用混合加密算法（RSA 和 AES）与单一加密算法（RSA）进行比较。由于混合加密算法中 RSA 算法仅使用在密钥信息部分的构造中，并且有效信息的数据量远大于密钥信息部分的数据量，对密钥信息部分处理所花费的时间可以省略不计，实际上是对 AES 算法与 RSA 算法进行比较。可以发现，采用混合加密的方式在加解密效率上有了很大的提升。

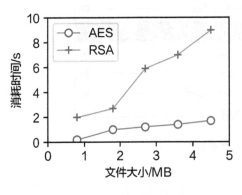

图 10-16　加密时间对比图

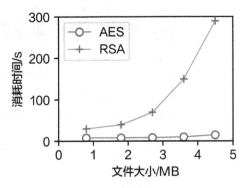

图 10-17　解密时间对比图

## 10.9 隐私计算在用户数据统计的应用

谷歌、苹果、微软等大型企业往往有统计用户行为的需求。例如，谷歌和苹果作为两大手机操作系统——Android 和 iOS 的开发者，需要收集用户使用智能手机的习惯，从而对 Android 或 iOS 系统进行针对性的优化。例如，什么样的应用程序经常驻留后台，占用大量内存；什么样的应用程序使用频率高，需要针对性优化；什么样的应用程序经常被后台唤起，可能存在安全风险，等等。然而，用户使用智能手机的习惯往往包含个人的隐私信息，例如用户使用的应用程序类型往往会与其工作性质相关。因而，在统计用户行为，获得精确的统计量的同时保护个体用户的隐私，对大型企业来说是一个迫切的需求。本节将介绍大型企业如何使用隐私计算技术统计用户数据。我们将以第 6 章的差分隐私技术为例，主要介绍谷歌的 RAPPOR，以及苹果、微软的差分隐私应用。

### 1. 谷歌 RAPPOR

**RAPPOR**（Randomized Aggregatable Privacy-Preserving Ordinal Response）[211] 是谷歌用以收集用户浏览记录、设置等，并进行统计分析的系统。RAPPOR 的实现原理类似于第 6 章例 6.1 中的随机回答，但更加复杂。

不失一般性地，我们考虑一个简化的问题。假设每个用户 $i \in \{1, \cdots, n\}$ 有一条隐私信息 $x_i \in \{0, 1\}$，我们的任务是统计 $\{x_i\}, i = 1, \cdots, n$ 中 0 和 1 的频率。在现实问题中，通过改变 $x_i$ 的含义，我们可以实现很广泛的统计任务。例如，令 $x_i = 1$ 表示"在考试中作弊"，我们就得到了实例 6.1 中的问题；令 $x_i = 1$ 表示该应用驻留后台超过一定时间，我们就可以统计各个应用程序的执行模式。此外，我们也可以通过令 $x_i \in \{0,1\}^k$ 来实现 $2^k$ 个类别的统计，也可以使用哈希函数来实现任意离散值域的频率统计。例如，在 RAPPOR 中，为了支持字符串（例如应用程序名）的频率统计，谷歌使用布隆过滤器（Bloom Filter）将字符串 $v$ 映射到 $B \in \{0,1\}^k$ 上以支持后续算法。布隆过滤器本质上可以被视为一组 $h$ 个独立的哈希函数，分别将 $v$ 映射到 $\{0, 1, \cdots, k\}$。这样，$B$ 是一个有 $h$ 位为 1 的 $k$ 维 $\{0,1\}$ 向量。上述步骤完成了从任意数据域到二进制向量的转化，从而 RAPPOR 可以支持任意离散值域的频率统计。

我们首先考虑第 6 章例 6.1 的场景。随机回答算法 $\mathcal{A}_{RR}$ 可以在面对一次调查时满足 ln 3-局部差分隐私。但是，诸如谷歌这样的大型企业往往需要对用户行为进行频繁的统计，例如每天一次、每小时一次。在如此频繁的重复下，随机化回答的隐私保护情况就会完全不同。例如，我们仍然考虑例 6.1 的场景，假设重复调查 100 次，并且发现学生 $i$ 在超过 75 次中回答了 $y_i = 1$（注意到 $\Pr[y_i = 1 | x_i = 1] = 0.75$），那么几乎可以确定 $x_i = 1$（事实上，此时 $x_i = 0$ 的概率仅为 $1.39 \times 10^{-24}$）。

这一事实可以从差分隐私的复合（定理 6.5）中得到：$\varepsilon = \ln 3 \approx 1.1$，重复 100 次后，$\varepsilon = 110$，而 $\exp(110)$ 显然是一个很大的值，因而差分隐私失效。所以，单纯地使用随机回答无法在长期内、高频率调查下保护用户的隐私。因此，谷歌基于随机化回答设计了 RAPPOR，并证明它针对多次（甚至是无限次）询问仍然保证隐私性。

RAPPOR 利用两步随机回答保证了数据隐私。在第一步中，RAPPOR 通过按位对 $B$ 使用随机回答产生一组 $k$ 位的永久随机化回答 $B'$ 并由用户保存。由于使用了随机回答，这组 $B'$ 自身满足一定的局部差分隐私性，因此如果用户对每次询问给出完全相同的回答 $B'$，也能够满足局部差分隐私的要求。然而，这一做法存在隐患，由于不同用户的 $B'$ 在 $k$ 比较大（例如 $k = 128$）时几乎不可能重叠，$B'$ 事实上成了用户的一组伪标识符（quasi-identifier），即我们几乎可以通过 $B'$ 反推出拥有 $B'$ 的用户是谁。这不影响 $B'$ 的局部差分隐私性，但在现实中仍然构成了对用户身份的隐私威胁。为了避免这一点，RAPPOR 基于 $B'$ 设计了第二步随机回答——即时随机回答，即在每次被询问时，对 $B'$ 再按位进行随机回答，得到 $S$。这里，$S$ 的作用有两个：第一，它避免了 $B'$ 可能成为伪标识符的问题，保护了用户的身份信息；第二，它通过再次使用随机回答进一步增强了其差分隐私性。此外，两步随机回答的设计保证了即使对用户进行重复询问也仅能破坏即时随机回答，而无法破坏永久随机回答。图 10-18 给出了 RAPPOR 图示。

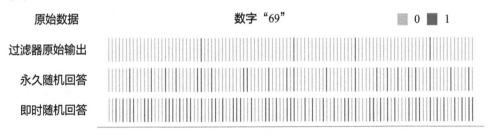

图 10-18　RAPPOR 图示[211]

由于 RAPPOR 支持任意数据集合的统计，而我们得到的随机回答 $S$ 是 $k$ 位 $\{0, 1\}$ 向量，需要通过复杂的统计学方法收集并解读所有的 $S$。此处略去对此的讨论，感兴趣的读者可以参考文献 [211]。

谷歌使用 RAPPOR 展开了非常多的用户数据的收集、统计与分析。两个典型的例子为统计 Windows 系统上进程的运行模式与频率，以及统计 Chrome 的默认主页、搜索引擎被恶意程序修改的频率等。此外，谷歌已经将 RAPPOR 开源，感兴趣的读者可以参考。

### 2. 苹果的差分隐私应用

苹果同样是一个积极推动差分隐私应用的大型企业。本节介绍苹果在差分隐私上所进行的尝试，包括算法设计及应用。

苹果使用差分隐私的场景类似于谷歌，同样是分析数据的频率，如用户使用 emoji 的频率、用户访问网页的频率等。为此，苹果首先设计了一个差分隐私的数据流算法——Private Count Mean Sketch。它是 Count Min Sketch[212] 的变种，用以统计数据流中物品出现的频率。类似于布隆过滤器，它也可以将 Count Mean Sketch 通过散列函数来理解。给定 $k$ 个满足特定性质（在此不进行展开）的散列函数，对每个物品 $v$，随机选取一个散列函数 $h$ 将 $v$ 映射到 $\{1, \cdots, m\}$ 位上，得到一个只有一位是 1 的向量 $M$。数据流结束后，通过取均值（Count Mean）操作分析每个物品 $v$ 的出现频率。苹果通过对 $M$ 进行随机位反转（类似于随机化回答）实现了 Count Mean Sketch 的差分隐私性。

苹果基于以上算法实现了很多数据的收集和分析。图 10-19 展示了其中一个应用，通过差分隐私对大量用户的 emoji 使用频率进行分析。其他应用包括分析在 Safari 中产生高能耗的网站等，感兴趣的读者可以参阅文献 [10]。

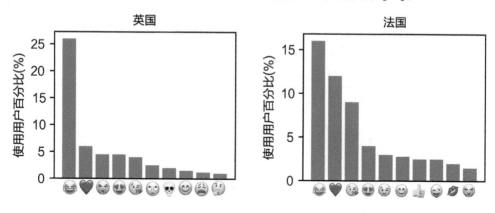

图 10-19　苹果通过差分隐私收集并分析用户使用 emoji 的频率[10]

### 3. 微软的差分隐私应用

微软作为世界上最广泛使用的个人电脑操作系统——Windows 的开发者，自然也有统计用户使用习惯的需求，例如统计用户使用各应用程序、系统程序的时长。为此，微软团队在 2017 年发表论文[11]，提出该问题的解决方案。

不失一般性地，我们同样考虑一个简化的问题。假设每位用户 $i \in \{1, \cdots, n\}$ 有一个数字 $x_i \in [0, m]$，我们的任务是估计这组数据的均值 $\mu = \frac{1}{n} \sum_{i=1}^{n} x_i$。在微软的应用案例中，$x_i$ 表示用户 $i$ 使用某款特定软件的时长。

我们可以使用第 6 章中的拉普拉斯噪声法实现隐私保护。由于 $x_i \in [0, m]$，因而数据的 $L_1$ 敏感度为 $m$。从而，我们可以令

$$\hat{\mu} = \frac{1}{n} \sum_{i=1}^{n} \left( x_i + \text{Lap}\left( m/\varepsilon \right) \right),\tag{10-13}$$

即可获得对数据均值的估计 $\hat{\mu}$，且满足 $\varepsilon$-局部差分隐私。然而，这一解法存在两个问题。首先，它在传输数据量上不是最优的，因为每位用户的数据 $x_i + \text{Lap}(m/\varepsilon)$ 需要 $\Omega(\log m)$ 位进行表示。为了解决这一问题，微软团队在文献 [11] 中提出优化方案，使得每位用户传输的数据仅需要用 1 位进行表示。

具体来说，基于每位用户的隐私数据 $x_i$，每位用户传输数据 $y_i$，$y_i$ 以如下方式取值

$$y_i = \begin{cases} 1, \text{以概率} \frac{1}{\exp(\varepsilon)+1} + \frac{x_i}{m} \frac{\exp(\varepsilon)-1}{\exp(\varepsilon)+1}, \\ 0, \text{反之}. \end{cases}\tag{10-14}$$

随后，数据收集者以如下方式计算均值

$$\hat{\mu} = \frac{m}{n} \sum_{i=1}^{n} \frac{y_i(\exp(\varepsilon) + 1) - 1}{\exp(\varepsilon) - 1}.\tag{10-15}$$

容易验证，$\hat{\mu}$ 是无偏的：

$$\begin{aligned} \mathbb{E}[\hat{\mu}] &= \frac{m}{n} \sum_{i=1}^{n} \frac{\mathbb{E}[y_i](\exp(\varepsilon) + 1) - 1}{\exp(\varepsilon) - 1} \\ &= \frac{m}{n} \sum_{i=1}^{n} \frac{\left( \frac{1}{\exp(\varepsilon)+1} + \frac{x_i}{m} \cdot \frac{\exp(\varepsilon)-1}{\exp(\varepsilon)+1} \right) \cdot (\exp(\varepsilon) + 1) - 1}{\exp(\varepsilon) - 1} \\ &= \frac{1}{n} \sum_{i=1}^{n} x_i. \end{aligned}\tag{10-16}$$

$y_i$ 也满足 $\varepsilon$-局部差分隐私。给定 $x_i$ 和 $\forall x' \in [0, m]$，有

$$\begin{aligned} \frac{\Pr[y_i = 1|x_i]}{\Pr[y' = 1|x']} &= \frac{\frac{1}{\exp(\varepsilon)+1} + \frac{x_i}{m} \frac{\exp(\varepsilon)-1}{\exp(\varepsilon)+1}}{\frac{1}{\exp(\varepsilon)+1} + \frac{x'}{m} \frac{\exp(\varepsilon)-1}{\exp(\varepsilon)+1}} \\ &= \frac{m + x_i(\exp(\varepsilon) - 1)}{m + x'(\exp(\varepsilon) - 1)} \\ &\leqslant \frac{m + m\exp(\varepsilon) - m}{m} \\ &= \exp(\varepsilon). \end{aligned}\tag{10-17}$$

因此，该优化方案能够在保证隐私性的同时显著提升传输效率。

　　该方案的第二个缺点在于，在实际统计中，用户对同一问题的回答可能存在不一致。例如，用户每天使用某个特定应用程序的时间都应该不同。RAPPOR 中使用的永久随机化回答是固定的，因而无法支持此类统计。为了解决这一问题，微软团队首先提出了离散化方案，将 $[0, m]$ 离散化为离散值；随后，微软团队设计了一个随机舍入算法（Randomized Rounding），将 $x_i$ 舍入到对应的离散区间，然后再使用如上所述的 1 位传输优化。此处略去详细介绍，感兴趣的读者可以阅读文献 [11]。

　　基于以上的三个案例，我们可以得出结论，差分隐私算法在数据统计中存在广泛的应用，这与差分隐私的高效、灵活性质是分不开的。然而，在实际应用差分隐私中，我们也会遇到各种各样的问题，需要基于随机化回答、拉普拉斯噪声法等基本算法设计更为复杂的算法，以满足具体应用的需求。

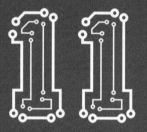

第 11 章

CHAPTER 11

# 隐私计算未来展望

本章讨论未来隐私计算的应用场景和研究方向，例如异构的隐私计算、隐私计算的安全性和隐私算法的可解释性等。

众所周知，计算技术的每次重大进步，包括人工智能的跃进，都离不开新算法的设计、深度学习和强化学习等巨大的算力、芯片架构的支持。同时，还有一个不可忽视的因素——大数据。没有大数据的提供，人工智能就像一台没有汽油或者电池的车，是跑不动的。

隐私计算的一个重要驱动力是数据的确权和权益保障，即如何保障数据作为社会生活生产要素的公平性。数字化社会的公平性议题本身就是一个变量，因为人类对于公平性的认识会受到时空因素的影响。公平性的另一个考虑是数据的可获得性和数据的可使用性。如果我们利用自己拥有的数据和别人合作，通常会希望数据"可用而不可见"，即数据能够被确权，而不是用完一次后数据的权益就大为降低。

为什么数据的确权很重要呢？举个例子，用户带着手机经过一天的活动后，手机收集到一些数据。这些数据对用户自己可能完全没有意义。但是，对一家手机公司来说，这些数据非常有价值。因为它们可以被用于研究用户的兴趣，进而做出一些分析和判断。因此，这些数据的所有权归属于谁就很重要。为什么我们说"数据是谁的"这件事并不是加入一个区块链或其他简单方式能够解决的？原因在于：数据一旦出手，被复制、传输、运用之后，用户就完全失去了对它的控制权。数据资源和石油资源的一个巨大区别是：石油是不可再生或复制的。给一个人一桶石油，他不能把它变成两桶；而给他一份数据，他有办法把它变成两份数据。同时，数据中包含的用户隐私为我们做数据的分析和建模提供了新的条件约束，也就是说，数据分析和建模需要在隐私保护的约束条件下实现数据价值最大化。

未来，数据的交易会变成数据"价值"的交易。这个概念可以驱动新的"数据交易所"。过去，说到交易数据，大家想到的是交易人带着一个光盘，一手交钱，一手交光盘，但这种交易是失败的。现在的主流是数据价值交易、合作交易。

同时，数据市场的公平性需要我们去抵抗数据的"马太效应"。我们知道，小数据和大数据的重要区别并不是量的大小，而是它们能够做的事情的大小。大数据会产生复杂的大模型，大模型会产生更有效的服务，更有效的服务会吸引更多的人参加，更多的人参加继而产生更多的数据，大数据的"马太效应"由此产生。因此，如果任由这种马太效应发生，则小数据会很快消失，大数据会产生垄断。这也对应着一个不健康的数字化社会。

我们有什么办法能够抵抗数据的马太效应呢？从法律和政治层面来看，政府在未来可以出台数字反垄断法。但是，从技术角度出发，是否可能设计出一种新的技术模式，使马太效应被成功地抵抗呢？我们认为，反马太效应和反垄断技术方式就是一种"联邦生态"。

就"联邦学习"而言，现有数据分散于各地，属主分散，并且是异构的。能不能把它有效地聚合起来形成大数据呢？这个过程目前正变得越来越困难，原因之一是法律的规制。例如，欧盟的 GDPR 法规就表现得相对激进和严格。另外，我国数据安全和隐私方面的法律也日趋严格。将来，相关法律只会越来越严格、覆盖范围越来越广。

从 1995 年至今，中国国内的数据法规越来越成熟、越来越全面、越来越多，也越来越密集。包括《个人信息安全规范》《中华人民共和国数据安全法（草案）》《中华人民共和国个人信息保护法》等，旨在保护用户隐私。这类法规的总体方向是隐私计算的最终目的，即保护数据拥有者的权益，合法地使用数据。

隐私计算的发展历程分三个主流方向：其一是从 20 世纪 70 年代就开始发展的"安全多方计算"，从数学角度来说它非常严格，但它在应对动辄上万亿参数的大规模模型时，往往不能保证效率；其二是通过硬件来解决，这个方向现在国外占主流，像"安全屋"可信执行环境，英特尔的开发较为先进，国内在这方面的芯片还有待提高；其三是"联邦学习"，联邦学习是专门为分布式机器学习而产生，为大模型、近似计算而设计的，特别适用于高并发量、大数据训练和推理的使用场景。

2018 年之前，在隐私计算领域，以"安全多方计算"为代表的学术理论在学术界产生一系列的重要影响，其优点在于较完备的理论体系。从 2018 年开始，"联邦学习"进入了大家的视野，并融入实际场景。在多方数据源之间进行合作，建立更好的模型，在安全的前提下寻找性能最优的解决方案。以联邦学习技术为起点，联邦数据生态随之而起。2019 年，世界上第一个工业级的联邦学习开源框架 FATE 推出，受到广泛欢迎，并在 1000 多家高校和企业中得到应用。

"联邦学习"架构模型分为两种，一种是按照样本来切割，更适合"一对多"的情况，如一个大企业大服务器面对众多边缘的终端进行模型的更新；另一种是不同的机构之间的相互作用，即"to B"，机构之间也可以进行加密参数的沟通，使各自部分的模型得以成长，最后合起来可以共同使用。

隐私计算领域也存在一些交叉学科。例如，如何做到安全合规？这与法律层面密切相关。再比如，如何做到防御攻击？因为我们不能假设每一个参与方都是好人，也许是半个好人，也许是坏人、恶人，也许是一个半恶人、黑白人，如何能够防止这样的攻击，现在有很多这样的研究。

隐私计算也需要建立应用和技术合作的联盟机制。这里的"联盟机制"指的是如何设计一个好的经济学模型，使不同的数据拥有者（即"数据孤岛"）能够通过合理选择，加入收益最大的联盟，以获得其收益。可以看到，一个分配较为公平的联盟，其规模就会增大；一个私心较重的联盟，其规模就会缩小。因此，一个市场机制就会由此形成。

假设两家机构有不同的隐私计算系统，它们是否可以形成一个更大范围的联邦学习系统？可以设想：未来的数字化社会是一个分层级的形态，在这个形态里，有底层的小群体的合作，也有全局性的合作。一些重要的研究问题也随之而生。例如，如何让异构隐私计算系统进行沟通？

在异构架构的隐私计算问题上，富数科技和微众银行 AI 团队在 2021 年首次实现了异构架构的联邦学习互联互通，打破以往单一平台的限制。这意味着不同企业可以基于通用的标准实现数据交流，各参与方可利用的数据池变大，进一步释放数据价值，加速行业数字化升级。联邦学习国际技术标准也于 2021 年 3 月由电气和电子工程师协会（IEEE）正式颁布。这是世界上第一个联邦学习国际标准，能够促进不同的联邦学习系统之间的沟通。

在隐私计算中，如何做到人和机器的有机结合，也是一个重要的课题。在这个网络架构中，一部分实体是计算机，另一部分是机器人。这里可以设想这个机器人是一个真人。在这个人和计算机隐私计算网络里，可以让计算机逐渐学会人类的价值偏好，把人的社会价值观灌输给机器。

还有一个重要的未来方向是"自动化联邦学习"。假设某家公司或者个人对联邦学习或机器学习不熟悉，把现有的自动化机器学习技术赋予联邦学习，形成"Auto FL"，可以使一个联邦学习机制自动学习，自动成长。这样一来，联邦学习的工程师的缺乏问题就不会成为技术发展的制约因素。

隐私计算的安全性也是一个重要的议题。隐私计算需要不同的参与方，而某一方可能是部分诚实的，会存在一些数据偷窃，甚至数据下毒的行为来影响整体计算或全局模型的走向。例如，不诚实方可能通过收集合作方的梯度来反猜对方的模型和数据，甚至在横向联邦学习时故意提供非正确的模型参数来扰乱整体计算。如何检测这样的行为并提供对抗手段，是一个很重要的课题。

还有一个重要的发展方向是隐私算法的可解释性。隐私算法的推理过程使得结果的获得具有黑箱的特性，对于各个参与方的一个问题是：有人不清楚为什么会得到这样的结论。例如，一个病人如果在一个人工智能医疗系统里得到一个大病的诊断，往往会问一个为什么。同理，在隐私计算的场景下，如何得到某个结论这样的问题，也需要在不暴露隐私的前提下让系统自动地产生。这个问题在单数据中心情况下的人工智能建模场景中已经是一个重要的研究问题。未来，我们期待在多中心计算的场景中，这个问题也会变成一个重要议题。

在隐私计算过程中，需要不同程度的数据使用"审计"，即追踪数据的使用效果、合作的贡献大小，以及激励的分配等。这个系统需要有各种审计功能，如透明、不可篡改性和可追踪等特性。在这个方向上，隐私计算和区块链的结合是一种可能性。

最后，在实践中，如何提升隐私计算的效率将是决定隐私计算行业发展速度以及数据安全流通规模化的一个关键挑战。隐私计算要引入不同的加密算法和协议，其背后有大量的算力（即计算和通信）要求。例如，安全多方计算通常引入大量的通信开销，最差情况可比"明文计算"慢 100 万倍。联邦学习根据其底层技术实现也存在大量的计算开销（例如同态加密）以及通信量的增加。因此，高性能隐私计算"算力"将是一个重要的研究方向，包括如何通过网络通信优化提升传输效率，通过异构计算硬件和 ASIC 芯片技术提升计算效率等课题。解决好这些算力问题，隐私计算行业才有可能在实践中快速演进和规模化发展。

[1] MICROSOFT. Microsoft always encrypted[EB/OL]. 2016. https://www.microsof t.com/en-us/research/project/always-encrypted/.

[2] XIA Z, SCHNEIDER S A, HEATHER J, et al. Analysis, improvement, and sim-plification of prêt à voter with paillier encryption[C]//EVT'08 Proceedings of the Conference on Electronic Voting Technology. New York, NY, United States: ACM, 2008.

[3] GOOGLE. Privacy-preserving smart input with gboard[EB/OL]. 2020. https:// developers.googleblog.com/2021/01/how-were-helping-developers-with-differe ntial-privacy.html.

[4] 新华网. 中华人民共和国数据安全法 [EB/OL]. 2021. http://www.xinhuanet.co m/2021-06/11/c_1127552204.htm.

[5] HASTINGS M, HEMENWAY B, NOBLE D, et al, SoK: General Purpose Com-pilers for Secure Multi-Party Computation. IEEE Symposium on Security and Privacy (SP), 2019: 1220-1237. doi: 10.1109/SP.2019.00028.

[6] SHAMIR A. How to share a secret[J]. Communications of the ACM, 1979, 22 (11): 612-613.

[7] YAO A C. Protocols for secure computations[C]//23rd annual symposium on foundations of computer science (sfcs 1982). Washington, D C: IEEE, 1982: 160-164.

[8] YAO A C C. How to generate and exchange secrets[C]//27th Annual Symposium on Foundations of Computer Science (sfcs 1986). Toronto: IEEE, 1986: 162-167.

[9] DWORK C. Differential privacy: A survey of results[C]//International conference on theory and applications of models of computation. Berlin, Heidelberg: Springer, 2008: 1-19.

[10] DIFFERENTIAL PRIVACY TEAM AT APPLE A. Learning with privacy at scale[EB/OL]. 2017. https://machinelearning.apple.com/research/learning-with-p rivacy-at-scale.

[11] DING B, KULKARNI J, YEKHANIN S. Collecting telemetry data privately[C]// Proceedings of the 31st International Conference on Neural Information Processing Systems (NIPS). New York, NY, United States: ACM, 2017: 3574-3583.

[12] COSTAN V, DEVADAS S. Intel sgx explained[J]. IACR Cryptol. ePrint Arch., 2016, 2016(86): 1-118.

[13] PINTO S, SANTOS N. Demystifying arm trustzone: A comprehensive survey [J/OL]. ACM Comput. Surv., 2019, 51(6). https://doi.org/10.1145/3291047.

[14] RIVEST R L, ADLEMAN L, DERTOUZOS M L, et al. On data banks and privacy homomorphisms[J]. Foundations of secure computation, 1978, 4(11): 169-180.

[15] GENTRY C. Fully homomorphic encryption using ideal lattices[C]//Proceedings of the forty-first annual ACM symposium on Theory of computing. New York, NY, United States: ACM, 2009: 169-178.

[16] YANG Q, LIU Y, CHEN T, et al. Federated machine learning: Concept and applications[J/OL]. ACM Transactions on Intelligent Systems and Technology, 2019, 10(2): 1-19. DOI: 10.1145/3298981.

[17] BEIMEL A. Secret-sharing schemes: A survey[C]//International conference on coding and cryptology. Berlin, Heidelberg: Springer, 2011: 11-46.

[18] 荣辉桂, 莫进侠, 常炳国, 等. 基于 Shamir 秘密共享的密钥分发与恢复算法 [J]. Journal on Communications, 2015(3): 60-69.

[19] BLUNDO C, DE SANTIS A, DE SIMONE R, et al. Tight bounds on the information rate of secret sharing schemes[J]. Designs, Codes and Cryptography, 1997, 11(2): 107-110.

[20] BEIMEL A, CHOR B. Universally ideal secret-sharing schemes[J]. IEEE Transactions on Information Theory, 1994, 40(3): 786-794.

[21] BELLARE M, ROGAWAY P. Robust computational secret sharing and a unified account of classical secret-sharing goals[C]//Proceedings of the 14th ACM conference on Computer and communications security. New York, NY, United States:

ACM, 2007: 172-184.

[22] KARNIN E, GREENE J, HELLMAN M. On secret sharing systems[J]. IEEE Transactions on Information Theory, 1983, 29(1): 35-41.

[23] CAPOCELLI R M, DE SANTIS A, GARGANO L, et al. On the size of shares for secret sharing schemes[J]. Journal of Cryptology, 1993, 6(3): 157-167.

[24] BLUNDO C, DE SANTIS A, VACCARO U. On secret sharing schemes[J]. Information Processing Letters, 1998, 65(1): 25-32.

[25] 于丹, 李振兴. 秘密共享发展综述 [J]. 哈尔滨师范大学自然科学学报, 2014 (1): 47-49.

[26] HARN L, LIN H Y. An l-span generalized secret sharing scheme[C]//Annual International Cryptology Conference. Berlin, Heidelberg: Springer, 1992: 558-565.

[27] 许春香, 肖国镇. 门限多重秘密共享方案 [J]. 电子学报, 2004(10): 1688-1689.

[28] 庞辽军, 王育民. 一个基于几何性质的 (t, n) 多重秘密共享方案 [J]. 西安交通大学学报, 2005, 39(4): 425-428.

[29] CHIEN H Y, JAN J K, TSENG Y M. A practical (t, n) multi-secret sharing scheme[J]. IEICE transactions on fundamentals of electronics, communications and computer sciences, 2000, 83(12): 2762-2765.

[30] YANG C C, CHANG T Y, HWANG M S. A (t, n) multi-secret sharing scheme[J]. Applied Mathematics and Computation, 2004, 151(2): 483-490.

[31] PANG L J, WANG Y M. A new (t, n) multi-secret sharing scheme based on shamir's secret sharing[J]. Applied Mathematics and Computation, 2005, 167 (2): 840-848.

[32] HILLERY M, BUŽEK V, BERTHIAUME A. Quantum secret sharing[J]. Physical Review A, 1999, 59(3): 1829.

[33] GUO G P, GUO G C. Quantum secret sharing without entanglement[J]. Physics Letters A, 2003, 310(4): 247-251.

[34] NAOR M, SHAMIR A. Visual cryptography[C]//Workshop on the Theory and Application of of Cryptographic Techniques. Berlin, Heidelberg: Springer, 1994: 1-12.

[35] NAOR M, PINKAS B. Visual authentication and identification[C]//Annual International Cryptology Conference. Berlin, Heidelberg: Springer, 1997: 322-336.

[36] DE SANTIS A, DESMEDT Y, FRANKEL Y, et al. How to share a function

securely[C]//Proceedings of the twenty-sixth annual ACM symposium on Theory of computing. New York, NY, United States: 1994: 522-533.

[37] 胡予濮, 白国强, 肖国镇. GF (q) 上的广义自缩序列 [J]. 西安电子科技大学学报, 2001, 28(1): 5-7.

[38] BLAKLEY G R. Safeguarding cryptographic keys[C]//Managing Requirements Knowledge, International Workshop on. Washington, D C: IEEE, 1979: 313-317.

[39] BENALOH J C. Secret sharing homomorphisms: Keeping shares of a secret secret [C]//Conference on the theory and application of cryptographic techniques. Berlin, Heidelberg: Springer, 1986: 251-260.

[40] BEAVER D. Efficient multiparty protocols using circuit randomization[C]// Annual International Cryptology Conference. Berlin, Heidelberg: Springer, 1991: 420-432.

[41] CATRINA O, SAXENA A. Secure computation with fixed-point numbers[C]// International Conference on Financial Cryptography and Data Security. Berlin, Heidelberg: Springer, 2010: 35-50.

[42] HART J F. Computer approximations[M]. Florida: Krieger Publishing Co., Inc., 1978.

[43] CATRINA O, DE HOOGH S. Improved primitives for secure multiparty integer computation[C]//International Conference on Security and Cryptography for Networks. Berlin, Heidelberg: Springer, 2010: 182-199.

[44] BONAWITZ K, IVANOV V, KREUTER B, et al. Practical secure aggregation for privacy-preserving machine learning[C]//Proceedings of the 2017 ACM SIGSAC Conference on Computer and Communications Security. New York, NY, United States: ACM, 2017: 1175-1191.

[45] WU Y, CAI S, XIAO X, et al. Privacy preserving vertical federated learning for tree-based models[J]. Proc. VLDB Endow., 2020, 13(11): 2090-2103.

[46] CHENG K, FAN T, JIN Y, et al. SecureBoost: A lossless federated learning framework[J]. IEEE Intelligent Systems, 2021.

[47] LOH W Y. Classification and regression trees[J]. Wiley interdisciplinary reviews: data mining and knowledge discovery, 2011, 1(1): 14-23.

[48] BREIMAN L. Random forests[J]. Machine learning, 2001, 45(1): 5-32.

[49] FRIEDMAN J H. Greedy function approximation: a gradient boosting machine[J]. Annals of statistics, 2001: 1189-1232.

[50] PAILLIER P. Public-key cryptosystems based on composite degree residuosity classes[C]//International conference on the theory and applications of cryptographic techniques. Berlin, Heidelberg: Springer, 1999: 223-238.

[51] DAMGÅRD I, PASTRO V, SMART N, et al. Multiparty computation from somewhat homomorphic encryption[C]//Annual Cryptology Conference. Berlin, Heidelberg: Springer, 2012: 643-662.

[52] MOHASSEL P, RINDAL P. ABY3: A mixed protocol framework for machine learning[C]//Proceedings of the 2018 ACM SIGSAC Conference on Computer and Communications Security. New York, NY, United States: ACM, 2018: 35-52.

[53] GENTRY C. Computing arbitrary functions of encrypted data[J]. Communications of the ACM, 2010, 53(3): 97-105.

[54] DIFFIE W, HELLMAN M. New directions in cryptography[J]. IEEE transactions on Information Theory, 1976, 22(6): 644-654.

[55] RIVEST R L, SHAMIR A, ADLEMAN L. A method for obtaining digital signatures and public-key cryptosystems[J]. Communications of the ACM, 1978, 21 (2): 120-126.

[56] GOLDWASSER S, MICALI S, TONG P. Why and how to establish a private code on a public network[C]//23rd Annual Symposium on Foundations of Computer Science (sfcs 1982). Washington, D C: IEEE, 1982: 134-144.

[57] BENALOH J. Dense probabilistic encryption[C]//Proceedings of the workshop on selected areas of cryptography. New York, NY, United States: ACM, 1994: 120-128.

[58] ELGAMAL T. A public key cryptosystem and a signature scheme based on discrete logarithms[J]. IEEE transactions on information theory, 1985, 31(4): 469-472.

[59] FELLOWS M, KOBLITZ N. Combinatorial cryptosystems galore![J]. Contemporary Mathematics, 1994, 168: 51-51.

[60] SANDER T, YOUNG A, YUNG M. Non-interactive cryptocomputing for nc/sup 1 [C]//40th Annual Symposium on Foundations of Computer Science (Cat. No. 99CB37039). Washington, D C: IEEE, 1999: 554-566.

[61] BONEH D, GOH E J, NISSIM K. Evaluating 2-dnf formulas on ciphertexts[C]// Theory of cryptography conference. Berlin, Heidelberg: Springer, 2005: 325-341.

[62] ISHAI Y, PASKIN A. Evaluating branching programs on encrypted data[C]// Theory of Cryptography Conference. Berlin, Heidelberg: Springer, 2007: 575-

594.

[63] SMART N P, VERCAUTEREN F. Fully homomorphic encryption with relatively small key and ciphertext sizes[C]//International Workshop on Public Key Cryptography. Berlin, Heidelberg: Springer, 2010: 420-443.

[64] VAN DIJK M, GENTRY C, HALEVI S, et al. Fully homomorphic encryption over the integers[C]//Annual International Conference on the Theory and Applications of Cryptographic Techniques. Berlin, Heidelberg: Springer, 2010: 24-43.

[65] BRAKERSKI Z, VAIKUNTANATHAN V. Fully homomorphic encryption from ring-lwe and security for key dependent messages[C]//Annual cryptology conference. Berlin, Heidelberg: Springer, 2011: 505-524.

[66] LÓPEZ-ALT A, TROMER E, VAIKUNTANATHAN V. On-the-fly multiparty computation on the cloud via multikey fully homomorphic encryption[C]// Proceedings of the forty-fourth annual ACM symposium on Theory of computing. New York, NY, United States: ACM, 2012: 1219-1234.

[67] GENTRY C, SAHAI A, WATERS B. Homomorphic encryption from learning with errors: Conceptually-simpler, asymptotically-faster, attribute-based[C]//Annual Cryptology Conference. Berlin, Heidelberg: Springer, 2013: 75-92.

[68] DUCAS L, MICCIANCIO D. FHEW: bootstrapping homomorphic encryption in less than a second[C]//Annual International Conference on the Theory and Applications of Cryptographic Techniques. Berlin, Heidelberg: Springer, 2015: 617-640.

[69] CHILLOTTI I, GAMA N, GEORGIEVA M, et al. TFHE: fast fully homomorphic encryption over the torus[J]. Journal of Cryptology, 2020, 33(1): 34-91.

[70] BRAKERSKI Z, GENTRY C, VAIKUNTANATHAN V. (leveled) fully homomorphic encryption without bootstrapping[J]. ACM Transactions on Computation Theory (TOCT), 2014, 6(3): 1-36.

[71] FAN J, VERCAUTEREN F. Somewhat practical fully homomorphic encryption.[J]. IACR Cryptol. ePrint Arch., 2012, 2012: 144.

[72] CHEON J H, KIM A, KIM M, et al. Homomorphic encryption for arithmetic of approximate numbers[C]//International Conference on the Theory and Application of Cryptology and Information Security. Berlin, Heidelberg: Springer, 2017: 409-437.

[73] BOURA C, GAMA N, GEORGIEVA M, et al. CHIMERA: Combining ring-lwe-based fully homomorphic encryption schemes[J]. Journal of Mathematical

cryptology, 2020, 14(1): 316-338.

[74] JIE LU W, HUANG Z, HONG C, et al. Pegasus: Bridging polynomial and non-polynomial evaluations in homomorphic encryption[Z]. 2020.

[75] REGEV O. On lattices, learning with errors, random linear codes, and cryptography[J]. Journal of the ACM (JACM), 2009, 56(6): 1-40.

[76] LYUBASHEVSKY V, PEIKERT C, REGEV O. On ideal lattices and learning with errors over rings[C]//Annual International Conference on the Theory and Applications of Cryptographic Techniques. Berlin, Heidelberg: Springer, 2010: 1-23.

[77] CHEN H, DAI W, KIM M, et al. Efficient multi-key homomorphic encryption with packed ciphertexts with application to oblivious neural network inference[C]// Proceedings of the 2019 ACM SIGSAC Conference on Computer and Communications Security. New York, NY, United States: ACM, 2019: 395-412.

[78] LI B, MICCIANCIO D. On the security of homomorphic encryption on approximate numbers[J]. IACR Cryptol. ePrint Arch, 2020, 2020: 1533.

[79] BONEH D, GENTRY C, HALEVI S, et al. Private database queries using somewhat homomorphic encryption[C]//International Conference on Applied Cryptography and Network Security. Berlin, Heidelberg: Springer, 2013: 102-118.

[80] KISSNER L, SONG D. Privacy-preserving set operations[C]//Annual International Cryptology Conference. Berlin, Heidelberg: Springer, 2005: 241-257.

[81] GILAD-BACHRACH R, DOWLIN N, LAINE K, et al. Cryptonets: Applying neural networks to encrypted data with high throughput and accuracy[C]//International Conference on Machine Learning. Breckenridge, Colorado, USA: PMLR, 2016: 201-210.

[82] JUVEKAR C, VAIKUNTANATHAN V, CHANDRAKASAN A. GAZELLE: A low latency framework for secure neural network inference[C]//27th USENIX Security Symposium United States: USENIX Association, 2018: 1651-1669.

[83] ACAR A, AKSU H, ULUAGAC A S, et al. A survey on homomorphic encryption schemes: Theory and implementation[J]. ACM Computing Surveys (CSUR), 2018, 51(4): 1-35.

[84] BOEMER F, COSTACHE A, CAMMAROTA R, et al. NGRAPH-HE2: A high-throughput framework for neural network inference on encrypted data[C]// Proceedings of the 7th ACM Workshop on Encrypted Computing & Applied Homomorphic Cryptography. New York, NY, United States: ACM, 2019: 45-56.

[85] CRAWFORD J L, GENTRY C, HALEVI S, et al. Doing real work with fhe: the case of logistic regression[C]//Proceedings of the 6th Workshop on Encrypted Computing & Applied Homomorphic Cryptography. New York, NY, United States: ACM, 2018: 1-12.

[86] KIM M, SONG Y, WANG S, et al. Secure logistic regression based on homomorphic encryption: Design and evaluation[J]. JMIR medical informatics, 2018, 6(2): e19.

[87] NIKOLAENKO V, WEINSBERG U, IOANNIDIS S, et al. Privacy-preserving ridge regression on hundreds of millions of records[C]//2013 IEEE Symposium on Security and Privacy. Washington, D C: IEEE, 2013: 334-348.

[88] WANG S, ZHANG Y, DAI W, et al. Healer: homomorphic computation of exact logistic regression for secure rare disease variants analysis in gwas[J]. Bioinformatics, 2016, 32(2): 211-218.

[89] NANDAKUMAR K, RATHA N, PANKANTI S, et al. Towards deep neural network training on encrypted data[C]//Proceedings of the IEEE/CVF Conference on Computer Vision and Pattern Recognition Workshops. Washington, D C: IEEE, 2019: 0-0.

[90] BEAVER D, MICALI S, ROGAWAY P. The Round Complexity of Secure Protocols[C/OL]//STOC '90: Proceedings of the Twenty-Second Annual ACM Symposium on Theory of Computing. New York, NY, USA: Association for Computing Machinery, 1990: 503-513. https://doi.org/10.1145/100216.100287.

[91] KOLESNIKOV V, SCHNEIDER T. Improved garbled circuit: Free xor gates and applications[C/OL]//ICALP '08: Proceedings of the 35th International Colloquium on Automata, Languages and Programming, Part II. Berlin, Heidelberg: Springer-Verlag, 2008: 486-498. https://doi.org/10.1007/978-3-540-70583-3_40.

[92] DEMMLER D, SCHNEIDER T, ZOHNER M. ABY - A Framework for Efficient Mixed-Protocol Secure Two-Party Computation[J/OL]. 2015: 8-11. DOI: 10.147 22/ndss.2015.23113.

[93] BEN-DAVID A, NISAN N, PINKAS B. Fairplaymp: A system for secure multiparty computation[C/OL]//CCS '08: Proceedings of the 15th ACM Conference on Computer and Communications Security. New York, NY, USA: Association for Computing Machinery, 2008: 257-266. https://doi.org/10.1145/1455770.14 55804.

[94] WANG X, RANELLUCCI S, KATZ J. Global-scale secure multiparty computa-

tion[Z]. 2017.

[95] LIU C, WANG X S, NAYAK K, et al. ObliVM: A Programming Framework for Secure Computation[C/OL]//2015 IEEE Symposium on Security and Privacy. Washington, D C: IEEE, 2015: 359-376. DOI: 10.1109/SP.2015.29.

[96] DWORK C, MCSHERRY F, NISSIM K, et al. Calibrating noise to sensitivity in private data analysis[C]//Theory of cryptography conference. Berlin, Heidelberg: Springer, 2006: 265-284.

[97] WARNER S L. Randomized response: A survey technique for eliminating evasive answer bias[J]. Journal of the American Statistical Association, 1965, 60(309): 63-69.

[98] EVFIMIEVSKI A, GEHRKE J, SRIKANT R. Limiting privacy breaches in privacy preserving data mining[C]//Proceedings of the twenty-second ACM SIGMOD-SIGACT-SIGART symposium on Principles of database systems. New York, NY, United States: ACM, 2003: 211-222.

[99] MIRONOV I. Rényi differential privacy[C]//2017 IEEE 30th Computer Security Foundations Symposium (CSF). Washington, D C: IEEE, 2017: 263-275.

[100] DWORK C, ROTH A, et al. The algorithmic foundations of differential privacy.[J]. Foundations and Trends in Theoretical Computer Science, 2014, 9(3-4): 211-407.

[101] MCSHERRY F D. Privacy integrated queries: an extensible platform for privacy-preserving data analysis[C]//Proceedings of the 2009 ACM SIGMOD International Conference on Management of data. New York, NY, United States: ACM, 2009: 19-30.

[102] MCSHERRY F, TALWAR K. Mechanism design via differential privacy[C]// 48th Annual IEEE Symposium on Foundations of Computer Science (FOCS'07). Washington, D C: IEEE, 2007: 94-103.

[103] HARDT M, ROTHBLUM G N. A multiplicative weights mechanism for privacy-preserving data analysis[C]//2010 IEEE 51st Annual Symposium on Foundations of Computer Science. Washington, D C: IEEE, 2010: 61-70.

[104] KAIROUZ P, OH S, VISWANATH P. The composition theorem for differential privacy[C]//International conference on machine learning. Breckenridge, Colorado, USA, PMLR, 2015: 1376-1385.

[105] DWORK C, ROTHBLUM G N, VADHAN S. Boosting and differential privacy[C]//2010 IEEE 51st Annual Symposium on Foundations of Computer Science. Washington, D C: IEEE, 2010: 51-60.

[106] ABADI M, CHU A, GOODFELLOW I, et al. Deep learning with differential privacy[C]//Proceedings of the 2016 ACM SIGSAC conference on computer and communications security. New York, NY, United States: ACM, 2016: 308-318.

[107] CHAUDHURI K, MONTELEONI C, SARWATE A D. Differentially private empirical risk minimization.[J]. Journal of Machine Learning Research, 2011, 12 (3).

[108] LARRY W, ZHOU S. A statistical framework for differential privacy[J/OL]. Journal of the American Statistical Association, 2010, 105(489): 375-389. https://ideas.repec.org/a/bes/jnlasa/v105i489y2010p375-389.html.

[109] KASIVISWANATHAN S P, SMITH A. On the 'semantics' of differential privacy: A bayesian formulation[J/OL]. Journal of Privacy and Confidentiality, 2014, 6(1). https://doi.org/10.29012/jpc.v6i1.634.

[110] BALLE B, BARTHE G, GABOARDI M, et al. Hypothesis testing interpretations and renyi differential privacy[J]. Artificial Intelligence and Statistics Conference (AISTATS), 2020.

[111] ZHU L, LIU Z, HAN S. Deep leakage from gradients[C/OL]//WALLACH H, LAROCHELLE H, BEYGELZIMER A, et al. Advances in Neural Information Processing Systems. New York, NY, United States: ACM, Curran Associates, Inc., 2019, 32. https://proceedings.neurips.cc/paper/2019/file/60a6c4002cc7b291 42def8871531281a-Paper.pdf.

[112] HITAJ B, ATENIESE G, PEREZ-CRUZ F. Deep models under the gan: information leakage from collaborative deep learning[C]//Proceedings of the 2017 ACM SIGSAC Conference on Computer and Communications Security. New York, NY, United States: ACM, 2017: 603-618.

[113] PAPERNOT N, THAKURTA A, SONG S, et al. Tempered sigmoid activations for deep learning with differential privacy[J]. arXiv preprint, 2020. arXiv:2007.14191.

[114] PAPERNOT N, ABADI M, ERLINGSSON U, et al. Semi-supervised knowledge transfer for deep learning from private training data[J]. arXiv preprint, 2016. arXiv:1610.05755.

[115] JAIN P, KOTHARI P, THAKURTA A. Differentially private online learning[C]//Conference on Learning Theory. JMLR Workshop and Conference Proceedings. Breckenridge, Colorado, USA, 2012(23): 24.1-24.34.

[116] SU D, CAO J, LI N, et al. Differentially private k-means clustering[C]//Proceedings of the sixth ACM conference on data and application security and privacy. New

York, NY, United States, 2016: 26-37.

[117] MCMAHAN H B, RAMAGE D, TALWAR K, et al. Learning differentially private recurrent language models[J]. arXiv preprint, 2017. arXiv:1710.06963.

[118] XU D, YUAN S, WU X, et al. Dpne: Differentially private network embedding[C]//Pacific-Asia Conference on Knowledge Discovery and Data Mining. Berlin, Heidelberg: Springer, 2018: 235-246.

[119] VAN BULCK J, OSWALD D, MARIN E, et al. A tale of two worlds: Assessing the vulnerability of enclave shielding runtimes[C]//Proceedings of the 2019 ACM SIGSAC Conference on Computer and Communications Security. 2019: 1741-1758.

[120] KHANDAKER M R, CHENG Y, WANG Z, et al. Coin attacks: On insecurity of enclave untrusted interfaces in sgx[C]//Proceedings of the Twenty-Fifth International Conference on Architectural Support for Programming Languages and Operating Systems. United States: USENIX Association, 2020: 971-985.

[121] VAN BULCK J, MINKIN M, WEISSE O, et al. Foreshadow: Extracting the keys to the intel SGX kingdom with transient out-of-order execution[C]//27th USENIX Security Symposium (USENIX Security 18). United States: USENIX Association, 2018: 991-1008.

[122] LEE J, JANG J, JANG Y, et al. Hacking in darkness: Return-oriented programming against secure enclaves[C]//26th USENIX Security Symposium (USENIX Security 17). United States, 2017: 523-539.

[123] BIONDO A, CONTI M, DAVI L, et al. The guard's dilemma: Efficient code-reuse attacks against intel SGX[C]//27th USENIX Security Symposium (USENIX Security 18). United States: USENIX Association, 2018: 1213-1227.

[124] TANG A, SETHUMADHAVAN S, STOLFO S. CLKSCREW: exposing the perils of security-oblivious energy management[C]//26th USENIX Security Symposium (USENIX Security 17). United States, 2017: 1057-1074.

[125] LEE D, KOHLBRENNER D, SHINDE S, et al. Keystone: An open framework for architecting trusted execution environments[C]//Proceedings of the Fifteenth European Conference on Computer Systems. Dresden, Germany, 2020: 1-16.

[126] BAILLEU M, THALHEIM J, BHATOTIA P, et al. SPEICHER: Securing lsm-based key-value stores using shielded execution[C]//17th USENIX Conference on File and Storage Technologies (FAST 19). United States: USENIX Association, 2019: 173-190.

[127] KIM T, PARK J, WOO J, et al. Shieldstore: Shielded in-memory key-value storage with sgx[C]//Proceedings of the Fourteenth EuroSys Conference 2019. Dresden, Germany, 2019: 1-15.

[128] PRIEBE C, VASWANI K, COSTA M. Enclavedb: A secure database using sgx[C] //2018 IEEE Symposium on Security and Privacy (SP). Washington, D C: IEEE, 2018: 264-278.

[129] LEE T, LIN Z, PUSHP S, et al. Occlumency: Privacy-preserving remote deep-learning inference using sgx[C]//The 25th Annual International Conference on Mobile Computing and Networking. New York, NY, United States: ACM, 2019: 1-17.

[130] OHRIMENKO O, SCHUSTER F, FOURNET C, et al. Oblivious multi-party machine learning on trusted processors[C]//25th USENIX Security Symposium (USENIX Security 16). United States: USENIX Association, 2016: 619-636.

[131] KUNKEL R, QUOC D L, GREGOR F, et al. Tensorscone: A secure tensorflow framework using intel sgx[J]. arXiv preprint, 2019. arXiv:1902.04413.

[132] PODDAR R, LAN C, POPA R A, et al. Safebricks: Shielding network functions in the cloud[C]//15th USENIXSymposium on Networked Systems Design and Implementation (NSDI 18). United States: USENIX Association, 2018: 201-216.

[133] DUAN H, WANG C, YUAN X, et al. Lightbox: Full-stack protected stateful middlebox at lightning speed[C]//Proceedings of the 2019 ACM SIGSAC Conference on Computer and Communications Security. New York, NY, United States: ACM, 2019: 2351-2367.

[134] SCHWARZ F, ROSSOW C. SENG, the sgx-enforcing network gateway: Authorizing communication from shielded clients[C]//29th USENIX Security Symposium (USENIX Security 20). United States: USENIX Association, 2020: 753-770.

[135] MILUTINOVIC M, HE W, WU H, et al. Proof of luck: An efficient blockchain consensus protocol[C]//proceedings of the 1st Workshop on System Software for Trusted Execution. United States: USENIX Association, 2016: 1-6.

[136] YANG Q, LIU Y, CHENG Y, et al. Federated learning[J]. Synthesis Lectures on Artificial Intelligence and Machine Learning, 2019, 13(3): 1-207.

[137] DENG J, DONG W, SOCHER R, et al. Imagenet: A large-scale hierarchical image database[C]//2009 IEEE conference on computer vision and pattern recognition. Ieee, 2009: 248-255.

[138] KRIZHEVSKY A, SUTSKEVER I, HINTON G E. Imagenet classification with

deep convolutional neural networks[J]. Advances in neural information processing systems, 2012, 25: 1097-1105.

[139] HE K, ZHANG X, REN S, et al. Deep residual learning for image recognition[C]// Proceedings of the IEEE conference on computer vision and pattern recognition. 2016: 770-778.

[140] MAHAJAN D, GIRSHICK R, RAMANATHAN V, et al. Exploring the limits of weakly supervised pretraining[C]//Proceedings of the European conference on computer vision (ECCV). 2018: 181-196.

[141] HARD A, RAO K, MATHEWS R, et al. Federated learning for mobile keyboard prediction[J]. arXiv preprint arXiv:1811.03604, 2018.

[142] RAMASWAMY S, MATHEWS R, RAO K, et al. Federated learning for emoji prediction in a mobile keyboard[J]. arXiv preprint arXiv:1906.04329, 2019.

[143] YANG Q, LIU Y, CHEN T, et al. Federated machine learning: Concept and applications[J]. ACM Transactions on Intelligent Systems and Technology (TIST), 2019, 10(2): 1-19.

[144] KAIROUZ P, MCMAHAN H B, AVENT B, et al. Advances and open problems in federated learning[J]. arXiv preprint arXiv:1912.04977, 2019.

[145] LIU Y, KANG Y, XING C, et al. A secure federated transfer learning framework[J]. IEEE Intelligent Systems, 2020, 35(4): 70-82.

[146] MCMAHAN B, MOORE E, RAMAGE D, et al. Communication-efficient learning of deep networks from decentralized data[C]//Artificial intelligence and statistics. PMLR, 2017: 1273-1282.

[147] ZHAO B, MOPURI K R, BILEN H. idlg: Improved deep leakage from gradients[J]. arXiv preprint arXiv:2001.02610, 2020.

[148] GEIPING J, BAUERMEISTER H, DRöGE H, et al. Inverting gradients - how easy is it to break privacy in federated learning?[C]//Advances in Neural Information Processing Systems. 2020: 16937-16947.

[149] ZHANG C, LI S, XIA J, et al. Batchcrypt: Efficient homomorphic encryption for cross-silo federated learning[C]//2020 {USENIX} Annual Technical Conference ({USENIX}{ATC} 20). 2020: 493-506.

[150] GEYER R C, KLEIN T, NABI M. Differentially private federated learning: A client level perspective[J]. arXiv preprint arXiv:1712.07557, 2017.

[151] HU R, GUO Y, LI H, et al. Personalized federated learning with differential

privacy[J]. IEEE Internet of Things Journal, 2020, 7(10): 9530-9539.

[152] LIANG G, CHAWATHE S S. Privacy-preserving inter-database operations[C]//International Conference on Intelligence and Security Informatics. Springer, 2004: 66-82.

[153] SCANNAPIECO M, FIGOTIN I, BERTINO E, et al. Privacy preserving schema and data matching[C]//Proceedings of the 2007 ACM SIGMOD international conference on Management of data. 2007: 653-664.

[154] FU F, SHAO Y, YU L, et al. Vf2boost: Very fast vertical federated gradient boosting for cross-enterprise learning[C]//Proceedings of the 2021 International Conference on Management of Data. 2021: 563-576.

[155] DU W, HAN Y S, CHEN S. Privacy-preserving multivariate statistical analysis: Linear regression and classification[C]//Proceedings of the 2004 SIAM international conference on data mining. SIAM, 2004: 222-233.

[156] PAN S J, YANG Q. A survey on transfer learning[J]. IEEE Transactions on knowledge and data engineering, 2009, 22(10): 1345-1359.

[157] YANG Q, ZHANG Y, DAI W, et al. Transfer learning[M]. Cambridge University Press, 2020.

[158] PENG X, HUANG Z, ZHU Y, et al. Federated adversarial domain adaptation[J]. arXiv preprint arXiv:1911.02054, 2019.

[159] KANG Y, LIU Y, WU Y, et al. Privacy-preserving federated adversarial domain adaption over feature groups for interpretability[J]. arXiv preprint arXiv:2111.10934, 2021.

[160] HONG J, ZHU Z, YU S, et al. Federated adversarial debiasing for fair and transferable representations[C]//Proceedings of the 27th ACM SIGKDD Conference on Knowledge Discovery & Data Mining. 2021: 617-627.

[161] YANG T, ANDREW G, EICHNER H, et al. Applied federated learning: Improving google keyboard query suggestions[J]. arXiv preprint arXiv:1812.02903, 2018.

[162] RIEKE N, HANCOX J, LI W, et al. The future of digital health with federated learning[J]. NPJ digital medicine, 2020, 3(1): 1-7.

[163] BRISIMI T S, CHEN R, MELA T, et al. Federated learning of predictive models from federated electronic health records[J]. International journal of medical informatics, 2018, 112: 59-67.

[164] LEE J, SUN J, WANG F, et al. Privacy-preserving patient similarity learning in a federated environment: development and analysis[J]. JMIR medical informatics, 2018, 6(2): e7744.

[165] KIM Y, SUN J, YU H, et al. Federated tensor factorization for computational phenotyping[C]//Proceedings of the 23rd ACM SIGKDD International Conference on Knowledge Discovery and Data Mining. 2017: 887-895.

[166] LI W, MILLETARÌ F, XU D, et al. Privacy-preserving federated brain tumour segmentation[C]//International workshop on machine learning in medical imaging. Springer, 2019: 133-141.

[167] SHELLER M J, REINA G A, EDWARDS B, et al. Multi-institutional deep learning modeling without sharing patient data: A feasibility study on brain tumor segmentation[C]//International MICCAI Brainlesion Workshop. Springer, 2018: 92-104.

[168] DAYAN I, ROTH H R, ZHONG A, et al. Federated learning for predicting clinical outcomes in patients with covid-19[J]. Nature medicine, 2021, 27(10): 1735-1743.

[169] WEBANK. Webank fintech[EB/OL]. 2021. https://https://fintech.webank.com/.

[170] ZHENG W, YAN L, GOU C, et al. Federated meta-learning for fraudulent credit card detection.[C]//IJCAI. 2020: 4654-4660.

[171] YANG W, ZHANG Y, YE K, et al. Ffd: A federated learning based method for credit card fraud detection[C]//International conference on big data. Springer, 2019: 18-32.

[172] XU R, BARACALDO N, ZHOU Y, et al. Hybridalpha: An efficient approach for privacy-preserving federated learning[C]//Proceedings of the 12th ACM Workshop on Artificial Intelligence and Security. 2019: 13-23.

[173] TRUEX S, BARACALDO N, ANWAR A, et al. A hybrid approach to privacy-preserving federated learning[C]//Proceedings of the 12th ACM Workshop on Artificial Intelligence and Security. 2019: 1-11.

[174] WEI K, LI J, DING M, et al. Federated learning with differential privacy: Algorithms and performance analysis[J]. IEEE Transactions on Information Forensics and Security, 2020, 15: 3454-3469.

[175] HUANG Y, SONG Z, LI K, et al. Instahide: Instance-hiding schemes for private distributed learning[C]//International Conference on Machine Learning. PMLR, 2020: 4507-4518.

[176] HUANG Y, SONG Z, CHEN D, et al. Texthide: Tackling data privacy in language understanding tasks[J]. arXiv preprint arXiv:2010.06053, 2020.

[177] CARLINI N, DENG S, GARG S, et al. Is private learning possible with instance encoding?[C]//2021 IEEE Symposium on Security and Privacy (SP). IEEE, 2021: 410-427.

[178] LALITHA A, KILINC O C, JAVIDI T, et al. Peer-to-peer federated learning on graphs[J]. arXiv preprint arXiv:1901.11173, 2019.

[179] ROY A G, SIDDIQUI S, PÖLSTERL S, et al. Braintorrent: A peer-to-peer environment for decentralized federated learning[J]. arXiv preprint arXiv:1905.06731, 2019.

[180] WARNAT-HERRESTHAL S, SCHULTZE H, SHASTRY K L, et al. Swarm learning for decentralized and confidential clinical machine learning[J]. Nature, 2021, 594(7862): 265-270.

[181] WEBANK. Federated ai ecosystem[EB/OL]. 2019. https://www.fedai.org/.

[182] CHEN H, MOORE R, ZENG D D, et al. Intelligence and security informatics [M/OL]. Berlin, Heidelberg: Springer, 2004. https://doi.org/10.1007%2Fb98042. DOI: 10.1007/b98042.

[183] FELDMAN P. A practical scheme for non-interactive verifiable secret sharing[C]// 28th Annual Symposium on Foundations of Computer Science (sfcs 1987). Washington, D C: IEEE, 1987: 427-438.

[184] POPA R A, REDFIELD C M, ZELDOVICH N, et al. Cryptdb: Protecting confidentiality with encrypted query processing[C]//Proceedings of the Twenty-Third ACM Symposium on Operating Systems Principles. New York, NY, United States: ACM, 2011: 85-100.

[185] SONG D X, WAGNER D, PERRIG A. Practical techniques for searches on encrypted data[C]//Proceeding 2000 IEEE Symposium on Security and Privacy. S&P 2000. Washington, DC, USA, IEEE, 2000: 44-55.

[186] BAIDU. Paddlepaddle[EB/OL]. 2020. https://www.paddlepaddle.org.cn/.

[187] BAIDU. Federated deep learning in paddlepaddle[EB/OL]. 2020. https://github.com/PaddlePaddle/PaddleFL.

[188] HE K, YANG L, HONG J, et al. Privc—a framework for efficient secure two-party computation[C]//International Conference on Security and Privacy in Communication Systems. Berlin, Heidelberg: Springer, 2019: 394-407.

[189] DEMMLER D, SCHNEIDER T, ZOHNER M. ABY-A framework for efficient mixed-protocol secure two-party computation.[C]//NDSS. United States: USENIX Association, 2015.

[190] FOUNDATION T A S. Apache teaclave (incubating)[EB/OL]. 2020. https://teaclave.apache.org/.

[191] WANG H, WANG P, DING Y, et al. Towards memory safe enclave programming with rust-sgx[C]//Proceedings of the 2019 ACM SIGSAC Conference on Computer and Communications Security. New York, NY, United States: ACM, 2019: 2333-2350.

[192] WANG H, SUN M, FENG Q, et al. Towards memory safe python enclave for security sensitive computation[J]. arXiv preprint, 2020. arXiv:2005.05996.

[193] VOLGUSHEV N, SCHWARZKOPF M, GETCHELL B, et al. Conclave: secure multi-party computation on big data[C]//Proceedings of the Fourteenth EuroSys Conference 2019. Athens, Greece, 2019: 1-18.

[194] ZAHARIA M, CHOWDHURY M, DAS T, et al. Resilient distributed datasets: A fault-tolerant abstraction for in-memory cluster computing[C]//9th USENIX Symposium on Networked Systems Design and Implementation (NSDI 12). United States: USENIX Association, 2012: 15-28.

[195] BOGDANOV D, LAUR S, WILLEMSON J. Sharemind: A framework for fast privacy-preserving computations[C]//European Symposium on Research in Computer Security. Berlin, Heidelberg: Springer, 2008: 192-206.

[196] ZAHUR S, EVANS D. Obliv-c: A language for extensible data-oblivious computation.[J]. IACR Cryptol. ePrint Arch., 2015: 1153.

[197] DU W, ATALLAH M J. Protocols for secure remote database access with approximate matching[C]//E-Commerce Security and Privacy. Berlin, Heidelberg: Springer, 2001: 87-111.

[198] LI Y, DUAN Y, YU Y, et al. Privpy: Enabling scalable and general privacy-preserving machine learning[J]. arXiv preprint, 2018. arXiv:1801.10117.

[199] MOHASSEL P, ZHANG Y. Secureml: A system for scalable privacy-preserving machine learning[C]//2017 IEEE Symposium on Security and Privacy (SP). Washington, D C: IEEE, 2017: 19-38.

[200] JING Q, WANG W, ZHANG J, et al. Quantifying the performance of federated transfer learning[J]. arXiv preprint, 2019. arXiv:1912.12795.

[201] YANG Z, HU S, CHEN K. Fpga-based hardware accelerator of homomorphic encryption for efficient federated learning[J]. arXiv preprint 2020. arXiv:2007.10560.

[202] ZHANG C, ZHANG J, CHAI D, et al. Aegis: A trusted, automatic and accurate verification framework for vertical federated learning[J]. arXiv preprint, 2021. arXiv:2108.06958.

[203] CHENG X, LU W, HUANG X, et al. Haflo: Gpu-based acceleration for federated logistic regression[J]. arXiv preprint, 2021. arXiv:2107.13797.

[204] HARDY S, HENECKA W, IVEY-LAW H, et al. Private federated learning on vertically partitioned data via entity resolution and additively homomorphic encryption[J]. arXiv preprint, 2017. arXiv:1711.10677.

[205] BLATT M, GUSEV A, POLYAKOV Y, et al. Optimized homomorphic encryption solution for secure genome-wide association studies[J]. BMC Medical Genomics, 2020, 13(7): 1-13.

[206] BLATT M, GUSEV A, POLYAKOV Y, et al. Secure large-scale genome-wide association studies using homomorphic encryption[J]. Proceedings of the National Academy of Sciences, 2020, 117(21): 11608-11613.

[207] CHEN S, XUE D, CHUAI G, et al. FL-QSAR: a federated learning-based QSAR prototype for collaborative drug discovery[J/OL]. Bioinformatics, 2020, 36(22-23): 5492-5498. https://doi.org/10.1093/bioinformatics/btaa1006.

[208] JIANG D, TAN C, PENG J, et al. A gdpr-compliant ecosystem for speech recognition with transfer, federated, and evolutionary learning[J/OL]. ACM Trans. Intell. Syst. Technol., 2021, 12(3). https://doi.org/10.1145/3447687.

[209] 王国栋. 基于网络表示的政务大数据隐私保护算法研究与实现 [J]. 计算机应用技术, 2020.

[210] 刘丽苹. 政务数据共享中的隐私保护研究 [J]. 2019.

[211] ERLINGSSON Ú, PIHUR V, KOROLOVA A. Rappor: Randomized aggregatable privacy-preserving ordinal response[C]//Proceedings of the 2014 ACM SIGSAC conference on computer and communications security. New York, NY, United States: ACM, 2014: 1054-1067.

[212] CHARIKAR M, CHEN K, FARACH-COLTON M. Finding frequent items in data streams[C]//International Colloquium on Automata, Languages, and Programming. Berlin, Heidelberg: Springer, 2002: 693-703.

# 中国数据保护法律概况

观韬中茂律师事务所　王渝伟　陈刚

中国的数据保护制度正处于变革时期，近年来在数据保护立法领域取得了重大进展。继 2017 年《中华人民共和国网络安全法》生效之后，《中华人民共和国数据安全法》（以下简称《数据安全法》）和《中华人民共和国个人信息保护法》（以下简称《个人信息保护法》）相继颁布和实施。《数据安全法》于 2021 年 6 月 10 日在第十三届全国人大常委会第二十九次会议审议后通过，自 2021 年 9 月 1 日起施行。《个人信息保护法》于 2021 年 8 月 20 日在第十三届全国人大常委会第三十次会议上表决通过，自 2021 年 11 月 1 日起施行。《个人信息保护法》适用于中国境内的实体或个人进行的个人信息处理活动，并与其他两部关于网络安全和数据保护的重要法律，即《网络安全法》和《数据安全法》共同构建了中国新的数据保护制度。

## A.1 《个人信息保护法》与数据保护

### A.1.1 适用范围

根据《个人信息保护法》第三条的规定，该法适用于在中华人民共和国境内处理个人信息的行为。借鉴欧盟《通用数据保护条例》（GDPR）有关域外效力的规定，《个人信息保护法》第三条第二款规定，在中华人民共和国境外处理中华人民共和国境内自然人个人信息的活动，有下列情形之一的也适用本法，一是"以向境内自然人提供产品或者服务为目的"，比如注册地在境外的跨境电商公司向位于中国境内的自然人提供产品或服务的行为；二是"分析、评估境内自然人的行为"；三是"法律、行政法规规定的其他情形"。

对于个人信息的定义，《个人信息保护法》第四条第一款明确为："个人信息是以电子或者其他方式记录的与已识别或者可识别的自然人有关的各种信息，不包括匿名化处理后的信息。"相较于此前《网络安全法》和《中华人民共和国民法典》对个人信息的定义，《个人信息保护法》进一步明确个人信息经过匿名化①处理后不属于个人信息。《个人信息保护法》将"匿名化"定义为："是指个人信息经过处理无法识别特定自然人且不能复原的过程。"根据国家标准 GB/T 35273-2020《信息安全技术 个人信息安全规范》，匿名化是指通过对个人信息的技术处理，使得个人信息主体无法被识别或者关联，且处理后的信息不能被复原的过程。

### A.1.2 个人信息处理原则

《个人信息保护法》规定个人信息的处理包括收集、存储、使用、加工、传输、提供、公开、删除等。个人信息的处理原则包括：（1）合法、正当、必要和诚信原则，即处理个人信息应当具有合法、正当、真实的处理目的并且具有必要性；（2）最小化原则，即处理个人信息采取对个人权益影响最小的方式，收集个人信息限于实现处理目的的最小范围，不得超过处理目的过度收集个人信息；（3）处理个人信息应当遵循公开、透明原则，明示处理的目的、方式和范围。该原则一般体现为个人信息处理者以隐私政策或者告知书的形式向个人信息主体告知个人信息的收集和处理规则；（4）处理个人信息应当保证个人信息质量原则，保证个人信息完整、准确；（5）信息安全原则。

"告知-同意"处理规则是个人信息处理的核心原则。《个人信息保护法》延续了《网络安全法》《消费者权益保护法》《中华人民共和国民法典》等法律中"告知-同意"的个人信息处理规则，构建了以"告知-知情-同意"为核心的个人信息

---

① 根据《个人信息保护法》第七十三条规定，"匿名化"是指个人信息经过处理无法识别特定自然人且不能复原的过程。

处理规则体系。值得注意的是,《个人信息保护法》首次确立的敏感个人信息的
"单独同意"处理规则。敏感个人信息是指"一旦泄露或者非法使用,容易导致自
然人的人格尊严受到侵害或者人身、财产安全受到危害的个人信息,包括生物识
别、宗教信仰、特定身份、医疗健康、金融账户、行踪轨迹等信息,以及不满十四
周岁未成年人的个人信息。"处理个人敏感信息还要求具有特定的目的和充分的
必要性,并采取严格保护措施。单独同意原则除了适用于处理敏感个人信息,还
适用于个人信息处理者对外提供个人信息、公开个人信息、向境外传输个人信息、
在公共场所安装图像采集、个人身份识别设备用于维护公共安全以外的目的。

### A.1.3　个人信息保护影响评估制度

借鉴了 GDPR 下的数据保护影响评价制度 DPIA[①],《个人信息保护法》第五
十五条首次确立了个人信息保护影响评估制度(PIA),规定涉及敏感个人信息、
自动化决策、委托处理、对外提供、公开、向境外提供个人信息等对个人权益有
重大影响的个人信息处理活动的,个人信息处理者应当事前进行个人信息保护影
响评估,并对处理情况进行记录。《个人信息保护法》第五十六条则规定了个人信
息保护影响评估应当包含的内容:个人信息的处理目的和处理方式的合法性、正
当性、必要性;对个人权益的影响及安全风险;所采取的保护措施是否合法、有
效并与风险程度相适应。

### A.1.4　禁止"大数据杀熟"的算法歧视

大数据杀熟的背后是对个人信息的滥用和大数据和算法等技术手段的滥用。
国家文化和旅游部于 2020 年颁布实施的《在线旅游经营服务管理暂行规定》也
全面禁止"大数据杀熟"行为。《个人信息保护法》第二十四条规定,个人信息
处理者利用个人信息进行自动化决策,应当保证决策的透明度和结果公平、公正,
不得对个人在交易价格等交易条件上实行不合理的差别待遇。其次,通过自动化
决策方式向个人进行信息推送、商业营销,应当同时提供不针对其个人特征的选
项,或者向个人提供便捷的拒绝方式;第三,通过自动化决策方式做出对个人权
益有重大影响的决定,个人有权要求个人信息处理者予以说明,并有权拒绝个人
信息处理者仅通过自动化决策的方式做出决定。

在此前的某公司大数据杀熟案中,原告胡女士作为享有折扣优惠的 App 钻石
贵宾用户,通过 App 预订酒店的价格却是正常价格的两倍。法院认定携程 App 的
"隐私政策"中有关自动收集用户的个人信息,包括日志信息、设备信息、软件信

---

①GDPR 第 35 条规定,当数据处理活动,尤其是使用新技术进行处理,并且在考虑了处理活动的性质、范围、语
境与目的后,很可能会对自然人的权利与自由带来高风险时,控制者应当就拟实施的数据处理活动进行事前数
据保护影响评估。

息、位置信息，以便进行营销活动、形成个性化推荐，以及利用用户的订单数据形成用户画像等行为，属于非必要信息的采集和使用。法院判决最终被告在 App 中增加不同意其现有服务协议和隐私政策仍可继续使用的选项，或者修订 App 服务协议和隐私政策，去除对用户非必要信息采集和使用的相关内容[①]。《个人信息保护法》的实施将有力遏制"大数据杀熟"的乱象。

### A.1.5 个人信息跨境提供规则

《个人信息保护法》第三十八条规定了个人信息处理者向境外提供个人信息的，需要满足以下情形之一：（1）关键信息基础设施运营者和处理个人信息达到国家网信部门规定数量的处理者[②]，确需向境外提供个人信息的，应当通过国家网信部门组织的安全评估。（2）由专业机构进行个人信息保护认证；（3）按照国家网信部门的标准合同与境外接收方订立合同；（4）法律、行政法规或者国家网信部门规定的其他条件。此外，个人信息处理者应当向个人告知境外接收方的名称或者姓名、联系方式、处理目的、处理方式、个人信息的种类以及个人向境外接收方行使本法规定权利的方式和程序等事项，并取得个人的单独同意。

与《数据安全法》类似，《个人信息保护法》第四十一条规定，外国司法或者执法机构请求提供存储于境内个人信息的，非经主管机关批准，个人信息处理者不得向外国司法或者执法机构提供存储于中华人民共和国境内的个人信息。

### A.1.6 个人信息主体权利

《个人信息保护法》第四章规定了个人信息主体的诸多权利，包括知情权、限制、拒绝个人信息处理的决定权、查阅复制权、个人信息可携带权、更正权、删除权、请求解释权。其中，知情权体现为个人信息主体应当告知个人信息收集范围、处理方式、目的、存储期限等。决定权则是个人信息主体有权限制、拒绝或撤回其对个人信息的处理的授权。可携带权则是吸收了 GDPR 的规定，即个人请求将个人信息从一个数据控制者转移至其指定的其他个人信息处理者的权利。规则解释权赋予个人要求个人信息处理者对其个人信息处理规则进行解释说明的权利。此外，该法还首次确立了对死者个人信息的保护，规定死者的近亲属可以行使查阅、复制、更正、删除等权利。

---

[①] 史洪举. 以司法裁判向大数据杀熟说不 [N/OL]. 人民法院报, 2021-07-17(2) [2021-12-1]. http://www.rmfyb.com/paper/html/2021-07/17/content_207484.htm?div=-1.

[②] 根据 2021 年 11 月 14 日发布的《网络数据安全管理条例（征求意见稿）》第三十七条，处理一百万人以上个人信息的数据处理者向境外提供个人信息的，应当通过国家网信部门组织的数据出境安全评估。

## A.2　《数据安全法》与数据保护

### A.2.1　适用范围和域外效力

《数据安全法》适用于中国境内的数据处理活动和此类活动的安全监管。此外，《数据安全法》还扩大了其域外效力，以规范在中国境外的损害中华人民共和国国家安全、公共利益或者公民、组织合法权益的数据处理活动。《数据安全法》下的数据涵盖任何电子或其他形式的信息记录。这意味着除数字和网络信息外，以其他形式记录的信息（如信息的硬拷贝记录）也构成该法下的数据。数据处理行为方面，《数据安全法》规制的数据处理活动包括但不限于数据的收集、存储、使用、加工、传输、提供和公开。

此外，《数据安全法》不仅规制企业处理数据的行为，也重申了国家机关履行法定职责过程中应当依法收集、使用数据，保护个人隐私、个人信息、商业秘密、保密商务信息等数据。国家机关委托处理政务数据的，应当经过严格的批准程序，监督受托方履行数据安全保护义务。

### A.2.2　数据分类分级保护制度

根据《数据安全法》第二十一条，"国家建立数据分类分级保护制度，根据数据在经济社会发展中的重要程度，以及一旦遭到篡改、破坏、泄露或者非法获取、非法利用，对国家安全、公共利益或者个人、组织合法权益造成的危害程度，对数据实行分类分级保护。"这意味着更重要的数据将受到更严格的管理和保护要求，特别是涉及国家核心数据和重要数据的处理将受到更严格的监管。《数据安全法》引入了国家核心数据的新概念，将其定义为受更严格监管和保护的数据——关系国家安全、国民经济命脉、重要民生、重大公共利益等数据。关于重要数据，《网络安全法》最早提出了重要数据的概念，要求网络运营者对重要数据制定备份和加密措施。《数据安全法》则授权各地区、各部门按照数据分类分级保护制度，确定本地区、本部门以及相关行业、领域的重要数据具体目录。

### A.2.3　数据安全保护义务

《数据安全法》规定了数据处理者的数据安全保护义务，包括建立数据安全管理制度，落实网络安全等级保护制度。此外，重要数据的处理者应当明确数据安全负责人和管理机构，落实数据安全保护责任，对其数据处理活动定期开展风险评估，并向有关主管部门报送风险评估报告。

在重要数据出境方面，《数据安全法》第三十一条根据数据处理者不同，规定关键信息基础设施的运营者在境内运营中收集和产生的重要数据的出境适用《网络安全法》的规定。其他数据处理者在境内运营中收集和产生的重要数据的出境安全管理办法，由国家网信部门会同国务院有关部门制定。目前还在征求意见的《网络数据安全管理条例》中专章对数据跨境安全管理做出了较为详细的规定。企业违反第三十一条规定向境外传输数据的，最高可能面临高达 1000 万元的罚款。此外，《数据安全法》第三十六条首次做出规定，限制境内的组织和个人向境外司法或执法机构提供数据，以反制一些国家的长臂管辖。违反第三十六条规定的企业最高可能面临高达 500 万元的罚款。《网络安全法》亦首次对数据交易做出规定，数据交易中介服务机构有义务审查交易数据的来源和交易双方的身份，并留存审核、交易记录。

## A.3　《网络安全法》与数据保护

《网络安全法》作为一部保障网络安全、网络空间主权和国家安全的法律，其对网络数据的保护做出了规定。《网络安全法》第三十七条规定："关键信息基础设施的运营者在中华人民共和国境内运营中收集和产生的个人信息和重要数据应当在境内存储。因业务需要，确需向境外提供的，应当按照国家网信部门会同国务院有关部门制定的办法进行安全评估；法律、行政法规另有规定的，依照其规定。"可见，《网络安全法》仅对关键信息基础设施运营者提出了数据本地化的合规要求。

值得注意的是，重要数据是指一旦遭到篡改、破坏、泄露或者非法获取、非法利用，可能危害国家安全、公共利益的数据。依据 2021 年 9 月 1 日实施的《关键信息基础设施安全保护条例》，关键信息基础设施是指"公共通信和信息服务、能源、交通、水利、金融、公共服务、电子政务、国防科技工业等重要行业和领域的，以及其他一旦遭到破坏、丧失功能或者数据泄露，可能严重危害国家安全、国计民生、公共利益的重要网络设施、信息系统等。"相关重要行业和领域的主管部门、监督管理部门是负责关键信息基础设施安全保护工作的部门，负责制定关键信息基础设施认定规则。